中国地质调查成果 CGS 2020-002
中国地质调查项目(GZH200900501)资助

中华人民共和国海洋区域地质调查报告

青岛幅

(J51C004001)

比例尺 1∶250 000

毕世普 孔祥淮 胡 刚 等著

中国地质大学出版社
ZHONGGUO DIZHI DAXUE CHUBANSHE

内容摘要

青岛幅作为我国首幅1∶25万海洋区域地质调查项目,紧紧围绕着"环境、灾害、资源"等重大需求和关键地质问题开展工作。探索了中比例尺海洋区域地质调查的思路和技术方法体系,编制并发布了自然资源部行业规范《海洋区域地质调查规范(1∶250 000)》,编制了基于实测资料的青岛周边海域基础地质系列图件,创新地运用叠置法、透视法、陆海统筹等多种方法,实现了客观性、科学性、可读性的结合,为我国全面实施1∶25万海洋区域地质调查起到了引领性和示范性作用。本书是在国家海洋地质保障工程的支持下,作者团队历时6年,基于首次在青岛及周边海域系统实施的基础地质调查与深入研究完成的,代表了1∶25万海洋区域地质调查的最新成果。本书对青岛幅区域内的地形地貌、地层层序、第四纪沉积、环境地质因素,进行了客观、系统的阐述,并在此基础上提出了一批创新认识。

本书可作为海洋科学研究、重大工程建设、海洋环境保护的一本"工具书",也可为海洋地质学、沉积地质学、环境地质学专业技术人员及相关高等院所师生提供参考。

图书在版编目(CIP)数据

中华人民共和国海洋区域地质调查报告·青岛幅(J51C004001):比例尺1∶250 000/毕世普等著.—武汉:中国地质大学出版社,2023.1
ISBN 978-7-5625-5488-2

Ⅰ.①中… Ⅱ.①毕… Ⅲ.①海洋地质-区域地质调查-调查报告-中国 ②海洋地质-区域地质调查-调查报告-青岛 Ⅳ.①P714

中国国家版本馆CIP数据核字(2023)第018497号
审图号:鲁SG(2020)021号

中华人民共和国海洋区域地质调查报告·青岛幅(J51C004001) 比例尺1∶250 000

毕世普 孔祥淮 胡 刚 等著

责任编辑:段 勇　　选题策划:毕克成 张 旭 段 勇　　责任校对:徐蕾蕾

出版发行:中国地质大学出版社(武汉市洪山区鲁磨路388号)		邮编:430074
电　　话:(027)67883511	传　　真:(027)67883580	E-mail:cbb@cug.edu.cn
经　　销:全国新华书店		http://cugp.cug.edu.cn

开本:880毫米×1230毫米 1/16　　　　　　　　　　　　字数:527千字　印张:14.75　附图:2
版次:2023年1月第1版　　　　　　　　　　　　　　　印次:2023年1月第1次印刷
印刷:湖北睿智印务有限公司

ISBN 978-7-5625-5488-2　　　　　　　　　　　　　　　　　　　　　　　　　定价:238.00元

如有印装质量问题请与印刷厂联系调换

前 言

"1∶25万青岛幅海洋区域地质调查(试点)"(以下简称"青岛幅")为中国地质调查局2009年启动的"海洋地质保障工程"基础调查计划的工作项目之一,负责单位是青岛海洋地质研究所,参加单位有上海海洋石油局第一海洋地质调查大队、中国海洋大学、国家海洋局第三海洋研究所、山东省第四地质矿产勘察院、中国石油大学(华东)和鲁东大学。本项目是在青岛海洋地质研究所科技处领导与协调下,由环境室、方法室、区域室、固体矿产室、测试中心、信息中心共同完成的,项目野外共投入180余人次,室内资料处理与解释投入30余人次,样品制备及测试投入50余人次,报告编写与图件编制投入30余人次,共计290余人次参加本项目。在各级主管部门的领导下,通过项目组全体成员的共同努力,圆满地完成了预定的调查与研究任务。本书是对该项目调查研究成果的系统总结。

"青岛幅"作为我国中比例尺海洋区域地质调查的试点项目,经过了6年的工作,运用现代地学新技术、新方法和新理论,在"青岛幅"(东经120°—121.50°,北纬36°—37°)海域范围内开展了地质、地球物理、地球化学、遥感、海洋沉积动力等调查。基本查明了区内海底地形地貌、沉积物类型、地层结构及其分布规律,环境地质因素分布,矿产资源类型和分布状况,旅游地质等基础地质信息,建立了1∶25万海洋区域地质数据库及管理系统,编制了满足国家需求、达到国家当代科技水平的中比例尺海洋区域地质基础图件与辅助性图件,总结了适合我国海域中比例尺海洋区域地质调查的技术方法,在此基础上,编写了《海洋区域地质调查规范(1∶250 000)》(DD 2012—03),为全面、系统、规范地实施海洋区域地质调查奠定了基础。

"青岛幅"的完成是所有相关人员共同努力的结果,本书是集体智慧的结晶。参与本书编写人员主要有毕世普、张勇、胡刚、孔祥淮、林曼曼、杨云帆、印萍、杨慧良、张晓波、陈斌、陆凯、林学辉、仇建东、刘珊珊、刘金庆、栾锡武、王蛟、宋维宇、何拥军、王保军、高晓军、孙记红等。

在本书编写和图件编制过程中,项目组还委托相关专家对稿件和图件进行了三次审核,提出了很多中肯的修改意见,进一步提高了稿件和图件的质量。本项目在设计和实施过程中得到了青岛海洋地质研究所科技咨询委员会刘守全研究员、何起祥研究员、谭启新研究员、刘锡清研究员、雷受旻研究员、郭振轩研究员、杨子赓研究员等的悉心指导和无私帮助。青岛海洋地质研究所的地调与科研处、船舶与装备处和财务资产处在项目实施过程中给予了极大的支持,上海海洋石油局第一海洋地质调查大队为浅钻的海上施工提供了优质服务,自然资源部海洋地质实验检测中心、国家海洋局第三海洋研究所、中国海洋大学、中国地质大学(北京)、中国石油大学(华东)和鲁东大学以及美国Beta实验室,为本项目的样品提供了合格的实验分析数据。

由于本书涉及的调查研究内容比较广泛，编写人员水平有限，书中不免存在诸多不足，敬请各位专家指正！

最后，项目组全体成员对中国地质调查局和青岛海洋地质研究所的领导对项目给予的关怀、支持和指导表示衷心的感谢，对为本项目的顺利完成提供过无私帮助的所有人员致以崇高的敬意！

著 者

2023 年 1 月

目 录

第1章 绪 论 (1)
 1.1 项目概况 (1)
 1.2 技术路线与技术方法 (1)
 1.3 研究区地质背景 (4)

第2章 外业调查 (12)
 2.1 外业工作完成概况 (12)
 2.2 地质调查 (12)
 2.3 地球物理调查 (22)
 2.4 遥感调查 (29)

第3章 地形地貌及海岸带 (30)
 3.1 地 形 (30)
 3.2 地 貌 (31)
 3.3 海岸带 (39)
 3.4 小 结 (55)

第4章 海域晚第四纪地质 (57)
 4.1 海域现代沉积物组成与分布特征 (57)
 4.2 调查区晚第四纪地层划分及沉积序列 (91)
 4.3 山东半岛南部全新世泥质沉积体发育与演变 (116)

第5章 区域地层 (126)
 5.1 单道地震资料解释 (127)
 5.2 浅剖地震资料解释 (132)
 5.3 沉积地层分布与沉积模式的建立 (138)
 5.4 新近纪以来沉积环境演化特征 (147)

第6章 海域灾害地质 (150)
 6.1 国内外研究现状 (150)
 6.2 灾害分类 (153)

  6.3　主要灾害分布特征 ·· (154)

第7章　胶州湾沉积动力特征 ·· (169)
  7.1　以往研究程度 ·· (169)
  7.2　数据处理 ·· (171)
  7.3　胶州湾沉积动力过程数值模拟 ·· (185)

第8章　结　论 ·· (215)
  8.1　取得的主要成果 ·· (215)
  8.2　体会与建议 ·· (217)

主要参考文献 ·· (219)

附　件
  中华人民共和国海洋区域地质调查青岛幅(J51C004001)地质图
  中华人民共和国海洋区域地质调查青岛幅(J51C004001)地貌图

第1章 绪 论

1.1 项目概况

本项目总体目标是利用现代地学新技术、新方法和新理论,在1:25万青岛幅海域范围内开展系统的地质、地球物理、地球化学、遥感、海洋沉积动力环境调查;查明区内海底地形地貌、海底沉积物类型和地层结构及其分布规律,环境地质因素分布特征,矿产资源类型和分布状况等基础地质信息;编制满足国家需求、达到国家当代科技水平的中比例尺海洋区域地质基础图件;总结适合我国海域特点的中比例尺海洋区域地质调查技术方法,为后续开展的1:25万海洋区域地质调查工作提供示范。

"1:25万青岛幅海洋区域地质调查(试点)"作为我国中比例尺海洋区域地质调查的试点项目,系统采集了工作区海洋地质、地球物理、遥感等基础数据,获取了一批高精度的实测资料,查明了区内海底地形地貌、海底沉积物类型和地层结构及其分布规律,环境地质因素分布特征,矿产资源类型和分布状况等基础地质信息,总结了适合我国海域中比例尺海洋区域地质调查的技术方法,编制了《海洋区域地质调查规范(1:250 000)》,为全面、系统、规范地实施同比例尺海洋区域地质调查奠定了基础。项目的完成,为调查区海洋经济可持续发展、海洋环境保护、海洋资源开发等提供科学依据。

研究区地理坐标:北纬36°00′—37°00′,东经120°00′—121°30′。按照国际1:25万的标准分幅进行,确定图幅编号为J51C004001。具体图幅范围及图幅位置见图1-1。青岛幅长135.2km,宽111.2km,面积为14 928km²,其中海域面积5790km²,陆域面积9054km²,岛屿面积84km²,岸线长度(不包括海岛岸线)740km。

1.2 技术路线与技术方法

1.2.1 总体技术路线

"1:25万青岛幅海洋区域地质调查(试点)"项目以达到国际先进调查水平为目标,充分发挥青岛海洋地质研究所和项目各合作单位的优势,根据任务书规定的目标任务,通过遥感解译、陆地资料收集整理及海岸带观测、海洋区域地质调查等手段,开展综合性海洋区域地质调查。项目以测为主,编测结合,按照国际分幅,编制了1:25万青岛幅相关图件,在对资料进行深入分析的基础上,解决该区主要地质问题。

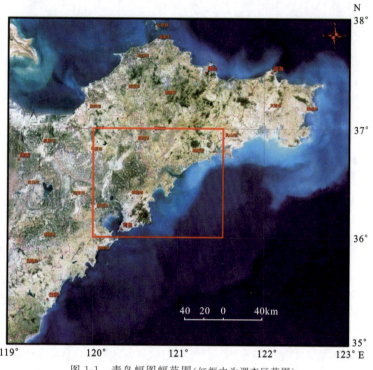

图 1-1　青岛幅图幅范围(红框内为调查区范围)

项目将《海洋地质保障工程总体方案》和最新国标、行标、技术规程作为依据,以现代地学理论为指导,以当代地质地球物理调查技术为支撑,以现代信息技术为依托,以海、陆联合调查为手段,以全面获取高质量地质地球物理资料为目标,以实测资料为基础,以前人数据资料二次加工为补充,解决研究区内的地形地貌特征、浅部地层结构、地质构造特征、地球物理场特征、矿产资源的分布状况、环境演化及评价等各种地质问题,体现区域调查成果的多目标性,并在有关国家及行业标准的基础上建立区域地质调查数据库与支持系统,实现边调查边进行信息服务的目标。青岛的地理底图投影方式、编制方法及地质地球物理测网部署、分析测试、图件编制等均按中华人民共和国国家标准《海洋调查规范》(GB/T 12763—2007)和有关编图规范执行。所有作业过程按《质量管理体系要求》(GB/T 19001—2008)进行控制。

项目采取的技术路线:以先进的地质理论为指导,充分收集工作区及邻域地质、地球物理、地球化学文献资料,并在充分吸收国内外前期研究成果的基础上,找出工作区的主要地质、地球物理问题。充分依靠科技进步,利用各种地质、地球物理、地球化学、卫星遥感等探测手段和方法,开展系统的地质、地球物理、地球化学调查和探测;采集有关数据和资料进行数据分析、解释,结合样品的分析测试和数据分析处理,研究工作区内海洋地形地貌特征、地层结构特征及演化过程、区域地质构造背景、地球物理场的分布规律、海底矿产资源与能源产出地质背景和赋存规律、海域和陆海过渡带环境要素及其演化等各种基础地质问题以及关键地质问题。最终提供科学、准确的基础地质数据资料,提交项目综合研究报告,编制出新一代满足国家可持续发展需求和高水平的相关地质、地球物理图件;充分利用各种现代信息手段,努力构筑我国海洋区域地质调查信息社会化服务的框架体系并发挥其作用,为社会公众提供服务。具体如下:

(1)广泛收集、认真研究当前国际上海洋区域地质调查的最新资料,高起点、高标准地建立我国海洋区域地质调查的工作模式,实现在调查方法、调查设备、成果表达方式以及项目运作和管理模式等诸多方面同国际上全面接轨。

(2)认真总结青岛海洋地质研究所海洋区域地质调查图幅的成功经验,优化外业调查及室内分析测试方法,争取调查效力的最大化和调查成本的最小化;部署具体工作时,认真总结和充分利用前人的工作成果,深入研究和充分消化历史资料,做好历史资料的甄别和同化工作,最大限度地发挥各类调查资料的效力,找出图幅内需要解决的各种地质问题,有目标、有重点地部署新的调查工作。

(3)认真贯彻基础与应用结合、调查和科研结合,以及地质、地球物理、地球化学结合的原则,以调查带动科研,以科研指导调查,大力提倡调查资料的地质、地球物理综合解释,积极倡导开展跨专业跨学科的综合研究。

(4)确定编图原则,探索海陆图件联编技术方法。对陆域已有资料进行综合分析,整合符合1∶25万青岛幅要求的数据进行投影、坐标变换,同时进行海陆拼接方法研究,形成完整的1∶25万比例尺图件。

(5)充分利用信息技术的最新成果,广泛使用GIS等技术,使最终成果图件全部实现电子化和无纸化;加强数据库建设,建立国家海洋基础地质数据和信息社会化服务体系。

技术流程见图1-2。

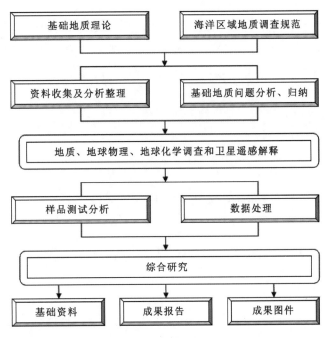

图1-2 青岛幅海洋区域地质调查技术流程图

1.2.2 技术方法

项目采用的主要技术方法:①实测资料与已有资料相结合;②点(表层样、柱状样、钻探)、线(地球物理测线、剖面)、面(卫星遥感等)相结合;③地质、地球物理、地球化学相结合。具体方法介绍如下。

1.2.2.1 野外调查技术方法

依据《海洋区域地质调查规范(1∶250 000)》(DD 2012—03)与《海洋调查规范》(GB/T 12763—2007)开展调查。调查区表层沉积物、海水取样采用5km×5km测网,柱状样取样比例是表层样的18.9%;浅地层剖面测量采用2.5km×5km测网;侧扫声呐测量采用5km×15km测网;多波束测量选择在丁字湾口全覆盖测量；沉积动力在胶州湾附近，采用走航测量与定点观测相结合方法；海岸带地质调查在海岸带2km范围内进行；岸滩剖面监测选择泥质岸滩与沙质岸滩，进行连续3年6次（夏、冬）的连续监测；浅钻在浅剖资料解释成果的基础上，开展两口钻孔取样。

1.2.2.2　资料收集方法

陆域部分主要包括陆域地质构造、陆域地形地貌、陆域矿产、陆域环境地质资料等。海域收集了1∶100万海洋区域地质调查成果和其他相关成果资料、潮汐资料、海岛资料、以往成果文献等。通过对这些资料进行可用性分析，陆域资料重点采用山东地质矿产勘查开发局于2005完成的"1∶25万青岛幅区域地质调查"资料，保证了资料的时效性。

1.2.2.3　编图方法

编图采用海陆统筹、以海为主、海陆联编思路进行，编图参数采用高斯-克吕格投影，6°分带，GS-84坐标系。对陆上已有资料进行综合分析整合，按照1∶25万要求的数据，进行投影、坐标变换，同时进行海陆拼接方法研究，形成完整的1∶25万比例尺图件。图件包括基础图件与辅助性图件。

1.2.2.4　综合研究方法与成果专题集成

本项目紧紧围绕1∶25万海洋区域地质调查的目标任务进行，重点把握"环境、灾害、资源"等主题，结合调查区地质状况，突出中比例尺海洋区域地质调查的特点。根据研究专题内容，采用不同调查方法的成果资料，结合其他相关资料与数据，完成专题的研究（表1-1）。

1.3　研究区地质背景

1.3.1　自然地理概况

青岛幅，从地理位置上来说主要是由青岛市、威海市及烟台市的部分区域组成。地理位置优越，铁路胶济线可直达济南、烟台等地。主要公路有济青高速公路、青银高速公路、环胶州湾高速公路；沿海有码头多处，著名的青岛港与国内外重要港口均有定期班轮、货轮往返；民航有流亭国际机场，定期航班直达国内外。海、陆、空交通十分便利。

青岛幅区中部为胶莱平原，平原区地势平坦，平均海拔50m左右；北、东、南三面为低山丘陵区，海拔在200～500m之间，最高峰为东南部的崂山，崂顶主峰海拔1133m；东为黄海，山海相映，构成美丽的崂山风景旅游区。美丽的青岛市坐落于崂山脚下，碧海蓝天，红瓦绿树，与崂山相得益彰，构成一幅美丽的城市山水画卷。

青岛幅区内水系发育，主要为外流水系，发源于北部、东北部的低山丘陵区，向南汇入黄海，主要河流有大沽河、小沽河、五龙河、垛河等。区内水库星罗棋布，较大的水库有产芝水库、崂山水库、尹府水库、棘洪滩水库、黄同水库等。

表1-1 "1:25万青岛幅海洋区域地质调查(试点)"专题工作技术方法表

序号	研究内容	外业调查资料	资料收集	野外资料解释或样品测试程度分析	成果
1	青岛幅海底地形特征、地貌类型及其分布规律	单波束水深测量2 908.8km，多波束水深测量4210km，侧扫声呐1146km，137站位地质取样已全部完成	收集了陆域地形、地貌资料、地貌图，编制了1:25万陆域地形图。收集潮汐验潮数据共计67 824组，用于潮汐改正。收集了以往工作成果资料	进行了潮汐改正，完成了多波束处理，侧扫声呐资料处理完毕。完成粒度测试	完成了胶州湾与近海海域地形图、地貌图的编制
2	青岛幅海域晚第四纪沉积物的物质成分、类型、沉积结构、地质时代、地层划分与对比	3 046.1km浅地层剖面，136站位表层取样，26站位柱状取样，两口地质浅钻(共进尺125.3m)已全部完成	收集了300多篇以往研究成果文献，并进行了深入研究	全部完成浅剖资料解释与样品测试。样品测试包括粒度分析、地球化学测试、碎屑矿物鉴定、黏土矿物测试、AMS^{14}C测试、^{210}Pb测试、微体古生物鉴定	系统地研究了晚第四纪沉积物质成分、沉积结构、地质事件及环境演化。编制了主要界面深度及厚度系列图件
3	青岛幅环境地质因素分布、地质事件及其演化特征	3 046.1km浅地层剖面，单道地震1 966.5km，侧扫声呐1146km，4210km多波束资料整理、分析已全部完成	收集了调查资料，包括"908"专项地貌资料，并进行深入研究	全部完成资料解释与样品测试。样品测试包括粒度分析、地球化学测试、碎屑矿物鉴定、黏土矿物测试、AMS^{14}C测试、^{210}Pb测试、光释光测年、岩石物性鉴定	确定了海洋灾害因素，包括构造因素、海岸带灾害地质因素、海底灾害因素，埋藏型灾害地质因素。编制了环境地质图
4	青岛幅区域地质构造背景及其演化特征、地层岩性及分布特征、岩浆活动状况、地球物理场的分布规律	单道地震测量1 966.5km已全部完成	收集了陆域地质调查资料，编制陆域地质图与陆域构造图	全部完成资料处理，单道地震解释，完成了31个样品的岩矿鉴定	系统地研究了调查区地球物理场及海岸带地质特征，构造特征，划分构造单元。编制了地质图，构造图等图件
5	青岛幅海底矿产资源赋存状况与分布	3 046.1km浅地层剖面，136个表层取样，26站位柱状取样，两口地质浅钻已全部完成	收集了陆域地质调查资料、编制了1:25万青岛幅陆域矿产图	样品测试包括粒度分析，地球化学测试，碎屑矿物鉴定	系统地研究了调查区矿产资源种类、分布特征，估算资源量，编制了矿产图

续表 1-1

序号	研究内容	外业调查资料	资料收集	野外资料解释或样品测试程度分析	成果
6	青岛幅海底表层沉积物主要元素分布规律和地球化学异常分布	136 站位表层取样，26 站位柱状取样，两河口地质浅钻已全部完成	收集了以往海域工作资料，分析了近 20 年来胶州湾重金属元素变化	样品测试包括粒度分析、地球化学测试、^{210}Pb 测试	建立了地球化学数据处理流程，包括异常值处理、背景值处理等技术流程。编制了表层沉积物地球化学系列图件
7	青岛幅海岸线特征及变化趋势、海岸冲淤变化、沿海地面沉降、航道淤积、现代沉积作用与海底沙坝、沙丘活动规律	侧扫声呐调查 1146km；遥感野外调查 200km²，遥感点验证 60 个；10 条岸滩剖面 6 次重复监测，采集样品 728 个已全部完成	购买了近 20 年来遥感资料，包括：Radarsat 雷达影像 2 景；Landsat TM 影像 6 景；Spot 影像 4 景；worldview-1 影像 1280km²；Alos 影像共 18 000km²，Alos + wv-1 融合数据 1280km²	样品进行了粒度分析	完成了 20 000km² 遥感解译，编制了青岛幅区近 20 年来岸线变迁图并分析了岸线变迁原因，认为胶州湾丁字湾岸线变化较大，主要是由人类活动影响所致。分析了 10 条岸滩剖面的变化原因
8	青岛幅主要河流入海口、重要潮流通道和其他关键区域的海洋动力学特征调查	沉积动力调查 2 次，共计走航 616km，11 点定点海流测量，取悬浮体样 1172 瓶	收集了胶州湾以往研究资料，分析了胶州湾冲淤演化情况	完成了全部样品的抽滤，并对部分样品进行了粒度分析	建立了该区的泥沙运移数值模型，分析了胶州湾潮汐周期内冲淤格局
9	旅游资源	完成踏勘 200km²，陆域资料、海岸带资料及 50 余个海岛资料	收集了陆域旅游地质资料，编制了旅游地质资源图		对该区旅游地进行了分类，编制了旅游资源图件
10	数据库建设	全部野外资料、测试数据、成果资料	收集了相关数据库规范		建立了数据模型与元数据模型，完成了数据库架构设计，编制了空间数据与属性数据入库流程

青岛幅区地处暖温带季风气候区,属海洋(沿海)和大陆(内陆)性气候,温暖湿润,降水集中,雨热同季,春秋短暂,冬夏较长,四季分明,气候宜人。年平均气温11~14℃,由沿海向内陆递增。青岛市年平均气温12.2℃,冬无严寒,夏无酷暑,是著名的旅游避暑胜地;1月气温较低,平均气温−1.5~3.5℃;7—8月气温最高,平均25.1~26.5℃,由西向东递减;全年无霜期185~220d,从沿海向内陆递增。年平均降水量一般在550~950mm之间,主要集中在7—8月。自然灾害以旱、涝、风、雹为主,对农业危害最大(山东省地质矿产勘查开发局,1991,1992;山东省地质局区调队,1992)。

1.3.2 经济概况

青岛幅区工农业经济发达,矿产资源丰富,其中以石墨、滑石、萤石、透辉石等非金属矿产储量大,质量好,在我国同类型矿产中占有重要地位。大理岩、花岗岩、沸石、麦饭石及金、铜、铁等矿产资源也很丰富。

青岛幅区内粮食作物以小麦、玉米为主,次为谷子和豆类;经济作物以烟台苹果、莱阳梨、花生、大泽山葡萄为主;沿海地带盛产鱼、虾、蟹,滩涂及近海养殖业发达。

青岛幅区内工业发展迅速,是我国经济较发达地区之一,青岛市作为全国计划单列市之一,以其为中心,形成了以轻纺、化工、电子、机械、建材、盐业和加工业为主的工业体系。

青岛幅区内交通便利,自然地理条件优越,经济较为发达,工作条件良好(山东省地质矿产勘查开发局,1991,1992)。

1.3.3 地形地貌特征

青岛幅陆域地势东高西低,南、北两侧隆起,中间低陷。其中,山地约占总面积的15.5%,丘陵占25.1%,平原占37.7%,洼地占21.7%。全市大体有3个山系。东南部是崂山山脉,山势陡峻,主峰崂顶海拔为1133m,是我国18 000km海岸线上的最高峰;北部为大泽山,海拔736.7m;南部为大珠山(海拔486.4m)、小珠山等群山组成的胶南山群。海岸线北起乳山踩河口,南至薛家岛。海岸线长730km,海岸基本分为基岩岬角岸、稳定岸、淤积增长岸3种基本类型。沿海滩涂面积375.35km^2。现有海岛69个,总面积为21.1km^2,岸线总长132km。这些海岛绝大多数距离陆地不超过20km,最远的千里岩岛,距陆地约64km。在这69个海岛中,只有10个海岛有固定居民。青岛市海岸线长且多曲折,岛屿环绕,基岩岸角构成形态各异、特点不同的多处海湾。较大的有35个,总面积1 369.53km^2。多为泥沙、岩礁底质、滩岸居多。自然资源丰富,停泊避风条件好。浅海海底则有水下浅滩、现代水下三角洲及海底冲蚀平原等海底地貌。

青岛幅海区水深较浅,海水深度为0~64m。海底地形向东南方向倾斜,近岸20m水深以内地形稍陡,以外海底缓倾,等深线分布较为均匀。青岛近海可分为胶州湾和青岛前海,由于内外动力作用的差异,各自具有不同的海底地形特征(山东省地质矿产勘查开发局,1991)。

1.3.4 海洋水文特征

1.3.4.1 温度

沿岸海水自秋季后水温迅速下降,至翌年2月达最低。温度值由近岸向远岸递增,由北向南递增。

冬季水温的分布总趋势是自北向南呈增高的趋势,近岸低于远岸(除田横岛近海)。由于风生涡动和垂直对流的作用,上、下层水温基本一致。

春季由于太阳辐射增强,水温普遍增高,一般为 12～18℃。由于表层增温快,底层增温慢,所以表层水温高于底层水温,如灵山岛表层平均水温为 14.21℃,底层平均水温为 12.99℃,表层比底层高 1.22℃。

夏季太阳辐射最强,海水温度最高,调查海域平均水温为 21～28℃。除竹岔岛外,近岸水温高于远岸水温,表层水温高于底层水温。胶州湾口以北海域的水温高于以南海域的水温。北部的田横岛和大管岛表层水温均大于 27℃,底层水温均大于 26℃;南部的沐官岛海域表层平均水温为 25.5℃,底层平均水温为 25.45℃。竹岔岛海域的表、底层水温比其他海域低 3℃左右,其表层平均水温为 22.7℃,底层平均水温为 21.2℃,且近岛的表层水温低于远岛的表层水温。

秋季太阳辐射减弱,海水温度普遍降低,一般平均为 13～19℃。由于海水的对流混合作用,上、下层水温相差甚微。除竹岔岛海域上、下层平均水温相差 0.5℃外,其余海域的表、底层水温差均小于 0.3℃。

1.3.4.2 盐度

海水盐度主要受降水、蒸发以及沿岸水和外海水消长等因素的制约,具有明显的区域特征和季节变化。

春季,青岛海域的表、底层平均盐度在 31.16‰～31.76‰之间,表层略低于底层。大管岛和沐官岛海域的盐度近岸比远岸高,其他海域则近岸比远岸稍低。最高盐度出现在灵山岛海域的底层,平均值为 31.76‰,最低盐度出现在沐官岛的表层,平均值为 31.16‰。

夏季,系多雨季节,入海径流增强,因此盐度偏低,观测海域的平均盐度在 28.12‰～30.90‰之间。最低盐度出现在田横岛,表、底层的平均盐度均为 28.12‰。该季的最高盐度出现在竹岔岛底层,平均值为 30.90‰;盐度的分布趋势为近岸低于远岸,表层略低于底层(田横岛表层除外)。

秋季,除田横岛和竹岔岛海域的盐度比夏季高外,其他海域的盐度比夏季有所偏低,整个工作区的平均盐度在 27.79‰～31.29‰之间。最高盐度出现在竹岔岛的底层,平均值为 31.39‰;最低盐度发生在沐官岛海域的表层,平均值为 27.79‰。盐度的分布趋势为表层略低于底层,北部略高于南部。

冬季,由于强劲而干冷的西北季风的影响,海水的垂直混合增强,表、底层盐度分布趋势基本一致,表层略低,平均盐度在 29.54‰～31.73‰之间。等盐线的走向大致和岸线平行,盐度值随着离岸距离的增加而递增。但递增梯度较小,最低盐度出现在大管岛岛群海域,表、底层平均值为 29.54‰和 29.55‰,比其他海域低 1‰～2‰。冬季的最高盐度发生在沐官岛的底层,平均值为 31.73‰。

1.3.4.3 冷水团

青岛幅区海域的冷水团有黄海冷水团和青岛外海冷水团。黄海冷水团冬季为高温水体,入春以后,由于周围海水增温的过程及海洋水温随深度分布差异,而演变为低温性质的水体。5 月出现在北黄海烟威外海,温度低于 5℃,此后逐渐增强,范围也逐渐向南扩大;8 月范围最大,南、北黄海中央形成了巨大的冷水团,冷水团温度在 6～10℃之间;8 月以后,随着海水的降温及垂直对流加强,冷水团不仅向深层龟缩,同时向南龟缩,其强度也逐渐减弱;11 月冷水团温度在 8～10℃之间,顶深下降至 30～50m 之间,直到 12 月消失。青岛外海冷水团是由渤海南部沿岸水冬季流入青岛外海的低温水体逐步扩散而形成的冷水团。2 月即具雏形,温度在 2℃左右,随着低温水体的扩散混合,4 月冷水团初具规模,温度小于 6℃;5 月冷水团范围最大,温度增至 6～8℃;5 月以后,冷水团开始向深层龟缩,东移;7 月与扩大了的黄海冷水团合并,成为黄海中央冷水团的边缘部分而消失。

1.3.4.4 波浪

青岛幅区的波浪有风浪和涌浪之分,以风浪为主。风浪随季节而变,春季多出现东向和南东向的风浪,其频率分别为14%和9%;夏季的风浪多为东向—南向,其中东向和南东向分别为9%和12%;秋季北西向风浪最多,频率为10%;冬季的风浪多为北西向—北北西向,其中北西向的频率为18%,北北西向为7%。涌浪为东向—南西向,以南东向的涌浪最多,年频率为26%。

青岛前海的累年平均波高为0.7m,年内平均波高的变化趋势是上半年逐渐增大,7月最大为0.9m,下半年逐渐减小,12月和1月最小均为0.5m。胶州湾的波浪体系主要有两个,一是黄海的波浪以涌浪的形式通过湾口传入湾内,二是湾内的风浪。

1.3.4.5 潮汐和潮流

青岛幅区属正规半日潮,涨潮历时比落潮历时短约1h。各小海湾之外涨潮流流向偏西,落潮流流向偏东。最大涨潮流一般出现在高潮前1h,最大落潮流出现在低潮前1h,转流发生在高低潮后2h,在近岸和湾口区为往复流,各小湾内为旋转流。湾内的涨潮流旋转方向为顺时针,落潮流为逆时针方向。

外海的潮波进入胶州湾后开始分向,一股偏东北进入沧口水道,另一股北偏西由中沙礁西侧进入湾内,还有一部分由中央水道北进。胶州湾的涨潮流速一般大于落潮流速11cm/s,涨潮历时比落潮历时短约1h。最大涨(落)流出现在涨(落)潮的中间时刻,即高(低)潮前3h,高(低)潮时刻的流速最小。潮流基本为往复流,流向在海湾边部与海岸平行,远离海岸处与分支潮道平行。

1.3.4.6 海水的交换和混合

青岛幅区属于波浪作用为主的高能海岸,即青岛前海具有强交替的外海环境;而胶州湾则属于潮汐作用为主的低能海岸,即具有内海的海湾环境,水循环交替较弱。胶州湾是封闭性较强的海湾,湾内与青岛前海的海水交换仅通过3km宽的湾口进行,受到了一定的限制。但因胶州湾属半日潮海域,每天有两个涨、落过程,中等潮差,由于受地形限制,潮流速度较大,特别是在沧口水道、中央水道和前礁水道内流速更大。吴永成等(1992)计算出胶州湾海水和外海海水的交换率为7%,胶州湾海水半交换率的周期为7.55个潮周期(约5d)。

胶州湾涨、落潮流的特点是涨潮流速大,落潮流速小;涨潮历时短,落潮历时长。强潮流区位于胶州湾口附近,最大流速超过150cm/s。由于涨潮流速大,在涨潮过程中细颗粒沉积物向湾顶输送,并在转流期沉积在潮坪和潮间带内;落潮流速小,对浅水区沉积物的保存有利,而不利于胶州湾西北部入海泥沙的扩散。这可能是浅水区沉积速率高,胶州湾面积缩小的主要原因。

沧口水道是与胶州湾东岸大致平行的深水槽,是胶州湾东岸涨、落潮流的主要通道,水道内为往复流(图1-3)。在潮流作用下,由东岸排入胶州湾的工业废水和生活污水随涨潮流流向北东方向的湾顶,随落潮流流向南西的胶州湾口,然后流出胶州湾。沧口水道西侧的沙脊区同样为往复流(图1-4)。向西和北西方向(270°~320°)的扩散程度很弱。青岛市的排污区主要集中在胶州湾东岸,污水入海后由于化学条件的变化,重金属大都沉积在近岸,部分溶解组分和悬移质进入沧口水道,随潮流运移,向湾内扩散的量甚微,从而使湾内的水体和沉积物保持良好的环境条件。位于沧口水道南端东侧的团岛污水处理厂,有大量棕色的污水直接排入沧口水道,由于强潮流作用,海底沉积物重金属污染超过一类标准的面积仅仅局限在水道东部排污口附近,并没有大面积的扩散。总之,胶州湾潮流较强,水体更新速度较快,排污后10个潮周期左右就能达到本底值,自净能力较强。沧口水道内的往复流对东岸的排污起到了隔挡和输运作用,对湾内保持良好的环境非常重要(山东省地质矿产勘查开发局,1991)。

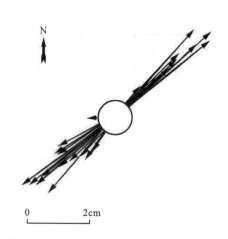

图1-3 沧口水道潮流图(041 CK测量点,东经120°20′32″,北纬36°09′28″,水深1m处)

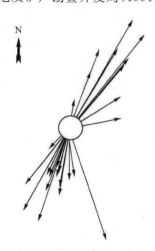

图1-4 沧口水道西侧的沙脊区03点流速流向图(东经120°16′48″,北纬36°5′24″,水深2m处)

1.3.5 地质构造背景

青岛幅从地质背景来说,处于胶辽朝隆褶带(中朝地块的南部)和胶南临津江隆褶带(扬子地块北部)的结合部位,郯庐断裂之东。该区地质构造复杂,出露的地层有太古宙变质岩,元古代胶东群、粉子山群,中生代白垩系,新生代砂砾层等沉积物。岩浆岩有太古宙变质花岗岩、燕山期花岗岩和火山岩、火山角砾岩、凝灰岩等。海区的沉积物主要为第四纪沉积物。

青岛幅位于山东半岛的中南部,属于华北板块和扬子板块碰撞造山带内。包括3个一级构造单元,东北部大致以朱吴断裂为界,西南部以郝官庄断裂为界,西北侧划归于华北板块构造单元。千里岩北缘断裂东南侧划归于扬子板块。位于华北板块和扬子板块结合部的构造单元为苏鲁造山带。其他较大规模的断裂构造分别构成次一级单元的边界,主要包括5个二级构造单元,即胶北隆起、胶莱盆地、胶南隆起、昆嵛山隆起和千里岩隆起。

青岛幅区地质体以中生代盖层为主,主要分布于胶莱盆地内;前寒武纪深成岩体和变质表壳岩次之,另有部分中生代侵入岩体,分布于胶北和胶南隆起上。

前寒武纪深成岩体和变质表壳岩构造复杂。太古宙多以强烈的中深层次的韧性变形为特征,形成构造片麻岩,其变形机制为伸展体制下的横向构造置换。元古宙的变形则以纵弯机制为主的褶皱变形为特征,伴有大量韧性剪切带。胶南-威海造山带及该带内发育的榴辉岩是青岛幅区前寒武纪地质的主要特点。

中生代时,青岛幅区处于中国东部活动大陆边缘区,构造活动非常活跃,主要表现为断裂活动、岩浆活动及构造盆地的产生等;盖层及侵入岩体变形以浅层次或表层次的脆性断裂为特征。断裂主要以东西向、北东向、北北东向、北西向4组为主,北东向牟平-即墨断裂是青岛幅区内主要的脆性断裂构造形迹。

1.3.6 地层、岩浆岩和矿产特征

青岛幅区内出露的最老地层为中元古代胶南群变质岩系,古生代地层缺失。早白垩世早期(135~

113Ma)胶莱盆地开始发育,坳陷初期盆地内为多个互不连接的断陷,在多个沉降中心沉积了莱阳群杂色碎屑岩,不同沉积中心的岩性、岩相及物质成分有较大差别。双岩浆房逐步形成、分异,局部上侵喷出地表。早白垩世晚期(113~95Ma)胶莱盆地强烈扩张。幔源中—基性岩浆沿北东向断裂喷溢形成行村-段村火山群及青山群八亩地组,壳源酸性岩浆沿北东东向断裂喷出地表,形成柏乡-红岛火山群及青山群后夼组、石前庄组,远离火山喷发中心形成火山-沉积地层南龙埠组,末期幔源岩浆经过分异、混杂后喷出地表形成方戈庄组。在火山喷发中心的东南侧,酸性岩浆与中基性岩浆混染后侵位形成小珠山超单元,酸性岩浆分异侵位形成崂山超单元。白垩纪晚期至古新世,胶莱盆地形成统一的盆地,沉积中心向西南迁移,范围变小,沉积了河湖相的王氏群。晚白垩世初期,粗面质潜火山岩及花岗质脉岩仍在侵位,晚期发生基性岩浆喷溢,为胶莱坳陷演化过程中比较稳定的时期。古新世末至始新世初期,盆地抬升,坳陷消亡。渐新世至中更新世,全区隆起,缺失沉积。晚更新世以来,青岛幅区形成了大面积的晚更新世—全新世松散沉积。部分断裂的垂向差异性升降控制了晚更新世—全新世地层的分布。

青岛幅区陆上矿产资源以非金属矿为主,建筑材料是优势矿种。现已发现各类矿产 44 种,有用矿产 31 种,已探明储量的有 15 种,开发利用 27 种。探明矿产地 23 处,矿床或矿化点 200 多处。优势矿产资源有石墨、饰材花岗岩、饰材大理岩、矿泉水、透辉岩、金、滑石、沸石岩。潜在优势矿产资源有重晶石、白云石、膨润土、钾长石、石英岩、珍珠岩、萤石、地热。主要矿产资源分布情况:石墨、金、透辉岩主要分布在平度、莱西两市;饰材花岗岩主要分布在崂山区、平度市;饰材大理岩主要分布在平度市;矿泉水在青岛市辖区内均有分布,主要集中在城阳区、崂山区及市内三区和即墨区;滑石主要分布在平度市;沸石岩、珍珠岩、膨润土主要分布在莱西市、胶州市、即墨区和城阳区;重晶石、萤石主要分布在胶州市、即墨区、平度市;地热资源主要分布在即墨区。其中石墨、大理岩、花岗岩探明储量占山东省第一位,滑石占第二位,膨润土、沸石岩、萤石、重晶石也名列前茅。

青岛幅区海上资源主要包括建筑用海砂矿,已初步探明,胶州湾口外有丰富的砂矿资源,储量约 $4 \times 10^8 \mathrm{m}^3$(山东省地质矿产勘查开发局,1991,1992)。

第 2 章 外业调查

2.1 外业工作完成概况

2009—2011年间,青岛幅项目共完成了浅地层剖面及同步水深测量3 046.1km,200km² 海岸带地质调查与取样、多波束测量4210km;侧扫声呐测量及同步水深测量1146km;10条岸滩剖面监测6次(冬季3次、夏季3次);地质取样表层样137站位,柱状样26站位,海水取样137站位(274瓶样品);地质浅钻2口,进尺共125.30m(其中QDZ01孔85.1m;QDZ03孔40.2m);单道地震测量1 966.5km,同步水深测量2 908.8km,物性标本采集1014个,日变观测数据72 480组(表2-1)。

2.2 地质调查

2.2.1 地质取样

2.2.1.1 目的任务

地质取样目的是通过对采集的样品进行分析测试,研究调查区海水、表层沉积物、浅表层沉积物物质成分、矿物特征、全新世环境变化、地貌特征等。青岛幅地质取样任务:海底底质表层取样130站位(现场进行pH、Eh、温度、Fe^{3+}/Fe^{2+}测试),海水取样130站位,海底柱状取样25站位。

2.2.1.2 完成工作量与质量评述

外业调查由青岛海洋地质研究所"业治铮"号调查船执行,定位系统采用美国Trimble公司产DSM132型DGPS接收机,表层取样主要采用青岛宝球科技有限公司的箱式取样器,柱状取样主要采用该公司的振动取样器,海水样品采取卡盖式标准系列采水器,pH、Eh采用SG2酸度计,温度测试采用E278便携温度计。外业于2011年6月29日开始,7月10日结束,历时12天,实际完成海底底质表层取样137站位,海水取样137站位,海底柱状取样26站位。取样过程见图2-1～图2-3。所有样品均进

表 2-1 青岛幅野外实物工作量一览表

工作内容	设计工作量	实际工作量	完成与验收情况	备注
浅地层剖面及同步水深测量	3000km	3 046.1km	101%,评审为"优秀级"	测网间距2.5km×5km
海岸带地质野外调查及取样	野外踏勘150km²,取样120个	野外踏勘200km²,取样420个	133%,评审为"良好级"	距岸线2km范围内进行
多波束测量	4000km	4210km	105%,评审为"优秀级"	丁字湾口全覆盖
侧扫声呐及同步水深测量	侧扫测量1000km,同步水深测量1000km	侧扫测量1146km,同步水深测量1146km	114.6%,评审为"优秀级"	测网间距5km×15km
岸滩剖面重复监测	10条岸滩剖面监测6次	10条岸滩剖面监测(夏季)3次 10条岸滩剖面监测(冬季)3次	100%,3次评审均为"优秀级" 100%,3次评审均为"优秀级"	分3年完成,每年夏、冬各1次,共6次监测
海洋沉积动力调查	2009年沉积动力走航调查400km,定点测量5站位 2011年沉积动力走航调查200km,定点测量6站位	沉积动力调查410km,连续25h定点动力调查5站位,取600瓶水样 沉积动力调查206km,连续25h定点动力调查6站位,取572瓶水样	102%,评审为"优秀级" 103%,评审为"优秀级"	在幅区主要潮流通道胶州湾内进行调查
海域地质取样	表层样130站位,海水样130站位,海底柱状取样25站位	表层样137站位,海水样137站位,海底柱状取样26站位	105%,评审为"优秀级"	表层样取样间隔5km×10km
地质浅钻	地质浅钻2口,总进尺120m,单井进尺不少于30m	地质浅钻2口,QDZ01孔85.1m,QDZ03孔40.2m,总进尺125.30m柱状取样2站位,长度分别为2.45m与4.80m	104%,评审为"优秀级"	QDZ01孔与QDZ03孔
单道地震、水深测量	单道地震测量1800km	单道地震测量1 966.5km,同步水深测量2 908.8km,物性标本采集1014个,日变观测数据72 480组	单道地震完成109%,全部为"优秀级"	单道地震测网间距5km×5km

行现场地质描述,表层取样样品进行现场测试(温度、pH、Eh、Fe^{3+}/Fe^{2+}),采样质量满足设计要求(表 2-2)。

a.箱式取样器下水　　　　　　　　　　b.抓取表层样

c.倒掉上部积水　　　　　　　　　　d.表层样

e.装取样品　　　　　　　　　　f.样品袋标注

g.粘贴标签　　　　　　　　　　h.最终样品

图 2-1　表层取样流程

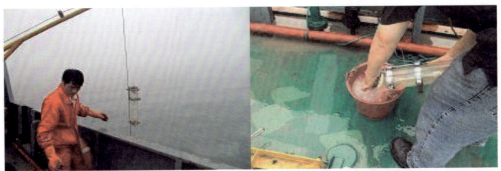

a.取水器采水　　　　　　　　　b.取得水样

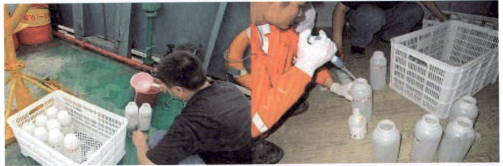

c.装取水样　　　　　　　　　　d.加酸

e.样品装箱

图 2-2　海水取样流程

图 2-3　振动取样器取样

表 2-2 表层样样品质量统计表

质量(m)/kg	站位数量/个	百分比/%
$2 \leqslant m < 3$	27	9.9
$3 \leqslant m \leqslant 4$	239	87.2
$4 < m \leqslant 5$	8	2.9
合计	274	100

海底表层取样采用箱式取样器进行采取。取样作业时待船舶稳定且精度满足要求后，定位人员通知取样工作平台的取样员开始下放取样设备，缓慢放下抓斗取样器，取样器到达海底时记录实际取样站位的位置，同时测量水深。将取样器缓慢下放，使取样器以自身的重量深入海底抓取样品，然后从海底缓慢提起，快速提出海面，慢速放至甲板，倒掉上部积水，检查样品数量，确定样品质量达到要求后，进行温度测试，并填入相应表格，测试完成后，将样品倾倒在木板上，取样员用手（戴干净橡胶手套）将样品装入塑料袋。

海水取样采用 QCC 球阀式或卡盖式采水器，采水容器需用预采集的水样清洗 3 次，然后提取表层海水和接近海底沉积物表面的底层水，水样各约需 5000mL，以满足各类水化学组分测试所需。测定重金属组分、微量组分的水样，在分别装入容器为 1000mL（500mL）的聚乙烯塑料瓶之前用 1∶1 的硝酸溶液酸化（每 100mL 加入 0.5mL 硝酸溶液）。

海底柱状取样采用振动取样器进行采取。取样作业时待船只稳定在适宜的工作状态（船只运动速度小于 0.3 节）后，开动绞车以常速将取样器下放，设备接近海底时减慢下放速度，使底盘轻轻地坐稳于海底。随取样器下放，电缆相应地下放。设备到底时，钢缆和电缆要尽量放松，并接通电源，将电压调整至振动器的工作负荷开始取样，视底质情况判断工作时间（对于软底质，一般不超过 1min；对于硬底质，一般以 5min 之内为宜；在砂质底质时，可低负荷适当延长振动时间至约 20min）。贯入取样结束后，切断电源，将取样器缓慢提升（对于硬底质，提升时钢缆负荷过大，可在提升过程中继续通电 1~2min 以减小取样器与底质间的摩擦力），并注意尽量保持钢缆垂直，如钢缆倾斜过大，甲板取样员需通知驾驶台调整船位，使钢缆尽量保证垂直。取样器提出海底后，快速提升，出水后慢速收回到甲板。

本次柱状取样在 26 个站位共取得 26 个样品，样品长度为 2.5~4.0m，所有站位样品长度均达到设计要求。具体统计见表 2-3。

表 2-3 柱状样样品长度统计表

长度(L)/m	站位数量/个	百分比/%
$2 \leqslant L < 3$	7	26.9
$3 \leqslant L \leqslant 4$	19	73.1
合计	26	100

2.2.1.3 现场测试

1）温度测试

该测试要求探针全部插入样品中，并且静置一定时间，待显示的温度数值基本稳定后记录下相关数据。温度测试要求用 2 个探针同时测量温度，取 2 个读数的平均值作为最终数据。温度计使用结束后，要用淡水将探针洗净,并用吸水纸将探针擦拭干净,以备下次使用。

2) pH、Eh 测试

该测试在温度测试结束后进行,要求保证探头处干净。将探头完全插入样品中,静置一定时间,待显示数据稳定后记录读数(图 2-4)。为了保证数据的准确性,一次测试结束后,将仪器用淡水洗净,特别是探头部分,要求用软毛刷将泥沙刷干净,用吸水纸擦拭干净,重复测试程序,将两次测试结果取平均值填入最后记录表中。

图 2-4 现场测试 Eh、pH、温度

2.2.2 地质钻探

2.2.2.1 目的任务

青岛幅地质钻探目的是通过全取芯地质浅钻进行样品分析,为研究调查区晚第四纪地层结构、地质事件、环境演化提供基础资料。任务是在调查区海域范围内布设 2 口地质浅钻,获取海底沉积物样品和相关资料,2 口地质浅钻要求总进尺不小于 120m,单井进尺不小于 30m。另外,在每个钻孔实施前,采用振动活塞式取样技术,采取 1 个柱状样品。钻孔站位号为 QDZ01、QDZ02、QDZ03(备用孔),钻孔位置见图 2-5,浅层剖面解释图见图 2-6。

孔位布设是在浅地层剖面解释的基础上确定的,依据如下。

QDZ01 孔(东经 $121°29'44''$,北纬 $36°06'00''$),计划进尺 80.6m。实际进尺 85.1m。地层结构:地震反射界面 R_5 和 R_5^1 之间是一个平行、亚平行的反射层,层内反射结构清晰,厚约 5.4m;R_5^1 和 R_3 之间是一个向东倾斜的前积层,厚 13.2m,认为是水下三角洲沉积;R_3 和 R_3^1 界面之间是杂乱-波状反射特征,厚约 8.5m,是砂席相沉积;R_3^1 和 R_1 之间主要是水平、波状反射特征,局部杂乱反射,厚约 7.8m;R_1 和海底面 R_0 之间认为是全新世以来的海相沉积,平行反射结构,厚 2.3m。浅钻目的主要是标定地层。除此之外,在综合分析本钻孔岩芯和浅地层剖面的基础上,能够对调查区晚第四纪沉积相进行分析,以揭示晚第四纪沉积作用与地层结构。尤其是可用于 R_3 和 R_5^1 界面之间前积层的研究,该层厚约 13.2m,浅地层剖面上显示向北、东倾斜,初步认为是氧同位素 5 期(MIS5)形成的水下三角洲,也有可能形成于 MIS3。

QDZ02 孔(东经 $121°21'23''$,北纬 $36°19'30''$),计划进尺 40~45m。地层结构:地震反射界面 R_2 是一个波动起伏、高振幅的侵蚀面,呈"V"形或"U"形的河谷状下切到下伏地层之中,该处的下切深度超过了 R_5 界面,总厚约 27.7m;底部是厚约 6m 的杂乱-波状反射层,可能是盛冰期之后的河流相滞留沉积;往上是大范围分布的波状反射层,厚 17m;然后是厚约 4.7m 的杂乱反射层;R_1 和海底面 R_0 之间认为是全新世形成的厚 2.3m 的海相平行反射层。

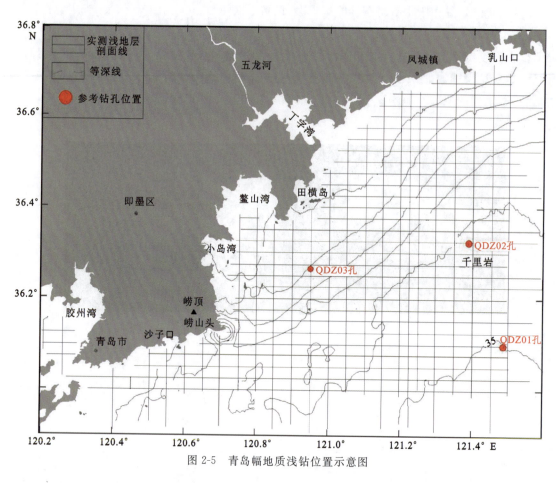

图 2-5 青岛幅地质浅钻位置示意图

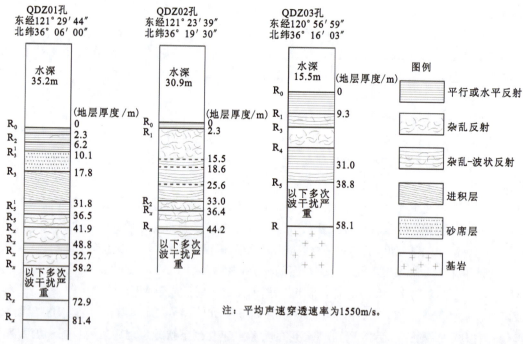

注:平均声速穿透速率为1550m/s。

图 2-6 浅层剖面解释浅钻位置及深度(位置见图2-5)

QDZ03孔(备用孔)(东经120°56′59″,北纬36°16′03″),计划进尺40.3m。实际进尺40.2m。地层结构:R_4界面是一个高振幅的侵蚀面,呈"U"形的河谷状下切到下伏地层中,侧向上不连续,与R_3界面之间是杂乱-波状的反射层,厚约7.8m,认为是盛冰期之后的河流相滞留沉积;R_3和R_1之间下部是水平-波状反射层,上部是杂乱-波状反射层,总厚21.7m,认为是冰消期海侵之后形成的海相沉积;R_1和海底面R_0之间是厚约9.3m的平行、亚平行反射层,向海倾斜。浅钻除了可用于标定地层之外,还可以用于全新世楔状体和下切谷的研究。浅地层剖面显示,R_1界面之上地层表现为沿海岸线呈带状分布的楔状体,楔状体以3m等厚线为界,向陆部分厚度变化较大,从3m递增到15m,最厚达22.5m,向海部分厚度介于1~3m之间,变化很小。同时,该孔还穿过R_1之下一个小范围分布的下切谷。

2.2.2.2 完成工作量与质量评述

2011年5月10—14日,第一海洋地质调查大队使用"勘407"轮完成了浅钻施工,"勘407"轮定位系统由MX521GPS、综合导航计算机、电罗经等组成,采用HYPACK导航软件,DGPS导航定位系统,差分源为Beacon基台信号,定位中误差优于5m。浅钻采用由无锡金帆机械厂生产的HGD-600型海洋工程勘察钻机。钻机为动力头式结构,采用全液压驱动。柱状取样设备为青岛海洋仪器仪表研究所生产的DDL-6型振动活塞取样器。在施工过程中,发现QDZ02孔设计井位离禁止抛锚区太近,无法施工。通过与项目首席科学家联系并征求意见,现场经理与监理人员协商后决定采用备用井位(QDZ03)施工。本次外业施工共完成2个地质浅钻(总进尺125.3m),采集2个柱状样。2个钻孔实际进尺分别为85.1m(QDZ01,图2-7)和40.2m(QDZ03,图2-8),符合设计要求。钻孔钻遇的岩芯绝大部分为黏性土,采取率满足设计要求的85%,砂质层位满足设计要求的60%(图2-9、图2-10、表2-4)。浅钻样品未受泥浆污染。采集的样品标识清楚,规范,且堆放整齐,满足设计书要求。本次外业施工定位数据正确,工作班报合格;地质编录表记录详细;柱状取样编录表记录详细。

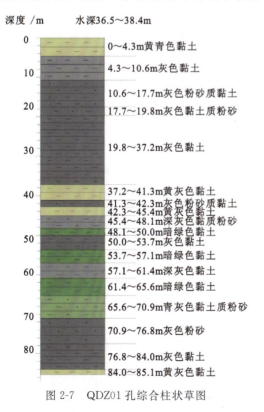

图2-7 QDZ01孔综合柱状草图

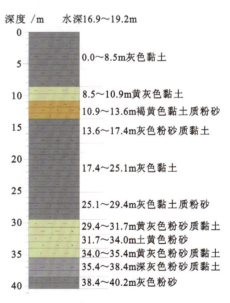

图2-8 QDZ03孔综合柱状草图

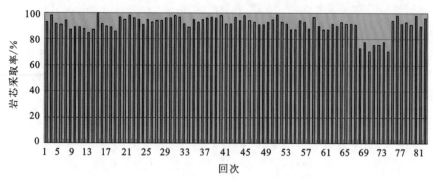

图 2-9 QDZ01 孔岩芯采取率统计图

(岩芯长度：77.77m；实际孔深：85.1m；地层总采取率：91.4%)

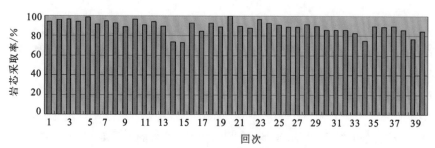

图 2-10 QDZ03 孔岩芯采取率统计图

(岩芯长度：35.98m；实际孔深：40.2m；地层总采取率：89.5%)

表 2-4 采取率统计表

孔号	砂采取率/%			黏土采取率/%		
	最低	最高	平均	最低	最高	平均
QDZ01	71	98	85.1	85	100	92.9
QDZ03	73	92	83.4	85	100	92.5

导航定位：海上作业期间 DGPS 接收机工作状态正常，信号稳定，接收卫星颗数均≥4，质量数均≥7，HDOP 值最大为 1.8，最小为 1.2，平均为 1.6。钻孔位置偏离设计孔位距离小于设计要求的 20m，偏移距离最大为 15.37m，最小为 7.74m，平均为 11.17m。总体而言，本次地质浅钻样品、柱状样、测深资料及相关记录均符合或高于设计书要求，施工质量较好。

柱状样：采取的柱状样岩芯为黏土岩芯。根据施工设计，如取样长度达不到要求，必须进行重新取样，在出现连续 3 次取样长度不合格时，可取最长柱状样作为本站样品，但必须有相应的情况说明记录。由于 QDZ01 孔海底表层为硬塑黏土，因此柱状样较难取得，连续取 3 次后保留最长的一根(2.45m)；QDZ03 孔柱状样长度为 4.8m，均满足设计要求。样品包装与标识正确规范。

2.2.3 海岸带地质调查

2.2.3.1 目的任务

海岸带地质调查的目的：一是了解并查明海岸带的地形地貌及地质特征，以便将来与海洋调查所获得的资料进行结合，完善海陆接图；二是查明入海河流、排污口的污染特征；三是通过海岸带调查，了解海岸带开发利用现状,为下一步地质调查工作部署提供参考。本次工作沿海岸线进行调查和观测,岸线1km范围内是主要调查范围,特殊地区可适当加宽,面积150km^2。计划采集水样、土样、岩样120个。

2.2.3.2 完成工作量与质量评述

调查于2009年4月10日—5月6日进行,共计27天,主要完成了地质、海岸带类型、地形地貌、开发利用现状、遥感解译标志点调查,入海河流和入海排污口现场调查、描述、样品采集、样品预处理等工作。完成了200km^{2}海岸带地质调查,对272个地质点进行了描述,采集样品220个,全面完成了任务书规定的全部任务(表2-5)。土壤采集样品重量大于1kg,取样位置在20cm以浅。水样品容量大于1000mL,针对不同的待测元素,加入不同的保护剂以防止氧化、还原、吸附等物理和化学变化的发生。野外施工符合设计要求,通过中国地质调查局野外验收。

表2-5 海岸带地质调查完成工作量

类型	单位	设计工作量	实际完成工作量	
野外踏勘范围	km^2	150	约200	
野外观察点	个	200	272	
取样	个	120	岩石标本	137
			土壤样	23
			入海河流、排污口水样	33
			入海河流、排污口泥样	27
岸滩剖面监测	条	10	10(2次,夏、冬各1次)岸滩剖面取样250个	
地质剖面	条	1	1(12km)	
照片	张		952	

2.2.4 岸滩剖面监测

2.2.4.1 目的任务

在青岛幅范围内,对10条岸滩剖面监测6次(2009—2011年,每年夏季、冬季各1次,共计6次)。海滩剖面监测的目的是了解调查区海岸带地形冲淤变化情况。

2.2.4.2 完成工作量与质量评述

本项目在2009年至2011年共完成了10条岸滩剖面共6次监测(表2-6),时间分别是2009年5月、2009年11月、2010年5月、2010年11月、2011年5月、2011年11月,共采集了694个粒度样,完成了476个样品的粒度分析处理并编制了相关图件,为3个年度进行连续监测提供了对比资料。定位系统采用美国GARMIN公司生产的MAP60型定位仪,岸滩剖面测量采用苏州一光仪器有限公司生产的DSZ3水准仪。

表 2-6 青岛幅海岸带监测 10 条岸滩剖面位置

剖面号	起点坐标		剖面方向/(°)	地理位置
QAPM1	东经 121°22′23.4″	北纬 36°43′36.9″	92	海阳核电站东北部海滩剖面
QAPM2	东经 121°22′21.6″	北纬 36°43′30.3″	95	海阳核电站东北部海滩剖面（QAPM1 以西约 50m）
QAPM3	东经 121°22′22.8″	北纬 36°43′40.7″	82	海阳核电站东北部海滩剖面（QAPM1 以东约 50m）
QAPM4	东经 120°42′13.6″	北纬 36°24′39.3″	155	鳌山湾西岸海滩剖面
QAPM5	东经 120°42′12.0″	北纬 36°24′37.6″	148	鳌山湾西岸海滩剖面（QAPM4 以西约 50m）
QAPM6	东经 120°42′09.8″	北纬 36°24′36.7″	148	鳌山湾西岸海滩剖面（QAPM4 以西约 100m）
QAPM7	东经 120°39′58.7″	北纬 36°14′14.6″	60	王哥庄天顺鑫海水浴场南
QAPM8	东经 120°17′11.8″	北纬 36°11′13.9″	185	红岛东大洋村观海酒家入口
QAPM9	东经 120°13′11.2″	北纬 36°02′38.2″	75	黄岛海滨公园
QAPM10	东经 120°40′07.5″	北纬 36°14′40.5″	118	仰口天顺鑫海水浴场东北

岸滩剖面质量控制的关键是确保长期监测时剖面起始点及剖面方向固定不变，因为起点高程或剖面方向的一点变化都会使测量的结果产生较大的偏差，从而失去监测的意义。因此在监测过程中，首先在测量前对仪器进行闭合检验，闭合误差控制在 5cm 以内；然后用 GPS 和罗盘定位；最后对照前期剖面测量时的工作照片，每一根竹竿都尽量保证插在前期测量剖面上，最大限度地减小偏差。除此之外每半年进行 1 次剖面维护，对 10 条剖面的起始点和参考点用红色油漆进行重新标记，确保下一次测量的准确性。剖面沉积物取样的主要位置是海岸沙丘基部、滩肩脊、高潮线位置、中潮间位置、低潮位置、潮下沟底和沿岸坝脊，表层取样在 20cm 以浅，质量大于 1kg，取样完成后及时送往实验室进行分析。

2.3 地球物理调查

2.3.1 多波束测量

2.3.1.1 目的任务

多波束测量布设在地形复杂海域或重要工程规划区，进行全覆盖测量。青岛幅目前复杂海域为胶州湾和丁字湾口。由于胶州湾海上船只繁忙，跨海大桥修建，海上作业很难实现，并且在之前的项目中进行过多波束测量,因此选择丁字湾口外作为多波束测量区域。主要了解 10~20m 地形坡度较陡的近海区域的复杂地形变化,根据详细的地形分析沉积运移趋势。设计工作量为 4000km,采用全覆盖测量。主测线要求沿地形走向布设,测线间距应能保证条幅(swath)有 10% 的相互重叠。测区内至少布设一条跨越整个测区与多数测线相交的检查线。

2.3.1.2 完成工作量与质量评述

本次多波束外业数据采集任务由青岛海洋地质研究所"业治铮号"调查船执行,测深采用 EM710RD 多波束系统,导航定位使用 TrimbleDSM132 型 DGPS 亚米级定位仪进行作业。

技术与质量要求:沿地形走向布设,测线间距应能保证条幅(swath)有 10% 的相互重叠;测区内至少布设 1 条跨越整个测区与多数测线相交的检查线。

海上测量技术要求如下:①测量船应在预定的测线方向上保持匀速直线航行。②进行测量时,应确保每个发射脉冲接收到的波束大于总波束的 85%。③调查船偏离测线应不超过测幅宽度的 10%;相邻图幅的重叠小于 10% 时,应及时修正和调整测线间距;波束接收状况较差时(<85%),要降低船速或提高测线之间的重叠覆盖率。④每条测线结束后,应维持原航向航行 500m,然后再转向。⑤实时监测条幅剖面是否有弯曲现象,以确定是否采集声速剖面;出现测量空白区或不符合规定要求时,要及时补测或重测。⑥值班人员应按照多波束系统的说明书和操作步骤认真操作。

其他技术要求参考《海洋调查规范 第 8 部分:海洋地质地球物理调查》(GB/T 12763.8—2007)进行。

调查船自 2011 年 5 月 3 日至 5 月 28 日完成调查任务返回,前后进行了两个航段的海上调查工作,工作期间由于避风避浪等原因,在田横岛湾内抛锚避风两次,实际工作天数为 25 天,完成工作量 4210km(图 2-11),完成计划工作量的 105.3%,超额完成任务。同步验潮数据 4320 个。外业调查施工期间海况良好,外业调查克服了过往船只、渔船渔网等障碍物影响,取得的多波束测量数据准确可靠,质量满足设计要求,通过中国地质调查局野外验收。

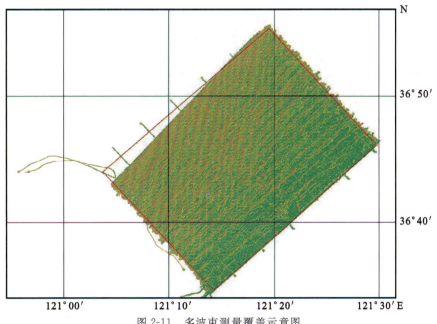

图 2-11 多波束测量覆盖示意图

2.3.2 侧扫声呐及同步水深测量

2.3.2.1 目的任务

侧扫声呐调查是"1∶25万青岛幅海洋区域地质调查(试点)"项目工作任务的一部分,在青岛幅海域范围内开展侧扫声呐测量1000km,同步进行单波束测深1000km。目的是探测区内海底的地形地貌特征,为开展区内海底地形地貌特征研究提供基础资料。

2.3.2.2 完成工作量与质量评述

本次外业调查由青岛海洋地质研究所"业治铮号"调查船执行,主要测量仪器有美国生产的Edgetech4200侧扫声呐系统,加拿大生产的320M型单波束测深仪,导航定位使用TrimbleDSM132型DGPS亚米级定位仪进行作业。外业调查于2011年5月31日开始,6月13日结束,历时14天。实际完成侧扫声呐测量1146km,同步单波束水深测量1146km,完成计划工作量的114.6%,同步验潮数据1660个。侧扫声呐采用低频采集方式,获取的声图能够较好地反映测区的海底地貌特征,质量满足设计要求。

作业期间选择在浪高小于1m的良好海况下进行,工作船速稳定,基本保持在5节左右,正常情况下船只沿测线航行偏航距小于50m。受海况等因素影响,仅有部分测线测量点超出偏航范围,个别测线受岛屿影响,如csz8避让千里岩偏航较大,偏航最大距离650m。

从施工采集的情况来看,声呐回波信号反射良好,海底追踪稳定准确,声呐图像能够清楚反映海底的地貌特征。测量范围内海底地形较为平坦,大部分海底地貌形态较为单一。测区北部声图显示回波信号较弱,推断海底底质为较软的泥质类型。岛屿周围部分测线如csz8线的83~126点回波信号较强,推断海底表面为较硬的砂层。此外,在csz10测线的91点附近探测到礁石出露,csz11-2测线的109点处有疑似沉船。测区南部csz14测线的95~239点、csz15测线的1~35点、csz16测线的92~121点等测线地貌丰富,海底底质变化多样。崂山头附近区域的测线海底反射信号较强,在csz20测线的20~24点、csz21测线的33~38点、csz21测线的9~14点均出现弱的反射区域,海底底质发生变化,宽度为300~1000m。

温跃层折射干扰是测量期间最常见的干扰信号。从采集的声速剖面(图2-12)可以看出,水深在

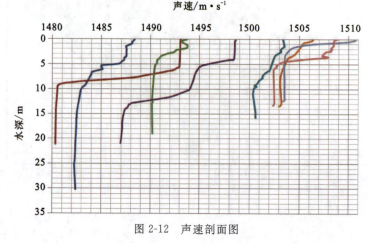

图2-12 声速剖面图

8~15m范围内速度出现异常,最大声速差值达27m/s。在近海浅海区,太阳加热作用,使水温剖面变化明显,从而导致温跃层的形成。声波在温跃层中会产生折射现象,出现声线弯曲,这就导致声呐发射的脉冲从换能器出来后无法沿直线到达海底,声波集中抵达海底某个部位,在声图记录的两侧呈现出黑色的带状花纹干扰。为了降低温跃层干扰对声图采集的影响,作业过程中采取增大拖缆下放长度、降低船速等措施改变拖鱼的沉放深度,尽可能避开温跃层,以改善声图质量。

本次施工侧扫声呐参数选择合理,操作人员认真负责,工作期间班报填写、签署齐全。记录连续、清晰、可靠。打标线标注点号、时间正确,记录标识明确,原始模拟记录平整完好,已取得的资料满足设计要求。

2.3.3 浅地层剖面及同步水深测量

2.3.3.1 目的任务与技术要求

在青岛幅内进行3000km的浅剖和同步水深测量调查工作,该任务主要目的:①查明调查区海底浅部(50m以内)地层层序、三维地层结构、地质灾害分布特征及其形成与演化机制,完善海陆接图;②完成同步水深测量,查明海底地形、地貌特征。进行同步验潮和潮汐改正,编制青岛幅海域水深图。主要技术要求如下。

1)水深测量

工作时,将船前后吃水调平,根据船的吃水选定吃水深度参数。在每航段出海前和结束后,利用声速仪测定声速,并作声速剖面。水深数据由定位系统记录。测深满足IHO标准:水深≤30m,误差不超过0.3m;水深>30m,误差不超过水深的1%。水深测量与浅地层剖面测量同步进行。

2)验潮

在田横岛设立临时验潮站,设立时保证选址合理,水尺前方无沙滩阻隔,海水能自由流通,低潮不干出,能充分反映当地海区潮汐情况;水尺设在码头石壁以外5m处,海底用砂石夯实,焊制钢质底座,然后将水尺固定在底座钢管上。临时验潮站设在田横岛中村码头附近的海域中。田横岛距离陆地1.3km,岛上有青岛市自然资源和规划局埋设的GPSD级控制点,点名为中村(D259),高程$H=7.554$m(1985国家高程基准)。在中村码头边缘标记2个临时水准点(图2-13),分别为ZC1和ZC2,距离D259点约0.2km。水准测量观测采用支线单程双转点观测法。

人工观测,自2009年5月10日起进行连续观测。水位数据每隔半小时读取1次,数据记入潮位观测记录表。

验潮仪观测,自动验潮采用2支自动验潮仪(图2-14),型号为加拿大RBR公司的TGR-2050自记式潮位仪。一支放置于验潮点岸边用于测量大气压力,另一支于5月23日22时固定在人工验潮水尺底部,传感器位于水尺28cm处。5月24日0时开始记录水底压力数据,记录间隔为每10min/次。

测深及浅地层剖面施工期间,临时验潮站人工观测、仪器观测与测深和浅地层剖面施工同步。

3)浅地层剖面测量

浅地层剖面测量导航采用SF2050GDGPS接收系统,测深系统采用德国Elac公司Hydrostar4300测深仪,浅地层剖面系统采用英国AAE测量系统,系统由震源控制器CSP2200、采集系统GeoPro4和震源(Boomer/sparker)系统组成。经过试验,主要测量参数如下。

图 2-13 临时水准点

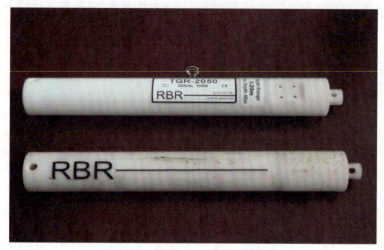

图 2-14 TGR-2050 自记式潮位仪

测线部署:2.5km×5km。

记录量程:160ms。

能量:300J。

穿透深度:不小于50m。

垂直分辨率:优于0.5m。

滤波:高通320Hz,低通2kHz。

走纸速度:0.4mm/s(试验确定)。

记录格式:SEG-Y。

记录器换向:东西线为西在左,东在右;南北线为南在左,北在右。

TVG参数的具体数值视记录面貌的具体情况做及时调整,地层变化较大、穿透深度变小时,适当加大激发能量。

测量过程中连续进行数字记录和模拟输出打印,值班人员严格按距离间隔 500m 定点定位,并在浅地层剖面记录上同步打 MARK 线。在正常情况下,调查船沿设计测线航行,偏航距不大于 50m,在正前方遇障碍物时,允许根据具体情况调整测线方向和间距,测量时船速不大于 5 节(约 2.57m/s)。

正常测量情况下每隔半小时填写 1 次班报,上下线、整点和遇到特殊情况时加填 1 次。每天的工作进展、海况、天气等有关信息均记入工作日报。

2.3.3.2 完成工作量与质量评价

1)完成工作量

本次外业调查由"鲁荣冷 115 号"调查船执行。自 2009 年 5 月 23 日至 7 月 22 日进行浅地层剖面及水深测量,历时 61 天,共计完成主测线 28 条,联络测线 26 条,总工作量 3 046.1km(设计工作量 3000km),超额完成任务。在施工过程中,进行同步验潮,时间自 5 月 10 日至 7 月 22 日,进行连续观测。人工观测时水位数据每隔半小时读取 1 次,共计完成数据 3232 个,数据记入潮位观测记录表;自动验潮仪观测时使用水位计每 10min 自动记录 1 次水位,储存在仪器内,并在全部外业施工结束时导出水位数据存盘,共计完成数据 9305 个(图 2-15)。

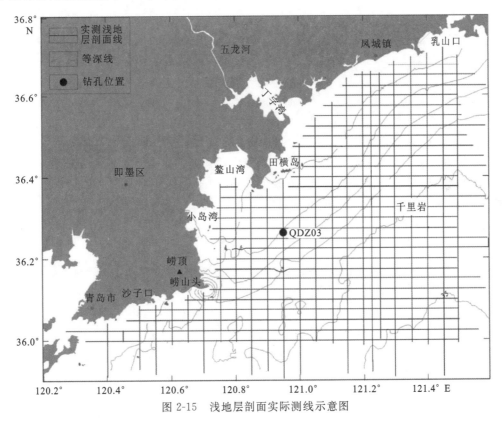

图 2-15 浅地层剖面实际测线示意图

2)资料质量评述

(1)水深测量质量评述:为得到准确的声速数据以保证水深测量的精度,2009 年 5 月 24 日在到达工区进行正式施工前采用绳测法与测深仪进行比对校准。由于工区范围大,工区的南部和北部距离达 90km,所以在工区的南部和北部分别通过水温测量对声速进行调整,提高了水深测量的精度。

本次调查所获单波束资料质量能满足规范及施工设计要求,记录资料质量可靠、清晰,班报齐全,准确无误。

(2)验潮资料质量评述：自5月10日至7月22日进行连续观测。人工观测时水位数据每隔半小时读取1次，数据记入潮位观测记录表；自动验潮仪观测时使用水位计每10min自动记录1次水位，储存在仪器内，并在全部外业施工结束时导出水位数据存盘。测深及浅地层剖面施工期间，临时验潮站人工观测、仪器观测与测深和浅地层剖面施工同步进行。

外业结束后，任取一天的数据，将人工观测潮位数据和自动验潮仪观测数据（经转换）进行比对，误差平均值为0.029m，在容许误差范围之内。由此可见，所获取验潮资料真实可靠，满足设计要求。

(3)浅地层剖面测量质量评述：本次施工质量优于以往，浅地层剖面资料记录面貌总体质量良好，经初步自行评估：合格率为100%，优良率可达90%；现场获取的浅地层剖面反射记录清楚地揭示了工作区海底以下的沉积层内部结构和声学反射特征，地层反射结构清晰，各反射层界面明显，反射层组内部反射结构清晰。从穿透深度方面来看，测线剖面穿透深度基本都在50m以上，部分测线可看到大于80ms（约65m）的地层，但有极少数测线段受多种因素的影响，反射特征不甚清晰，有无法穿透的情况，推断可能是浅层气引起。

资料优良的测线有A21、A26、B24、B9、A19等，累计里程2750km，占90%；资料较好的测线有B25、A12、B11等，累计里程250km，占8%；资料欠佳但符合施工质量要求的是A10-1线，里程为46km，占2%。

2.3.4 单道地震

2.3.4.1 目的任务

海域单道地震测量主要目的是获取新近纪以来地震反射资料，根据界面反射特征，进行区域地层层序和地质构造单元划分，识别浅层气、火成岩体、古河道和其他环境地质体，编制主要反射界面埋深图、构造断裂图、特殊地质体平面分布图等。根据以上目的，"青岛幅"要求完成单道地震测量1800km。

2.3.4.2 完成工作量与质量评述

本次外业调查由"业治铮号"调查船执行，定位系统采用美国Trimble公司生产的DSM132型定位仪，单道地震测量采用美国生产的DelphSeismic采集系统。外业调查施工期间海况良好，外业调查克服了过往船只、渔船渔网等障碍物影响，于2011年8月27日顺利结束。本次外业施工完成单道地震测量1 966.5km，同步单波束水深测量2 908.8km（表2-7），超额完成设计工作量。单道地震剖面图像清晰，图载信息较丰富，质量满足设计要求。

表2-7 外业工作量及完成情况

工作内容	设计工作量/km	实际工作量/km	完成百分比/%
单道地震测量	1800	1 966.5	109.3
单波束测深	2800	2 908.8	103.8

2.4 遥感调查

2.4.1 目的任务

在前期遥感资料初步解译的基础上,应用典型样区校核法进行野外验证,校验室内判读的准确性,从而识别青岛幅区域海岸带地貌类型。调查任务为 30 个遥感解译验证点的野外光谱测量、观察描述等。

2.4.2 完成工作量与质量评述

调查时间为 2011 年 5 月 7—28 日,历时 22 天。定位系统采用美国 GARMIN 公司 MAP60 型定位仪。该仪器精度为 3m,在海岸带地区静态精度可达 5m 以内,可以满足海岸带调查及遥感特征地物信息和特征地面控制点调查的需要。地物光谱仪采用美国 ASD 公司的 FieldSpec HandHeld 光谱仪。该仪器光谱测量范围为 350~1050nm,采用 512 阵元光 PDA 阵列探测器,凹面消色差光栅,平场成像。此光谱仪易于波长标定,灵敏度高,可以满足不同类型的海滩、海滩植被、近岸水体的光谱测量。本次调查共完成野外遥感验证点 32 个,获得影像资料 150 份。

第3章 地形地貌及海岸带

青岛幅区位于鲁东剥蚀构造为主的低山丘陵区,东临黄海,陆区内主要有中山、低山、丘陵、平原等地貌;海岸主要为基岩港湾式海岸类型,近海海底主要由近岸岸坡和海底平原构成。

2009—2011年间项目组在青岛幅区内开展了岸滩剖面监测、单(多)波束测量、侧扫声呐测量、浅地层剖面测量、地质取样及卫星遥感解译等工作,通过资料处理解释及样品测试,并结合陆域成果资料,系统地查明了青岛幅的地形特征、地貌类型及海岸带现状。

3.1 地 形

3.1.1 陆域地形

青岛幅区地处胶东低山丘陵南侧区域,地势北高南低,以低缓丘陵与平原为主,北部主要为丘陵,海拔100~500m的低缓丘陵广泛分布于北部。幅区西北为大泽山,海拔736m,由二长花岗岩构成;东北有招虎山、玉皇山等,玉皇山海拔589m,由燕山晚期花岗岩构成。青岛幅区中部及胶州湾沿岸、丁字湾沿岸主要为平原区,地势较低,海拔低于50m;剥蚀堆积平原主要分布在幅区的中北部莱西一带的大沽河中上游、即墨—龙泉一带的丘陵周围,面积约1681km^2,海拔高程50~150m,切割深度小于10m,冲沟中多有基岩出露;冲积平原(洼地)主要分布在青岛幅区中部,沿大沽河中下游及其支流流域、五龙河下游及其支流流域分布,如姜山、刘家庄、南村一带,穴坊一带,面积约2674km^2;海积平原分布在黄海沿岸的河流入海口一带,如胶州湾、丁字湾等地,面积约1122km^2,一般海拔在10m以下,处于滨海地区;青岛幅区南部发育崂山山脉,崂山山势巨峰干脊突起,崂山主峰崂顶海拔1132m,属中山山区。

幅区内发育和分布有大沽河水系、胶莱河、五龙河和乳山河水系以及沿海一些河流。大沽河、胶莱河属平原河流,五龙河等其他河流属于山区丘陵季节性河流,源短流急,自成体系单独入海。大沽河流域,干流全长179.9km,流域面积约4000km^2;五龙河干流总长269km,流域面积1 176.25km^2;墨水河干流长41.52km,流域面积317.2km^2。

幅区海岸主要为基岩港湾式海岸类型,总的岸线轮廓较为平直,但主要海湾具有溺谷湾特色;乳山河口至田横岛之间,主要为平直的砂质海岸。发育乳山口、丁字湾、大桥湾(鳌山湾)、小岛湾、胶州湾等重要海湾(中国海湾志编纂委员会,1993)。

3.2.2 海底地形

青岛幅从地质背景来说,处于胶辽朝隆褶带(中朝地块的南部)和胶南临津江隆褶带(扬子地块的北部)的结合部位,郯庐断裂的东部。该海区水深较浅,海水深度为0~50m,地形向东南方向倾斜,近岸20m水深以内地形稍陡,以外海底缓倾,等深线分布较为均匀,由于内外动力作用的差异,各自具有不同的海底地形特征。海区的沉积物主要为第四纪的沉积物(孟灵等,2012;田清等,2012)。

青岛幅海底地形主要有水下三角洲、近岸岸坡、陆架平原等,水深最深点位于胶州湾口,水深64m(深度基准为1985国家高程基准)。崂山头海岸夹角附近发育冲刷槽,水深也超过35m。乳山口至崂山湾一带近海,由岸向海水深不断变深,有明显的分带,由近岸的水下三角洲、近岸斜坡,逐渐变为陆架平原,至图幅东南水深达36m。

幅区海底水下三角洲有丁字湾口水下三角洲、乳山口三角洲、胶州湾大沽河及洋河河口附近发育的大沽河-洋河复合三角洲。丁字湾口水下三角洲向东偏南方向增长,可延伸到近10m水深,三角洲近于扇形,面积约100km^2,表层沉积物有明显的分带性,顶部为中砂,向外依次为细砂、粉砂;乳山口三角洲面积较小,约15km^2,其外缘大致在5m等深线附近,表层沉积物由细砂组成,分选好,在垂向上有向深部变粗的趋势,其上有典型的潮流沙脊发育,方向南北,低潮时可露出水面;胶州湾大沽河及洋河河口附近发育的大沽河-洋河复合三角洲,由于河流来砂量较少以及物质经海水动力作用后扩散再分配比较充分,该三角洲形态并不明显。大沽河是胶州湾西北部的主要河流来砂,由于这里涨潮流速大于落潮流速,河流冲刷带来的泥沙不易向湾内输移,在河口区附近的浅水区,按颗粒大小和相对密度大小依次沉积下来,并不会做大规模的沿岸运动。三角洲前缘线北起北纬36°10′37.865″,东经120°11′10.363″,向东南方向延伸至北纬36°08′06.198″,东经120°12′39.602″,向南到北纬36°05′25.202″,东经120°10′19.789″为界。

幅区近岸海底剥蚀-堆积岸坡在青岛前海宽度较窄,但在崂山头以东宽度较大。在青岛前海,海底剥蚀-堆积岸坡至水深20m处;而在崂山头以东,海底剥蚀-堆积岸坡至水深在27~32m(黄海高程基准面水深)以内的近岸海区。东部较单一,地形平缓,明显比陆架侵蚀-堆积平原坡度大。岸坡上常有现代海相盖层,自岸向深水逐渐变薄,最大厚度10m左右,表层沉积物为泥质粉砂、砂—粉砂质泥,自岸向外变细。

幅区陆架侵蚀-堆积平原分布在沙子口以东的深水区域。主要在水深27~32m以深海域。海底地形坡度小,但地形有起伏。仰口湾东北部海底冲蚀平原分布在水深大于30m的外海水域,沿岸陆域物质与波浪对其影响甚微。冲蚀平原海底地形平缓,逐渐向外海倾斜。

3.2 地　貌

3.2.1 地貌类型划分

根据《海岸带(海区)环境地质调查规范(1∶250 000)》,并综合以往研究成果和实际调查资料,划分出幅区内一级地貌为大陆地貌,二级地貌分为陆地地貌、海岸地貌、陆架地貌(表3-1)。具体来说,陆地地貌类型包括山地、平原、河流、海岛等;山地进一步划分为强切割断块中山、中切割断块低山及中切割侵蚀-剥蚀低山、侵蚀-剥蚀高丘陵、侵蚀-剥蚀低丘陵;平原进一步分为侵蚀-堆积平原、冲积平原、洪-冲-海积平原。海岸地貌包括洪-冲-海积平原、岸滩(潮坪和沙滩)、海积-海蚀地貌(海蚀崖、海蚀洞、潮沟等)、人工地貌等;陆架地貌包括水下三角洲、剥蚀-堆积岸坡、堆积岸坡、陆架侵蚀-堆积平原、潮流侵蚀-堆积地貌体系等(青岛幅地貌图见附图)。

表 3-1 青岛幅地貌分类系统

一级地貌（巨型构造地貌）	二级地貌（大、中型构造地貌）	三级地貌		四级地貌（地貌形态）
大陆地貌	陆地地貌	侵剥蚀地貌	山地平原	强切割断块中山(1000～1200m)
		流水地貌	侵蚀-堆积平原	低山(500～1000m)
			冲积平原	高丘陵(200～500m)
			洪-冲-海积平原	低丘陵(100～200m)
		构造地貌	熔岩丘陵	断层崖
	海岸地貌	河-海堆积地貌	洪-冲海积平原 水下三角洲	现代河道 现代建设性三角洲 潮控三角洲 河口沙坝 水下沙坝 沙嘴
		海积地貌	海积平原 潟湖 现代河口湾 砂、砾滩 水下堆积岸坡	
		海积-海蚀地貌	潮流沙脊群 水下侵蚀-堆积岸坡	
		海蚀地貌	海蚀台地(阶地) 海蚀平台 水下侵蚀岸坡	海蚀崖、潮汐通道、古海蚀崖、岬角、海蚀洞、潮沟、海蚀柱
		人工地貌		养殖场、水库、盐田、港口码头
	陆架地貌	堆积地貌	陆架堆积平原 潮流三角洲 古三角洲	现代水下汊道 海底扇 古三角洲 海底沙丘 沙波 潮流冲刷槽 现代潮流沙脊 古潮流沙脊 海蚀谷
		侵蚀-堆积地貌	陆架侵蚀-堆积平原 现代潮流沙脊群 古潮流沙脊群 古潮流沙席	
		侵蚀地貌	侵蚀浅洼地 潮流冲刷槽	

3.2.2 陆地地貌

1)山地、平原及微地貌

青岛幅区内陆域主要地貌类型有中山、低山、丘陵、平原等地貌和微地貌。

中山是指绝对高程 1000~3500m、相对高程 200~1000m 的山地。青岛幅区中山为崂山,位于青岛市崂山区的北宅以东,崂山主峰崂顶海拔 1132m,500m 以上山峰有 20 余个,主要有滑溜口(海拔 1002m)、天茶顶(海拔 989m)、日起石(海拔 801m)等山峰。

低山是指绝对高程 500~1000m、相对高程 200~1000m 的山地。区内低山有大泽山、青山、招虎山、玉皇山、石门山、三标山等。

丘陵是顶部浑圆、坡度平缓、坡脚线不明显的低矮山丘。其绝对高程小于 500m、相对高程小于 200m。幅区的丘陵多指海拔 50~500m 的山丘,其中海拔 200m 以上者称为高丘陵,海拔 200m 以下者称为低丘陵。丘陵主要分布于崂山、大泽山、招虎山等山地的四周。

平原为山地至海的过渡类型,广泛分布于侵蚀-剥蚀低山、丘陵与海积、冲洪积等构成的滨海平原之间。按成因可分为剥蚀-堆积平原、冲积平原(洼地)、海积平原。剥蚀-堆积平原主要分布在莱西、即墨等地,岩层受强烈侵蚀及风化剥蚀,致使地形微有波状起伏,海拔在 50~150m 以下;冲积平原(洼地)主要分布于中西部,是山间平原的主体,如发育在大沽河中下游的姜山洼地、五龙河下游的穴坊洼地;海积平原虽分布广泛,但规模较小,主要分布在胶州湾、丁字湾、乳山口的沿岸低平地区。

青岛幅区内微地貌发育,主要有侵蚀后退岸、稳定岸、淤积增长岸,中低山区切割形成的峡谷、火山形成的火山景观(如马山石林),地下热水上涌形成的温泉等。区内火山岩较发育,形成了众多的火山机构,但因风化剥蚀,火山机构保留的不完整,主要有马山石林为代表的潜火山岩相火山机构、午山锥状火山机构等。温泉按温度的高低可分为三大类,高于 75℃ 为高温温泉,介于 40~75℃ 之间为中温温泉,低于 40℃ 为低温温泉。其中即墨温泉分布面积为 $6.5km^2$,水温一般为 30~60℃,最高温度可达 93℃,含有氟、溴、锶等 30 多种微量元素,总矿化度为 10.809g/L,地热水允许开采量为 $1\,602.1m^3/d$。

2)河流、水库

区内发育和分布了大沽河水系、胶莱河、五龙河和乳山河水系以及沿海一些河流。大沽河、胶莱河属平原河流,五龙河等其他河流属于山区丘陵季节性河流。源短流急,自成体系单独入海。大沽河流域干流全长 179.9km,流域面积约 $4000km^2$。五龙河干流总长 269km,流域面积 $1\,176.25km^2$。墨水河长 41.52km,流域面积 $317.2km^2$。

区内较大的水库有产芝水库、崂山水库、棘洪滩水库等。产芝水库位于莱西市韶存庄乡产芝村东北的大沽河干流中、上游,水库坝长 2400m,最大坝高 20m,顶宽 7m,水库库容 5.02 亿 m^3,电站总装机 4 台 900kW。崂山水库位于崂山区夏庄镇白沙河中游的小风口与张普山之间,水库总库容 5601 万 m^3。棘洪滩水库是引黄济青工程的唯一调蓄水库,位于胶州市、即墨区和城阳区交界处,库区面积达 $15.422km^2$,围坝长 15.277km,总库容 1.46 亿 m^3。

3)海岛

区内黄海中海岛众多,主要有青岛市的田横岛、驴岛、长门岩、马儿岛、大管岛、大福岛,烟台市的千里岩,威海市的小青岛等岛屿。

田横岛位于即墨区东部海域的横门湾中,中心位置在北纬 36°25′08″,东经 20°57′32″,总面积 $1.46km^2$,距陆地 3km,岛上最高处海拔 55.5m。

长门岩位于即墨区鳌山卫镇东南的大海中,分南北二岛,总面积 $0.25km^2$。主岛北岛面积 $0.161km^2$,主峰海拔 85.7m,南岛高 53m。两岛相距数百米,中间航道宽如车道,故又名"车门岛"。出露岩性主要为前寒武纪二长花岗质片麻岩、榴辉岩等。

大管岛位于即墨区东部的崂山湾中，是小管岛的姊妹岛，位于小管岛东南部。大管岛面积约 0.58km²，海岸线长约 1.65km，宽约 0.31km，主峰海拔 100m，出露岩性主要为前寒武纪花岗质片麻岩等。

千里岩位于黄海中部西岸的大陆架上，北纬 36°15′56″，东经 121°23′10″。现隶属烟台市海阳市，为烟台市最南端。岛形似哑铃状，南北长约 0.82km，东西宽约 0.24km，面积为 1.040 5km²，该岛最高点海拔 93.5m。出露岩性主要为前寒武纪二长花岗质片麻岩、榴辉岩等。

4）陆域地貌分区

青岛幅位于鲁东剥蚀构造为主的低山丘陵区。在山东省地貌分区简图上，进一步分为强切割构造侵蚀中山、中切割构造侵蚀低山、中切割构造剥蚀低山、弱切割构造剥蚀丘陵、山间平原、海积平原。微地貌主要有侵蚀后退岸、稳定岸、淤积增长岸、中低山切割形成的峡谷、火山作用形成的火山景观（如马山石林）、地下热水上涌形成的温泉等。

强切割构造侵蚀中山位于幅区的中南部，即崂山地区，面积约 195.2km²，崂山巨峰干脊突起。中切割构造侵蚀低山位于崂山西北侧，面积约 167.8km²，是以石门山、三标山为主体的山脉，山体为中生代花岗岩构成，"V"形谷切割较强烈，谷深 100～400m，谷底基岩裸露，并堆积有大块球状石、漂石或山体崩落巨石。低山区边缘地带沟谷渐宽，谷底有少量堆积物，厚度一般小于 2m。中切割构造剥蚀低山包括大泽山中切割构造剥蚀低山区和招虎山中切割构造剥蚀低山区。弱切割构造剥蚀丘陵包括旧店、万第、海阳、丰城—温泉、老君塔山 5 个弱切割构造剥蚀高丘陵区。山间平原广布于幅区的中西部，按成因分为剥蚀堆积平原、洼地，基底由花岗岩、中生代沉积岩等构成，地表多为第四纪沉积物构成。剥蚀堆积平原主要分布在幅区的中北部，莱西一带的大沽河中上游一带、即墨—龙泉一带的丘陵周围，面积约 1681km²。海拔高程 50～150m，切割深度小于 10m，冲沟中多有基岩出露。冲积平原（洼地）主要分布在幅区中部，沿大沽河中下游及其支流流域、五龙河下游及其支流流域分布，如姜山、刘家庄、南村一带，穴坊一带，面积约 2674km²。海积平原分布在黄海沿岸的河流入海口一带，如胶州湾、丁字湾等地，面积约 1122km²，一般海拔在 10m 以下，处于滨海地区。

3.2.3 海底地貌特征

青岛幅区域的海底地貌主要有水下三角洲、海底剥蚀-堆积岸坡与堆积岸坡、陆架侵蚀-堆积平原及现代潮流地貌等三级类型，每一种包含若干四级地貌类型。

1）水下三角洲（SH_5）

青岛幅水下三角洲主要分布在丁字湾口地区。丁字湾口水下三角洲，向东偏南方向增长，可延伸到近 10m 水深，三角洲近于扇形，面积约 100km²，表层沉积物有明显的分带性：顶部为中砂，向外依次为细砂、粉砂。

丁字湾口外的水下斜坡上发育有楔形沉积体（图 3-1）。在浅地层剖面上，SU1 位于海底面 R_0 与反射界面 R_1 之间。R_1 被解释为随着冰后期海平面的上升，临滨带向陆后退而形成的区域性海侵面，在外海由于调查区内沉积动力条件的影响，反射界面 R_1 会和 R_0 合并。SU1 的底部为加积或上超的、近似水平的反射层，其上被向南、向东进积的缓倾状反射层所覆盖，两者之间的界面被解释为冰后期最大海泛面。由于 SU1 的底部加积层较薄（大都大于 2m，局部会缺失），从整体上看，SU1 为向南、向东进积的水下楔形沉积体。从沉积物粒度组分上看，SU1 对应的沉积物（DU1）主要由粉砂组成，黏土次之，砂的含量很少，无砾石成分；根据岩性特征，其下部（DU1-2）为近岸浅水沉积，为全新世早期沉积，年龄为 11.0～9.0cal kyr B.P.；其下部 DU1-1 主要由绿灰色、黄绿灰色黏土质粉砂组成，岩性均匀，含零星贝壳

第3章 地形地貌及海岸带

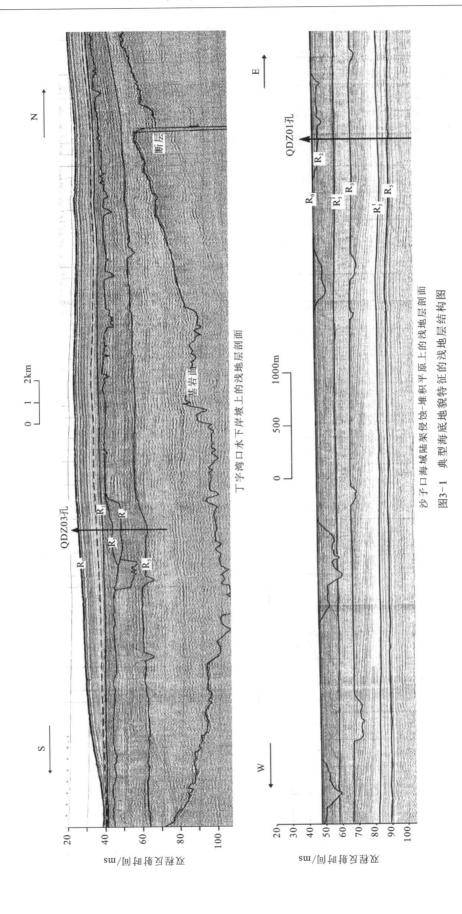

图3-1 典型海底地貌特征的浅地层结构图

碎片,根据岩性特征,其为近岸浅水沉积,海水深度比 DU1-2 沉积时有所增加,AMS^{14}C 年龄从底部的 4796cal yr BP 至上部的 559cal yr BP,属于全新世中晚期沉积。

在乳山口和白沙口外亦各有一纯系潮流作用形成的水下三角洲。乳山口三角洲面积较小,约 15km^2,其外缘大致在 5m 等深线附近。表层沉积物由细砂组成,分选好,在垂向上有越向深部越变粗的趋势。乳山口三角洲上有典型的潮流沙脊发育,方向南北,低潮时可露出水面。白沙口也是一潮汐通道,其出口处呈扇形向海突出,形成潮汐三角洲。退潮时,三角洲上一片白沙,沙嘴、沙洲等堆积地貌发育。此外,在胶州湾大沽河及洋河河口附近发育了大沽河-洋河复合三角洲。由于河流来砂量较少以及物质经海水动力作用后扩散再分配比较充分,该三角洲形态并不明显。大沽河是胶州湾西北部的主要河流来砂,由于这里涨潮流速大于落潮流速,河流冲刷带来的泥沙不易向湾内输移,在河口区附近的浅水区,按颗粒大小和相对密度大小依次沉积下来,并不会做大规模的沿岸运动。三角洲前缘线北起北纬 36°10′37.865″,东经 120°11′10.363″,向东南方向延伸至北纬 36°08′06.198″,东经 120°12′39.602″,向南到北纬 36°05′25.202″,东经 120°10′19.789″为界。海湾西部波浪作用很弱,各方位的浪高数值多小于 0.5m。潮流平均流速一般小于 20cm/s,按湾顶平均潮差比湾口增大约 30cm 计算,该区平均潮差 300cm,最大潮差 500cm,所以该区主要动力为潮汐作用,大沽河及洋河下部河道在潮流的顶托作用下,实际上成为 1 条潮道,高海面时期在潮汐与河流的共同作用下形成了复合的潮控三角洲沉积。发育有下三角洲平原潮滩沉积、三角洲前缘河口沙坝、分流间湾、远沙坝及前三角洲等沉积亚相。

2)海底剥蚀-堆积岸坡(水下浅滩)(CL$_{19}$)

水下浅滩为幅区海底主要地貌类型,分布于整个调查区近岸。海底剥蚀-堆积岸坡在青岛前海宽度较窄,但在崂山头以东宽度较大。在青岛前海,海底剥蚀-堆积岸坡至水深 20m 处;而在崂山头以东,海底剥蚀-堆积岸坡至水深在 27~32m 以内的近岸海区。东部较单一,地形平缓,明显比陆架侵蚀-堆积平原坡度大。岸坡上常有现代海相盖层,自岸向深水逐渐变薄,最大厚度为 10m 左右,表层沉积物为泥质粉砂、砂—粉砂质泥,自岸向外变细。在水深 10m 以下,由于现代细粒沉积作用,岸坡剖面在靠近丁字湾附近明显上凸,显示前积层较快的沉积(图 3-2)。

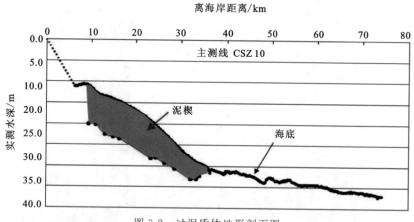

图 3-2 过泥质体地形剖面图

在岬角和岛屿两侧,常有潮流侵蚀槽或水下沙嘴、沙坝,海底剥蚀-堆积岸坡为海底的主要地貌类型,分布面积较大。从粒度看,在鳌山湾、崂山湾等海湾岸边及河口区物质较粗,以粗中砂混有一些粉细砂为主,向海逐渐变细,以黏土质粉砂和粉砂质黏土为主。海底剥蚀-堆积岸坡在垂向变化上亦与表层有相似之处,靠近岸边变粗,随着水深加大,粒度变细。

3)陆架侵蚀-堆积平原(SH$_3$)

陆架侵蚀-堆积平原主要分布在沙子口以东的整个青岛幅深水区域。主要在水深 27~32m 以深海域。海底地形坡度小,但是地形有起伏。表层为极薄的粉砂质泥,含贝壳及钙质结核,其下为黄土状硬黏土,亦有直接露出的海底基岩;仰口湾东北部海底冲蚀平原分布在水深大于30m的外海水域,沿岸陆域物质与波浪对其影响甚微。冲蚀平原海底地形平缓,逐渐向外海倾斜。青岛浅海近岸表层物质为含钙质结核及含少量贝壳的砂—粉砂—黏土,厚度仅几十厘米(图3-1)。

根据对陆架侵蚀-堆积平原上钻孔岩芯分析,本地貌单元表层主要沉积环境被解译发生于氧同位素2期(MIS 2)到冰后期的海侵沉积。其近表层0~2.00m的沉积物主要为褐黄色、褐灰色黏土质粉砂—粉砂,向下粒度变粗,为粉砂—细砂,夹大量棕黄色粉砂质线理、条带(毫米级)和透镜体,较多棕色锈斑和碳质斑点。从沉积物粒度组分上看,本段主要由粉砂组成,含量介于50.62%~75.59%之间,平均为65.63%,黏土和砂的含量相差不大,平均含量分别为19.03%和16.34%,无砾石成分。本段沉积物粒度频率累积曲线大致可分为4段,推移组分约占0.5%,跃移组分占45.5%,悬移组分占50%,反映了较弱的水动力环境。

4) 现代潮流地貌

现代潮流主要分布在胶州湾内。胶州湾是一个半封闭的港湾,潮差大,波浪作用较弱,往复流成为控制湾内沉积作用的主要动力。湾口受基岩岬角地形的限制,口门狭窄,涨、落潮流在通过口门时,由于胶州湾口门的"狭管"效应,潮流加强了对底部的冲刷,使得湾口被侵蚀成沟槽。底部侵蚀的物质,在涨、落潮流的带动下,涨潮在湾内沉积,落潮在湾外堆积,形成涨、落潮流三角洲。从地貌形态上,在湾口处为主潮道,向湾内呈分支状散开成为分支潮道,形成涨潮三角洲上的沟-脊相间地形,潮流沙脊为涨潮三角洲上的次级地貌形态(图3-3)。

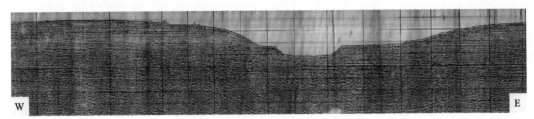

图3-3 胶州湾口潮道断面形态

(1)潮汐通道。主潮道分布在黄岛与团岛之间,受地形控制在湾口出现了近90°的转向,向北延伸到36°06′,向东南至口门外120°24′,呈"L"形展布,主潮道延伸到浮山湾附近。胶州湾口主潮道内的侵蚀坑深达64m,两边为陡坡,底床为基岩。潮流侵蚀沟是由于主潮道在湾口附近发生转向,潮流强烈侵蚀海底形成的。

主潮道从胶州湾口向110°方向延伸,长约7km,宽约2.5km,最深处为45.8m(东经120°21′40″,北纬36°07′00″)。潮道内沉积层的厚度很小甚至是基岩裸露。在东经120°22′以东逐渐变浅,浅地层剖面揭示,第四纪松散沉积层的厚度向潮道的变浅方向增大。

崂山头南岸近岸处的大型潮流侵蚀沟长约7km,最大宽度约2km,最大水深53m,围绕崂山头由北向南再向西呈反"L"形,大致与崂山南部海岸平行,海底堆积石块、砂砾、贝壳等,局部海底基岩裸露。

(2)涨潮三角洲。发育在胶州湾内,从胶州湾口至5m水深附近。是胶州湾内最活跃的地貌形态。其上发育有分支潮道和潮道边缘的沙脊。

(3)潮道边缘纵向沙脊。胶州湾内的水下沙脊主要分布在沧口水道与中央水道之间、大沽河水道与岛耳河水道之间以及涧礁、安湖石西北等。其中,沧口水道与中央水道之间的沧口沙脊规模最大,南北长约8.6km,东西宽度最大1.5km,地形高差可达20m以上,组成物质主要为粗砂,且有自南向北变细之势。大沽沙脊长约6km,宽约1km,厚5~8m。中央沙脊长约3km,宽约1km。

(4)分支潮道。主潮道进入胶州湾内后,发育成4条潮流水道,其中沧口水道最大,宽500~2000m,以5m水深计,水道长度可达15km左右,走向北北东,两侧为凸起的沙脊。其他3条水道自东向西依次为中央水道、大沽河水道及岛耳河水道,长度均小于沧口水道。靠近湾东岸的沧口水道5m和10m的等深线向北东伸入沧口湾外,水道狭窄,边坡较陡。海湾中部的中央水道,呈北北西向延伸。至5m等深线水道的形态已不明显。西侧的一条位于前礁以东,呈北西向延伸到5m水深线。黄岛以南有一条不太明显的水道伸进黄岛前湾。在胶州湾内,分支潮道是潮流进出和扩散的主要通道,动力作用最为活跃,沉积物以粗颗粒为主,4条分支潮道在水深5m处已不显示潮道的形态。北部水深小于5m的浅水区潮流速度变小,海底地形十分平坦。胶州湾周围的河流带来的泥沙大都堆积在水深小于5m的浅海区,形成了平坦的潮下带沉积。

(5)泥质海滩和潮间带。位于高潮位和低潮位之间的地带为潮间带,主要是海滩(砂滩与岩滩)或潮滩(泥滩和细粉砂质滩)。岩石与砂砾质海滩是黄岛、红岛以及团岛—崂山沿海的主要海滩类型,在地貌上形成基岩岬角海岸和岬角内的砂质海岸。潮滩是胶州湾以及崂山北部沿岸的主要地貌类型,附近有河流入海,且波浪作用很弱,于是形成了以潮汐作用为主的潮滩。胶州湾西北部的潮间带浅滩最大宽度可达7～8km。沧口海岸也发育有较宽的潮滩,根据海图资料,这里的潮滩宽1.5～2.0km。胶州湾北部大面积发育海积冲积平原,其中以大沽河、石桥河下游两岸,蓝村、棘洪滩一带最为典型。表层多为粉砂,沉积物厚度不一,薄的地方仅几米,带厚可达20m以上。冲积平原是由河流带来的物质堆积而成的,真正的冲积平原面积不大,仅在白沙河出口至城阳以东地区有冲积平原分布。这个平原非常平坦,主要组成物质为粉砂。另外由大殷家至红石崖也有一片非常狭窄的老冲积平原,其宽度有限。海积平原多分布在河流下游和小海湾中。

(6)落潮流三角洲。落潮流通道的末端发育了落潮流三角洲。从浅地层剖面上可以看到在主潮道末端发育的退潮三角洲,表面呈微上凸的弧形,三角洲表面平缓,显示堆积地貌的形态,平面上以落潮流通道的末端为顶点(东经120°22′)呈130°的扇形展开。浅地层剖面揭示,落潮流三角洲顶点以东海相层的厚度从不足1m逐渐增大到8m左右(东经120°30′附近),然后变薄至沙子口南部尖灭。

潮道边缘的线状沙脊主要发育"南沙"和"北沙"。位于主潮道南侧的"南沙"从大桥岛北侧向110°方向延伸(北纬35°59′,东经120°26′),高出周围海底10m左右。

在青岛前海一线,自团岛附近沿前海至赤岛与主潮道的北缘有一条大规模的水下沙脊,大体沿东西方向展布,西起东经120°17′58″,东至东经120°27′42″,大致呈南东95°～100°方向延伸,东西长约15.5km,南北宽0.8～1.5km,高出周围海底2～10m,该沙脊延伸至浮山湾西侧处较为典型,相对高度5～6m,顶部海图水深大部分在8m左右。此水下沙脊以"北沙"为主体。

落潮潮道为主潮道的延伸,其上发育有砂波底形,例如在湾口外侧潮道内砂波叠加在原始地形之上,基本呈南北向展布,砂波高约1.5m(图3-4)。

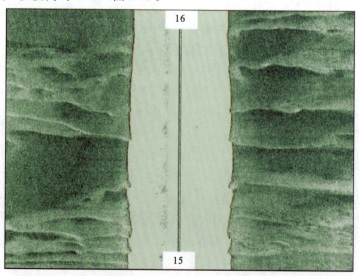

图3-4　湾外潮道内砂波形态

根据浅地层剖面,沙脊的横剖面(图 3-5)显示沙脊南缓北陡,表明泥砂从南(主潮道)向北(岸边)运动。由于沙脊发育处的水深都小于浪基面,从外海来的波浪在沙脊上部变形并对海底起作用,开始了近岸带的浅水波浪过程,将泥砂输送到沿岸。

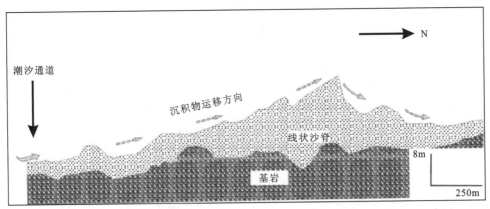

图 3-5　青岛前海主潮道北侧线状沙脊形态(根据浅地层剖面描绘)及泥砂运动示意图

3.3　海岸带

3.3.1　海岸类型

青岛幅区海岸有以下 7 种类型。

(1)岬湾相间的山地基岩岸:位于崂山沿岸。整个海岸轮廓受北东向或北北东向和北西向的两组构造线控制,断裂构造及岩性(脉岩)对海湾、岬角的发育起着决定作用。海蚀地貌发育,如海蚀崖、海蚀洞穴、海蚀柱及海蚀岩滩,屡见不鲜,同时具有典型的砂砾石滩、沙嘴、沙坝及连岛沙洲等。

(2)山地港湾泥质粉砂岸:位于胶州湾、崂山湾顶部。大湾的顶部多为泥质粉砂滩,主要是受陆源物质的影响,如大沽河以年平均 157 万 t 的泥砂输入胶州湾,因而形成了湾顶大范围的淤泥质粉砂潮滩。

(3)蚀退的山地岬湾岸(仰口湾—丁字湾):幅域内有鳌山头、女岛等几个较大的岬角突入海中,其间形成崂山湾、鳌山湾等较大的海湾,海积与海蚀地貌都较发育。

(4)较稳定的沙坝-潟湖岸(丁字湾—董家庄):丁字湾为浅湾型溺谷海湾,湾内物质较细,多以粉砂质黏土或黏土质粉砂为主。

通过手摇钻钻探结果显示湾中松散沉积厚度在 7m 以上。马河港也是个河口溺谷湾,物质较丁字湾稍粗,以泥砂为主,陆地岸线外淤,由于左侧沙嘴的增长,河口近年来变窄。

马河港—凤城岸线较平直开阔,有几道砂砾堤发育。砂砾堤内侧是潟湖洼地,湖内淤积了厚层的泥沙,覆盖在冲积层之上。

(5)蚀退的山地岬湾岸(董家庄—长龙嘴):此段岸线长约 17km,岸滩较平直开阔,主要由砂砾石组成。董家庄、长龙嘴呈半岛状插入海中,故海蚀崖、海蚀柱、海蚀平台特别发育。海蚀平台宽 150～160m,上接 15～20m 砾石滩。

(6)蚀退的岬湾与浅湾溺谷岸(长龙嘴—白沙口):浅湾溺谷岸指乳山口。乳山口平均水深 2.2m,大潮时水深 5m 左右,小潮时水深 1.8m 左右。乳山港在乳山口内。岛屿较多是本段海岸地貌的特点之一,近岸有竹岛、小青岛、浦岛、险岛(现有人工坝与陆相连)、南黄岛、宫家岛等。岛屿岸边海蚀地貌发育。

(7)较开阔的岬湾与沙坝-潟湖岸(白沙口—东南寨):本段为一开阔海湾,湾内自常家庄南有一条长约6km的沙嘴向西延伸,沙嘴北面是潟湖,由于白沙滩河泥沙的累年输入,发育了潟湖口三角洲。幅区夏季多东南风,冬季多西北风。夏季以涌浪为主,波向集中在东南方向,冬季以风浪为主,波向较分散。幅区海滩多由黄白色的中砂和粗砂组成;海滩坡度为3°~7°,坡度随季节而变化。

3.3.2 海滩监测

3.3.2.1 海滩监测调查方法

海滩监测主要内容是进行剖面监测,同时进行岸滩沉积、地貌的调查。项目组在2009年、2010年、2011年完成了10条海滩剖面共6次监测(图3-6)

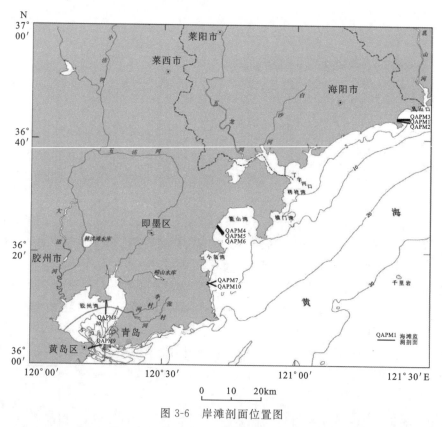

图3-6 岸滩剖面位置图

项目组在2009年5月、2009年11月,2010年5月、2010年11月,2011年5月、2011年11月,共采集694个粒度样,完成了476个样品的粒度分析处理并编制了相关图件,为3个年度进行连续监测提供了对比资料。通过对海滩剖面地形变化的长期监测,可以反映岸滩侵蚀淤积的程度,同时海滩剖面沉积物的物质组成、坡度与地貌形态结构的时空变化也在一定程度上反映了海洋动力对海岸带地区的作用过程(陈子燊,2000;许亚全等,2007;庄丽华等,2008)。

海滩沉积物一般较为疏松,受浪潮、风暴的作用常常引起海滩地貌的变动,需要布设相对稳定的海滩地形剖面监测点才能够反映海滩剖面的真实变化(许亚全等,2007)。海滩地形剖面监测方案如下:剖面的起点使用石桩标明或用长期固定的建筑物标明,同时建立辅助桩,为了便于重测,用简图标明起点和辅助桩位置及其关系;在选定的剖面上进行测量,每隔一定距离设一个监测点,测量相对高程;测量同时进行岸滩沉积物表层取样,典型取样位置主要包括海岸沙丘基部、滩肩脊、高潮线位置、中潮线位置、低潮线位置、潮下沟底和沿岸坝脊(图3-7)。

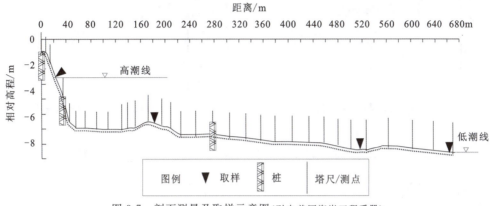

图3-7　剖面测量及取样示意图(引自美国海岸工程手册)

3.3.2.2　海滩剖面地形监测结果

从2009年至2011年夏季(5月)、冬季(11月)的岸滩剖面变化对比来看,海滩的年际变化是波动的,并没有呈现连续的侵蚀或淤积,而是保持相对稳定,变化幅度在100cm内。年际变化主要的体现在沙坝的消长和人为活动引起的变化,具体如下。

(1)海阳核电站东北部海滩、鳌山湾西岸海滩等地的6条剖面长度冬季和夏季相比明显加长,主要由于这两个地方的潮滩发育广阔平坦,夏、冬两季测量的天文潮期不同,潮汐作用使冬季大潮期最低潮的海面远离岸堤距离长达500m,从图3-8a~f可以看出这6条剖面的变化趋势较稳定,其变化是缓慢的,说明这两处多数在自然状态下的海滩较为稳定,或略有侵蚀。

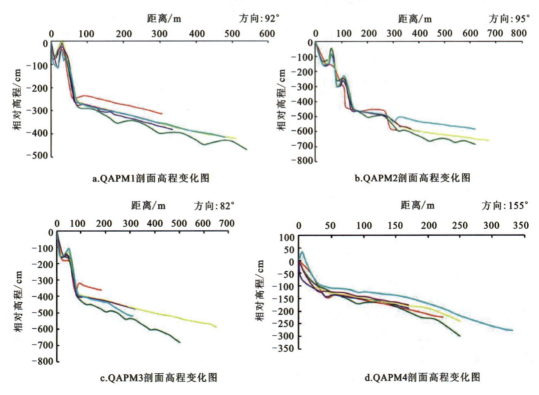

a.QAPM1剖面高程变化图　　b.QAPM2剖面高程变化图

c.QAPM3剖面高程变化图　　d.QAPM4剖面高程变化图

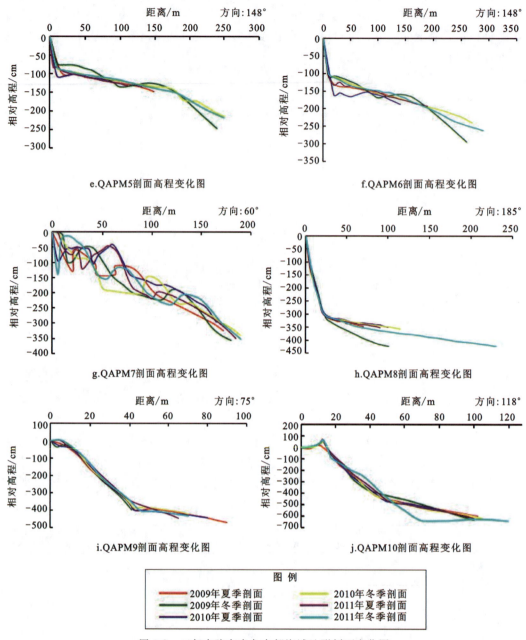

图 3-8 三年来胶东半岛南部海滩地形剖面变化图

(2)仰口、红岛和黄岛测量的剖面长度均较短,大潮期最低潮时海水远离岸堤距离不足100m,主要由于这两个地方的潮滩坡度较大,海洋动力作用较强,从图3-8g~j可以看出这几处海滩形态随季节变化而发生较大的变化,如王哥庄仰口天顺鑫海滩剖面和黄岛海滨公园剖面,有沿岸坝的移动、出现、消失现象,反映海滩受海洋动力,尤其是波浪作用的影响较大。

(3)图 3-8a~c,图 3-8g,图 3-8i~j 显示 6 条剖面为砂质海岸,可以看出砂质海岸的季节性变化不太明显。QAPM1 剖面、QAPM2 剖面、QAPM9 剖面、QAPM10 剖面等的冬季剖面与同年夏季测量剖面对比有轻度淤积现象。

(4)人类活动对海岸地貌的影响也是岸滩变化的重要因素。如图 3-8g 中的 QAPM7 剖面可见潮间沙坝的变化,其主要原因是海水浴场沙滩景观的改建,包括入海河道的疏浚、景观的重塑,从而导致海滩地貌在短时间内发生较大的变化;图 3-8c 中 QAPM3 剖面由于人为挖沙修筑养殖区引起剖面发生明显的变化,使 2010 年 11 月的剖面明显不同于前几次的测量结果;图 3-8f 中 QAPM6 剖面也受到了蛤类养殖区改建的影响。图 3-8a～j 为 2009—2011 年度 6 次监测的 10 条岸滩剖面高程变化图。

监测海滩由东向西依次为乳山口以西海滩、即墨鳌山湾海滩、青岛东部及南部海滩、胶州湾领域海滩。分段介绍研究区不同岸段地形变化如下。

1）乳山口以西海滩

乳山口以西海滩位于调查区东北段,为砂质海滩。剖面的特征和变化见图 3-8a～c。海滩只有靠近岸的 20 多米较陡,之后为宽阔的潮间带,潮间带宽度达 500m。沉积物以砂为主,中值粒径多在 2.0～3.0Φ 之间。沉积物中含有泥质。潮间带分布小型潮沟,这些潮沟有些为小河入海河道。河道中有淤泥。海滩沙坝潮岸的坡度陡,因此向岸运移。根据 Short 的分类,海滩为受潮汐控制的海滩类型。但是海岸剖面对比显示岸滩有侵蚀趋势。特别是在低潮线附近,2009 年的剖面较高,之后的几次测量都比其低,并稳定。这可能由于海滩有大量贝类养殖,滩面松散,易受海流的冲刷侵蚀(图 3-9)。

图 3-9　乳山口以西监测剖面海滩

2）即墨鳌山湾海滩

鳌山湾属于典型的基岩海岸,海岸基本稳定,沉积物以砂为主,中值粒径多为 2.5～3.5ϕ,神场沟以东的湾口附近及岛岸略有蚀退,埠西及钓鱼台大坝前有轻淤。此外,海滩发育还受到基岩岬角控制。海滩宽度在 300m 左右。本项目在鳌山湾南黄埠的一处海滩设了 3 条监测剖面,见图 3-8d～f。监测结果显示海滩 2009 年至 2011 年比较稳定,海滩剖面同比变化幅度小,主要受季节影响。如图 3-8d 中剖面 4 于 2011 年冬季相对夏季有明显的淤积,而剖面 5 和剖面 6 冬季也呈淤积状态。这可能与此处夏季（5—8 月）风浪较大有关(图 3-10)。

图 3-10　鳌山湾监测剖面海滩

3）青岛东部及南部海滩

青岛附近海岸基岩岬湾海滩发育，主要有东部的仰口海滩和南部的海水浴场等砂质海滩，沉积物以砂为主，中值粒径多为1.0～2.0φ。海滩发育受岬角控制，海滩后滨有低矮的风成沙丘。海滩宽度在100m左右。本项目对仰口天顺鑫海水浴场进行了长期的监测（图3-8g、图3-8j），监测结果显示海滩2009年至2011年比较稳定，海滩剖面变化幅度一般小于50cm。靠近高潮线的部位发育潮间沙坝，沙坝变化较大。沙坝高约60cm，3年最大活动范围约100m（图3-8g：2009年11月坝脊至2011年11月坝脊距离）。潮滩总的来看较稳定（图3-11、图3-12）。

图3-11　天顺鑫浴场南部监测剖面海滩

图3-12　天顺鑫浴场北部监测剖面海滩

4）胶州湾领域海滩

胶州湾领域海滩类型主要由于围垦（如修建盐田和虾池）、填海造陆、工业园的兴建、青岛港的扩建、城市垃圾堆放等原因，近20年来受人类活动影响使胶州湾海岸由自然海岸基本转变为人工海岸。该海滩主要分布有红岛南部的淤泥质海滩（剖面8），沉积物以黏土为主，中值粒径多在－1.5～－0.5Φ之间；黄岛地区有零星的砂质海滩（剖面9），沉积物以砂为主，中值粒径多在1.5～2.5Φ之间。其中胶州湾北部岸段（红岛南岸）属于基岩型海岸，沿岸堤分布，并且在外围修建了许多面积较小的虾池，沿岸坡度较陡海岸线无明显变化（图3-9h），海岸基本稳定。黄岛海滨公园的沙滩在2009—2011年3年间没有大的变化，冲淤作用不明显，潮流作用较小，属于稳定型海岸（图3-8i、图3-13、图3-14）。

3.3.2.3　海滩剖面粒度特征

调查区海岸基本分为基岩岬角岸、稳定岸、淤积增长岸3种基本类型。海滩粒度以砂为主，胶州湾周边泥质海滩，海岸线曲折，岬湾相间，面积大于0.5km²的海湾，自北而南分布着丁字湾、栲栳湾、盐水

图 3-13 红岛南部监测剖面海滩

图 3-14 黄岛海滨公园监测剖面海滩

湾(又称横门湾)、崂山湾(又称北湾)、小岛湾、王哥庄湾、青山湾、腰岛湾、太清宫口、流清河湾、崂山口、沙子口湾、麦岛湾、浮山湾、太平湾、汇泉湾、前海湾(又称栈桥湾)、胶州湾、唐岛湾等海湾。本项目沉积物分析的岸滩自北向南主要有 5 个岸段:海阳核电站东滩、鳌山湾北部、仰口王哥庄湾、红岛南部岸滩、黄岛南部海滨公园岸滩等。对沉积物样品进行实验室粒度分析,分析方法包括激光法、筛析法、综合法等,对粒度分析结果进行统计,计算平均粒径 Mz、分选系数 So、偏态 SKi、峰态 Kg、中值粒径等参数,本项目粒度特征统一采用中值粒径(Φ)进行对比分析监测海滩的粒度季节性及周期性的变化。

根据海滩剖面形态,海滩大致分为两大类:一类是 Short(2006)所谓的受潮汐控制的海滩类型,如海阳核电站东部海滩(QAPM2 剖面)、鳌山湾北部海滩(QAPM6 剖面)、红岛南部岸滩(QAPM8 剖面)等,其海滩低潮段宽阔、低平(图 3-15)。另一类是受波浪作用为主的海滩,这类海滩坡度较陡,海滩宽度一般在 100m 以内,如仰口王哥庄湾、黄岛南部海滨公园岸滩。

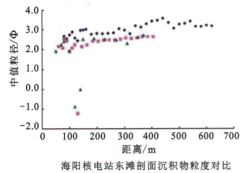

海阳核电站东滩剖面沉积物粒度对比

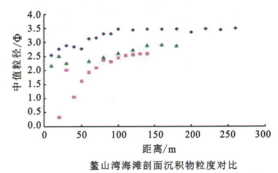

鳌山湾海滩剖面沉积物粒度对比

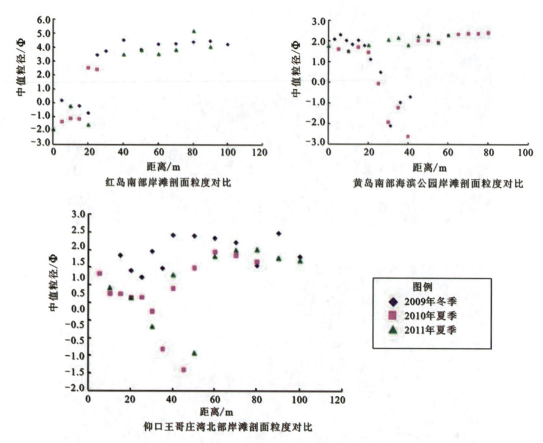

图 3-15　2009—2011 年胶东半岛南部海滩粒度变化图

受潮汐控制的海滩类型主要表现在季节上差异较大，2009 年冬季 QAPM2 粒径为 2.0～3.5Φ，QAPM6 剖面粒径在 2.5～3.5Φ 之间，2010 年夏季 QAPM2 粒径在 2.0～3.0Φ 之间，QAPM6 剖面粒径在 0～2.5Φ 之间，从季节性变化看，夏季中值粒径略粗，说明冬季沉积动力较强。从粒度变化趋势看，QAPM2、QAPM6 剖面粒度向海变细，粒径 Φ 值变小。红岛南部岸滩 QAPM8 潮上部分的粒径在 -2.0～0Φ 之间，说明靠岸一段陡的部分粒度较粗，以粗砂、砾石为主，而潮间及滩下部分粒径在 2.0～5Φ 之间，为粉砂淤泥类型，且向海逐渐变细，粒度变化界限明显，说明潮汐作用较大（图 3-16）。

图 3-16　红岛南部岸滩剖面照片

受波浪影响海滩粒度变化没有明显的趋势，如黄岛南部海滨公园岸滩，潮上部分 QAPM9 粒径在 1.5～2.5Φ 之间，潮下部分年度变化巨大，2010 年夏季粒径在 -3～0Φ 之间，而 2011 年夏季粒径在 1.5～2.5Φ 之间，说明此岸段波浪作用明显，沉积物输运作用较强。仰口王哥庄湾北部岸滩 2010 年夏季潮滩粒径在 0.5～1.5Φ 之间,但在痕迹线附近粒度陡然增大,粒径在 －1.5～－0.5Φ 之间,由砂质变为砾质,此岸段岸滩坡度较大,波浪影响占主导作用。

3.3.3　海岸带人工地貌与土地利用

随着经济建设的蓬勃发展,青岛近海沿岸的开发日新月异。在胶州湾北部和西北部平原海岸区开辟了大规模的盐田,在东部沿岸建设了许多工厂、海港。近几年来,黄岛也先后建筑了几座码头,在近岸处建筑了各种防潮墙、防浪堤。胶州湾的许多岸段早已不再是自然海岸,而是人工海岸。浮山湾由于填海造陆,岸线向海推进,改变了海湾的自然形态。

3.3.3.1　胶州湾地区

胶州湾沿岸的人类活动主要表现在围垦(如修建盐田和虾池)、填海造陆、工业园的兴建、青岛港的扩建、原油储备基地建设、城市垃圾堆放等方面(图 3-17),近 20 年人类活动的影响已使胶州湾海岸由自然海岸基本转变成人工海岸(王文海,1986;图 3-18)。

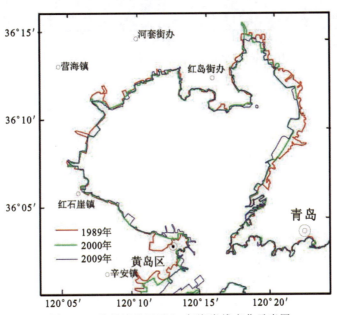

图 3-17　胶州湾地区近 20 年海岸线变化示意图

1)胶州湾东部岸段(青岛市区沿岸到北部的女姑山)

胶州湾东部青岛市区至北部女姑山岸段,从南至北主要分布着污水处理厂、电力公司、青岛电厂、青岛燃料厂、橡胶六厂、开源热力公司、橡胶二厂、石油化工厂、青岛碱厂、高新工业园等工厂企业,沿岸修建了港口码头、海坝、防浪堤等。团岛至娄山后的青岛市区岸段,除港口码头外,还筑有各种挡潮墙、垃圾场等,基本上都转化为人工海岸,其大规模变化主要分以下几个阶段:

改革开放至 1989 年间是东岸岸线发生变化的一个重要时期,胶州湾东岸大量填海造陆工程的实施,使原来的自然岸线逐步转换成人工岸线,并且很大程度上向湾里推进(叶小敏等,2009)。

1989—2000 年,岸线大幅度外移,平均达 600m,这个时期环胶州湾高速公路的修建,在胶州湾东部青岛市区沿岸又完成一期人工填海造陆工程,填海面积约 6.14km^2;一些填海造陆工程,如东北部电厂煤灰池修建、沧口港及化工厂填海以及一些工业园区的扩建,胶州湾东部岸段又出现向海推进

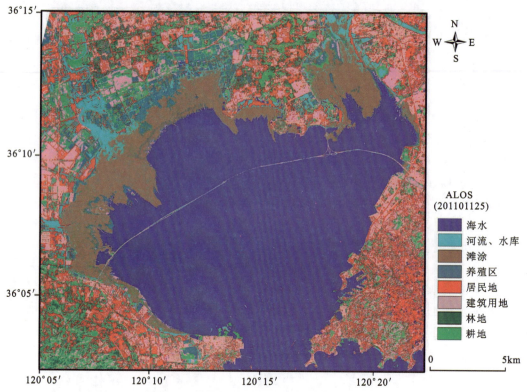

图 3-18 胶州湾地区土地利用遥感解译分类图

的趋势。

2000—2009 年,由于胶州湾逐渐淤积和青岛市政府对环境保护的重视,大规模的填海造陆工程不断减少,青岛市区沿岸比较稳定。

2) 胶州湾北部岸段

胶州湾东北部由于岬角侵蚀物质向湾顶运移和填充以及河流携带来的泥沙在此沉积,形成了小型的、地势低平的湾顶海积平原。人类生产活动在胶州湾北部平原区的潮滩后部开辟了大规模的盐田、养虾池,各种堤岸纵横交错,人工地貌大量出现。

改革开放至 1989 年间,胶州湾北部滩涂养殖业逐步兴起,沿岸养虾池的扩建,导致人工岸线向湾内不断推移,这也是胶州湾岸线变化速率较大的一个时期,例如,红岛西部在 1979—1988 年兴建养殖区达 6.2 km²。

1989—2000 年,由于养殖业的持续发展,在这些岸段出现了许多围海而建的养虾池,这一时期是胶州湾沿岸养虾池向外扩张的主要阶段,引发海岸线大幅度外移,其中以红岛东部到女姑山之间的养殖区扩张最大。

2000—2009 年,由于胶州湾北部岸段(红岛南岸)属于基岩型海岸,分布着沿岸堤,并且在外围修建了许多面积较小的养虾池,沿岸坡度较陡,已无法大规模向外扩建,因此这段时期除了有零星的养虾池兴建和废弃外,海岸线无明显变化。

3) 胶州湾西南部岸段

胶州湾西部属于河口冲积平原,其中以大沽河河口平原规模最大,沿河口两侧地势低平,高程多在 5m 以下,并有零星积水洼地分布。随着社会经济的发展,人工地貌大量出现,人们开辟了大规模的盐田、养虾池,相应修建了各种防浪堤、拦海坝,改变了原始的地貌形态和海岸特征,自然海岸转化为人工海岸,同时海岸线位置也发生了很大的变化。

胶州湾南部岸段属于基岩型海岸,为自然状态下的海岸岸段,遭受轻微的侵蚀。由于东北风形成的波浪作用比较明显(最大波高在 1.2m 左右),在春、冬季节的波浪作用下,海岸受蚀后退,处于冲刷状态。随着人类活动的增多,黄岛、薛家岛建立了码头,有大型堤坝与陆地相连。

3.3.3.2 鳌山湾地区

鳌山湾是个原生海湾,面积 160km², 湾口宽 11km,多系全新世海侵受构造和岩性控制的丘间低地而成,故海湾较浅平,海岸曲折,侵蚀岸与堆积岸相间。鳌山湾属于典型的基岩海岸,鳌山湾海岸基本稳定,仅神场沟以东的湾口附近及岛岸略有蚀退,埠西及钓鱼台大坝前有轻淤。图 3-19 为 2011 年鳌山湾海岸带地区土地利用遥感解译图。

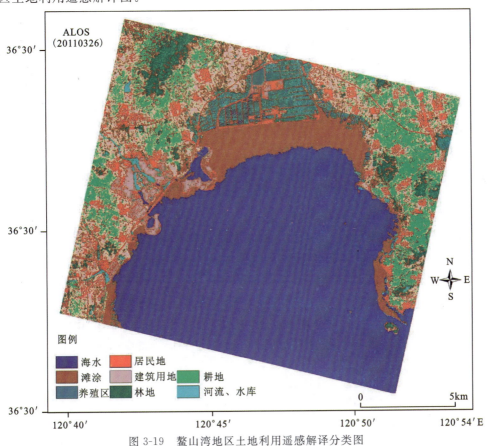

图 3-19 鳌山湾地区土地利用遥感解译分类图

从图 3-19、图 3-20 中可以看出,1989—2009 年间,鳌山湾的岸线变化主要为盐田和滩涂养殖业的盛行,海岸的变化主要为分布在七沟、新安以北及钓鱼台和周疃河河口附近的养虾池、盐田堤坝的建立。20 世纪 80 年代,鳌山湾的大桥盐场是青岛碱厂的主要原料产地,盐田面积约 10km²,除了鳌山湾西部及仰口湾北部等地养虾池外围修建的拦海坝引起海岸线的变迁外,其余部分岸段没有明显的变化。

3.3.3.3 丁字湾地区

丁字湾是由于海水侵入受构造控制的丘陵山间河流谷地而成的溺谷海湾,海积地貌极为发育,类型多样,主要包括滨海湿地与海积(冲海积)平原、沙坝与沙嘴、潮滩等(山东省科学技术委员会,1990)。从遥感影像图上可以清晰地看出,湾口南岸浅滩上有一弧形展布的沙坝发育,东村东海滩外有北东—南西向狭长条状的沙嘴式沙坝分布。

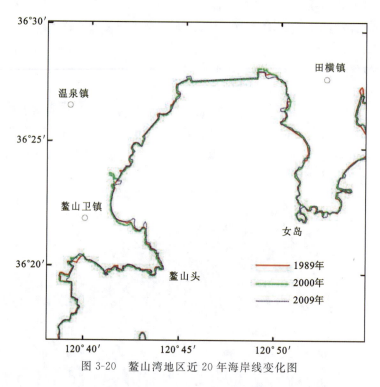

图 3-20 鳌山湾地区近 20 年海岸线变化图

丁字湾沿岸河流水系很发育,众多的河流中以五龙河的规模最大(也是胶东地区最大的河流),流至下游近口段,河槽平缓,河漫滩发育。在丁字湾海岸,尤其是潮滩后部、滨海湿地和湾顶平原,养虾池、盐田等人工堤坝密如蛛网,其中以养虾池堤坝的规模最大(有的可通行汽车)。从图 3-21 可以看出,1989—2009 年间,丁字湾的岸线变化主要源于滩涂养殖业的盛行。由于特殊的地理环境,丁字湾除潮汐汊道外,均为潮滩,湾内滩涂面积达 13 万亩(1 亩≈666.67m³)。可养殖面积达 8 万亩,底质多为泥沙质肥沃沉积物,且地势平坦,非常适宜养殖和晒盐业的发展。丁字湾地区的养殖类型主要以对虾为主,随着青岛地区沿岸滩涂养殖业的迅速发展,近些年来海参、鲍鱼等珍稀海产品养殖池在此地区也兴建起来,自然海岸逐步转化为养殖池等人工海岸(图 3-22)。

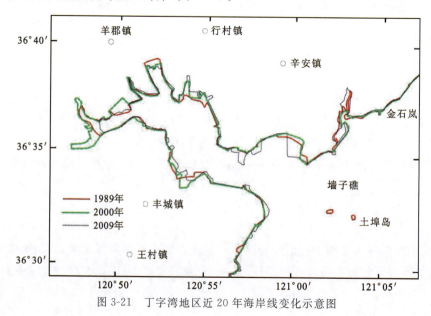

图 3-21 丁字湾地区近 20 年海岸线变化示意图

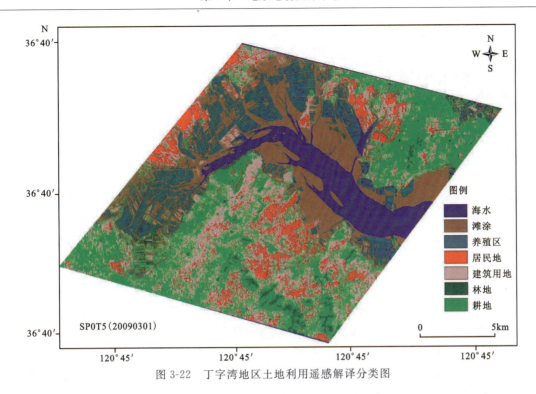

图 3-22　丁字湾地区土地利用遥感解译分类图

3.3.3.4　乳山口地区

本图幅涉及的调查区为乳山湾西岸,乳山湾是典型的山地港湾海岸,附近变质岩、侵入岩、沉积岩相间出露,地质情况复杂。乳山河是注入乳山湾最大的河流,又称垛河,全长 64km,乳山河入海口附近形成面积不大的冲积平原或冲海积平原。由于乳山河注入北湾,所以北湾淤积严重。潮滩物质主要为泥质砂,坡度平缓,自 20 世纪 90 年代至今,潮滩已有 80% 的面积被辟为养虾池和盐田。

乳山口西岸的岸线变化主要为海阳核电站的建立和海阳港的扩建,其次为海岸带地区人工建筑的兴建,填海造陆使部分砂砾质海岸转化为人工海岸(图 3-23)。

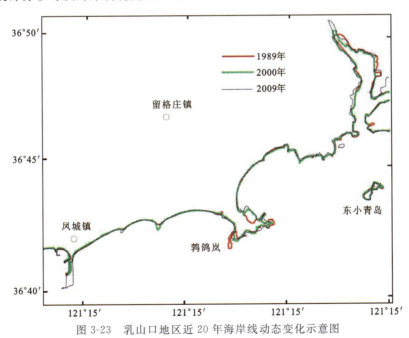

图 3-23　乳山口地区近 20 年海岸线动态变化示意图

乳山口北湾岸线变化原因主要为滩涂养殖,由于北湾滩面平缓,土质肥沃,营养盐类丰富,贝类资源有菲律宾蛤、文蛤、青蛤等,为滩涂养殖提供了优越条件。乳山湾水产养殖历史悠久,1956年开始养殖对虾,1978年被国家定为全国第一个对虾养殖基地,近年来大部分盐田改建为养虾池,自然海岸逐步转化为养殖池等人工海岸。

3.3.4 海岸变化与人类活动的关系

在自然和人为因素的影响下,海岸线不停地在后退或前进;由于海岸带地区人类活动频繁,沿岸的滩涂资源和近海资源的开发利用极大地影响着海岸带的生态环境。青岛幅区域中,青岛市区大部分基岩海岸处于稳定状态,胶州湾段岸线变化非常显著,面积不断减小。人类活动对岸线变迁的影响主要表现在以下方面。

1)滩涂养殖

青岛地区沿岸滩涂分布比较集中,主要集中在胶州湾、鳌山湾、丁字湾、乳山湾等海湾沿岸,其中胶州湾西岸最宽为7km,绝大部分为泥质和砂质海滩。虽然滩涂比较狭窄,但海岸线蜿蜒曲折,自然港湾、岬角众多,又富产砂、石建材,利于滩涂的开发利用(山东省科学技术委员会,1990)。调查区海滩利用程度较高,滩涂养殖是滩涂开发利用的一个重要部分,并且占海水养殖面积的绝大部分,青岛沿海滩涂大部分被利用,养殖类型主要为养虾池和海参、鲍鱼池等。

青岛地区滩涂开发利用面积随着盐业和滩涂养殖业的发展而不断变化,滩涂养殖面积稳步增加,改革开放以来,养虾业迅速发展,胶州湾沿岸几乎能建养虾池的水域都被占用(王文海,1986),养虾池面积稳步上升,从1988年的28.83km^{2}增加到2001年的57.08km^2,增幅达98%;而青岛市总滩涂养殖面积从1988年的50.57km^{2}增加到2001年的85.97km^2,增幅达68%,增幅较大的几个地区分布在几个主要的海湾和河流入海口,如胶州湾东北部、西部岸段,大沽河两岸,鳌山湾两侧,丁字湾北部,五龙河入海口等,滩涂开发利用总面积是逐年稳定增加的。

2)盐田

青岛地区太阳辐射能量高,日照时间长,利于海滩晒盐,所以滩涂地区除了养殖外,大部分被利用为盐田。这些盐田主要分布在胶州湾沿岸和鳌山湾顶部。鳌山湾分布的大桥盐场,在1988年面积为11.18km^2,原盐产量占即墨市的90%;胶州湾由于地理位置优越,适合盐业的发展,盐业生产历史悠久,是山东省原盐和盐化工生产的重要基地,也是我国比较闻名的海盐产区之一,近代开滩晒盐始于光绪年间,1949年后陆续修建了几个规模较大的国营盐场,目前胶州湾沿岸较大的盐场还有东风、南万等盐场。红岛、黄岛在20世纪初还未与陆地相连,到六七十年代二岛不但同大陆连接起来,并且海岛和大陆间的滩地也被开垦。滩涂开垦的类型从早期的农田转变成后来的盐田、养虾池,胶州湾的围垦非常严重,仅1956年就在胶州湾内新建8个盐场,占水域面积10.6km^2;80年代末由于大力发展对虾养殖业,并且盐业生产过剩,供大于求,效益低下,促使一部分盐田改为虾池,盐田面积逐渐缩小,近几年由于盐业效益增高,又出现相反的现象,盐田在90年代中期开始增长,逐步达到原来的面积。

同时,为了防止波浪对盐田、养殖池造成的影响,修建了大量的堤坝,这些工程不仅导致河流在进入滩地后不能四处散开,而且直接进入湾内破坏了原有的水动力条件,相对于修建堤坝前,泥沙集中在河口附近海区沉积,导致水深迅速变浅(于世永等,1995)。

3)填海与工程建设

随着社会经济的发展,青岛市不断向外扩张。近年来,青岛幅区域重大工程陆续开展,自北向南有海阳核电站、海阳港、丁字湾跨海大桥、鳌山湾龙凤岛、奥帆基地、胶州湾跨海大桥、胶州湾隧道、前湾港开发等。这些大型工程需要大量的土石方填海造陆,从而使岸线发生明显的变化。

本次调查同时对青岛幅海岸带地区的重大工程建设及胶州湾西南岸的工业布局进行了调查（表3-2,图3-24～图3-27）。

表3-2 重点工程及胶州湾西南岸工业布局调查

	地理位置	地理坐标	地物描述
1	海阳西南	北纬36°41′07.6″ 东经120°09′58.4″	亚洲沙滩运动会会场(建设中)约10km²
2	丁字湾大桥东北岸海头村	北纬36°36′32.1″ 东经120°55′35.2″	淤泥质岸滩,养殖池密集,北边堤坝,南边为小码头
3	营海镇东,胶州湾西北	北纬36°09′35.7″ 东经120°06′16.9″	胶州湾高新产业区,原为养殖池,范围约100km²
4	红石崖村	北纬36°05′36.8″ 东经120°07′31.3″	胶州湾跨海大桥红石崖段
5	胶州湾西南岸工业调查	北纬36°05′07.6″ 东经120°08′20.4″	青岛压花玻璃有限公司
		北纬36°05′09.3″ 东经120°08′11.8″	青岛浮法玻璃有限公司
		北纬36°03′13.5″ 东经120°10′23.9″	中国石化青岛炼油化工有限责任公司
		北纬36°05′09.3″ 东经120°08′11.8″	淄博齐翔石化炼油厂(青岛思远)
		北纬36°02′32.7″ 东经120°10′45.5″	扶桑化学(青岛)有限公司
		北纬36°02′32.5″ 东经120°11′32.5″	液化空气(青岛有限公司)
		北纬36°02′35.9″ 东经120°12′01.2″	青岛卡奥电气有限公司
		北纬36°02′56.9″ 东经120°12′29.2″	青岛丽东化工有限公司
		北纬36°03′06.4″ 东经120°12′52.2″	青岛天安重交沥青有限公司
		北纬36°03′06.4″ 东经120°13′22.5″	中油燃料股份有限公司
		北纬36°03′19.9″ 东经120°13′35.3″	黄岛油库
		北纬36°02′30.3″ 东经120°12′59.7″	大唐青岛发电有限责任公司

图 3-24　海阳港

图 3-25　丁字湾跨海大桥

图 3-26　即墨龙凤岛及胶州湾跨海大桥

图 3-27 胶州湾周边工业区

胶州湾地区海岸填海造陆现象严重,1949 后,我国的经济建设处于一个新的发展时期,沿岸工厂发展速度较快,在扩大发展中任意填海,促使岸线不断向海推进,海滩又随之向湾内扩展,相应连锁变化引起东岸岸线和滩涂的移动。这种海岸地貌突变现象在遥感影像上非常明显。1988—1994 年,由于环胶州湾高速公路的修建,在东部市区沿岸完成了一期规模较大填海造陆工程,但拦海堤的修建,导致岸线大幅度外移,平均达 600m,其中李村河口处最大(+1800m)。1994—1998 年,胶州湾东北侧修建了电厂煤灰池,还有东部共填海 3.58km²。在东岸由于靠近市区,除了填海造陆外,沿岸还堆放了很多垃圾,特别是固体垃圾,直接导致该海域水深变浅,并破坏了原来潮间带的生态系统。1980—1990 年间,胶州湾沿岸工业迅速发展,治理、管理措施较差,此期间城市垃圾达 1.61×10^6 t/a,如此多的垃圾相当于 1979年以前胶州湾沿岸河流输沙量的总和。垃圾的堆放,使水深变浅,滩涂扩大,迫使沧口水道西移(中国海湾志编纂委员会,1993)。

3.4 小 结

(1)根据实测资料系统地分析了调查区海底地形、地貌类型及其分布规律,划分了三大类 11 种地貌类型,编制了地形图与地貌图(见附图)。调查区陆域地貌类型分为中山、低山、丘陵、平原等地貌类型和微地貌。地貌类型进一步分为强切割构造侵蚀中山区、中切割构造侵蚀低山区、中切割构造剥蚀低山区、弱切割构造剥蚀丘陵区、山间平原区和海积平原区。微地貌主要有侵蚀后退岸、稳定岸、淤积增长岸,中低山切割形成的峡谷,火山作用形成的火山景观等。海岸带地形地貌主要包括岬湾相间的山地基岩岸、山地港湾泥质粉砂岸、蚀退的山地岬湾岸、较稳定的沙坝-潟湖岸、蚀退的山地岬湾岸、蚀退的岬湾与浅湾溺谷岸、较开阔的岬湾与沙坝-潟湖岸等。海底地貌主要有水下三角洲、海底剥蚀-堆积岸坡与堆积岸坡、陆架侵蚀-堆积平原 3 种类型。

(2)海岸带岸滩剖面监测结果表明,调查区海滩主要分为受潮汐控制和波浪控制两种类型。其中,海阳核电站东部海滩、鳌山湾北部海滩、红岛南部岸滩为潮汐控制的海滩,其海滩宽阔低平,变化周期大;仰口王哥庄湾、黄岛南部海滨公园岸滩为波浪控制海滩,其海滩坡度较陡,变化周期小,波浪作用对海滩形态塑造起主要作用。海阳核电站东北部海滩较稳定,变化缓慢或略有侵蚀;仰口、红岛和黄岛海滩侵淤变化较大;调查区砂质海岸冬季与夏季相比轻度淤积。

(3)主要湾区的遥感解译显示,胶州湾地区岸线向海延伸较多,胶州湾面积不断缩小。滩涂养殖、围海造陆等人类活动是导致胶州湾面积缩小的主要因素;鳌山湾海岸基本稳定,神场沟以东的湾口附近略有蚀退,埠西及钓鱼台大坝前有轻淤;丁字湾近20年滩涂养殖业盛行,大多数自然海岸逐步转化为养殖池等人工海岸;乳山口西岸海阳核电站和海阳港等国家重大工程的兴建、海阳南部海岸带地区商业开发,大规模的填海造陆使部分砂质海岸转化为人工海岸。

第 4 章　海域晚第四纪地质

4.1　海域现代沉积物组成与分布特征

4.1.1　样品采集与测试

"1∶25 万青岛幅海洋区域地质调查"项目在调查区海域共采集表层样 137 个(图 4-1)。对采集的沉积物样品进行了粒度分析、地球化学测试、黏土矿物测试和碎屑矿物鉴定等综合测试分析。

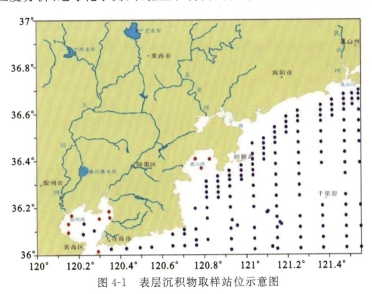

图 4-1　表层沉积物取样站位示意图

(红色站位引自《青岛市地质环境质量评价和生态与经济可持续发展成果报告》,2005)

4.1.2　海底表层沉积物粒度特征

粒度是沉积物的基本物理特征,粒度分析是海洋沉积作用研究的基础方法。沉积物的粒度特征及其类型分布主要受物源和沉积环境两方面因素的控制。

沉积物的粒度组成和粒度参数可以反映水动力和沉积环境的变迁,如平均粒径可指示沉积物粒径频率分布的中心趋向,其大小反映了沉积物搬运的平均动能,在强水动力条件下,细粒物质被搬运到别处,而沉积粗粒物质。分选系数指示沉积物的分选程度,即颗粒大小的均匀性。偏度是一个对环境比较灵敏的指标,反映了沉积过程中能量的分异。峰态研究是发现双峰曲线的重要线索,它代表了不同来源物质的混合程度。

4.1.2.1 表层沉积物类型及其分布

为了阐明沉积物粒度与水动力条件之间的相互关系,沉积物分类和命名采用 Folk 等(1970)提出的沉积物分类三角图解法(图 4-2)。Folk 分类最重要的优点是,在分类时充分注意到了砾石、砂、粉砂和黏土这 4 种沉积物基本组分的动力学意义,是一种具有解释功能的成因分类。

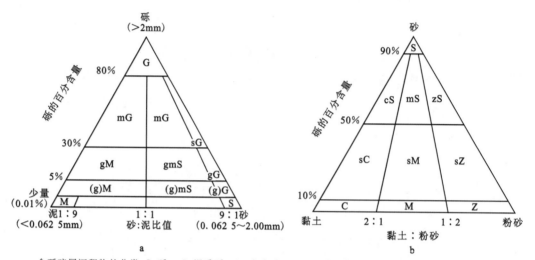

a. 含砾碎屑沉积物的分类:G. 砾;mG. 泥质砾;sG. 砂质砾;msG. 泥质砂质砾;gS. 砾质砂;gM. 砾质泥;gmS. 砾质泥质砂;(g)S. 含砾砂;(g)mS. 含砾泥质砂;(g)M. 含砾泥;S. 砂;mS. 泥质砂;sM. 砂质泥;M. 泥。
b. 不含砾碎屑沉积物的分类:S. 砂;cS. 黏土质砂;mS. 泥质砂;zS. 粉砂质砂;sC. 砂质黏土;sM. 砂质泥;sZ. 砂质粉砂;C. 黏土;M. 泥;Z. 粉砂。

图 4-2 沉积物三角形分类图解(Folk 等,1970)

图 4-3 是研究区域沉积物类型平面分布图。由于主要采样站位位于崂山头以东海域,故本图幅内西部海域包括胶州湾的沉积物类型划分主要依靠已有的调查资料进行重新编图,取少量站位进行对比和验证。调查区西部海域的一些样品,因其钙质结核、砾石粒径较大,无法准确估计其含量百分比,所以对这部分样品进行筛分粒度分析测试,然后根据 Folk 分类方法进行定名。从图 4-3 中可以看出,本区的表层沉积物类型主要包括砂、粉砂、砂质粉砂、泥质砂、砂质泥、砾质泥和泥等类型。其中粉砂和砂质粉砂是本区分布最广泛的沉积物类型,占该调查海区沉积物面积的 60% 以上。从整体来说,崂山头以东海域沉积物分布类型简单、分布面积大,而崂山头以西海域包括胶州湾海域,沉积物类型复杂多样,且呈现斑块式分布特征。

第一,砾质沉积物在本调查区西侧广泛分布,其中砾石类型主要分布在胶州湾口的潮流通道地区,该通道底部分布有大量砾石,甚至直接基岩出露,这是由于胶州湾口强劲的潮流作用,河口束狭作用使得涨、落潮流速度加大,增加了海底沉积物侵蚀搬运的机会,细粒沉积物被搬运带走,导致只留下少量砾石甚至直接基岩出露。另外含砾沉积物也在青岛前海零星分布和崂山头至沙子口以南地区广泛分布,由于青岛前海附近沿岸多为花岗岩侵蚀产物,有少量砂砾沉积。在崂山头地区由于青岛近海是以波浪作用为主的海岸地区,波浪作用与海底作用力较潮流作用更大,而该地区海岸为中生代莱阳群和崂山花岗岩,抗风化能力强,且没有较大河流供应沉积物,因此该地区全新世后沉积物几乎被搬运殆尽,出露大量的贝壳及钙质结核成分,为海侵之前的晚更新世陆相沉积物。

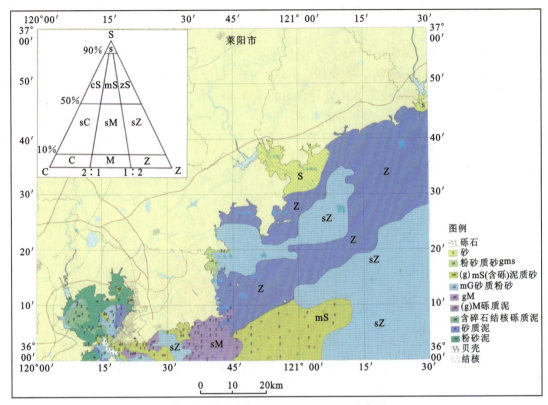

图 4-3 青岛幅海域表层沉积物类型分布图

第二,从图 4-3 可以看出砂质沉积物主要分布在丁字河口和乳山河口,由于河流的搬运能力,陆源沉积物被河流携带入海,在河口地区由于受水面积突然加大,河流挟沙能力突然下降,较粗的沉积物首先在口门地区沉降保存下来,更细的沉积物则被水流进一步搬运至更远的地区。泥质粉砂主要分布在青岛近海及崂山头以东地区,崂山头以东该类型沉积物与晚更新世末期陆相残留沉积物相邻,多见贝壳、钙质结核和砾石组分。

第三,本区分布面积最广的沉积物类型是粉砂和砂质粉砂,占调查区域面积的 60% 以上。此类沉积物分布广泛,除胶州湾内、胶州湾口及青岛前海有零星分布之外,大部分分布在调查区东北侧。其中粉砂呈"U"形条带状分布在调查区东北方向,而砂质粉砂与其相间分布,海区东南几乎全被该沉积物类型占据。

第四,泥质沉积物主要分布在胶州湾内,由于胶州湾是半封闭的港湾,其潮差,大湾内波浪作用较弱,往复流成为控制湾内沉积作用的主要动力。粉砂及泥质细粒沉积主要分布在潮下带及潮间带水动力条件较弱的区域。该地区泥及砂质泥等细粒沉积物是对胶州湾河流作用与潮流作用的响应。

4.1.2.2 表层沉积物粒度组分分布特征

本区的沉积物颗粒按粒径大小可分为砂(0.063~2mm)、粉砂(0.004~0.063mm)、黏土(<0.004mm)和砾石(>2mm)4 个粒级组分。由于砾石仅在少量站位存在,因此根据粒度分析结果绘制了砂、粉砂和黏土粒级组分百分含量的平面分布图,现将分布特征叙述如下。

砂粒级(0~4Φ),即 0.063~2mm 之间的组分。图 4-4 为青岛幅表层沉积物砂粒级组分百分含量平面分布图,调查区砂粒级组分含量相对较低,含量向东南方向逐渐递增。砂粒级组分高值区主要存在于调查区东南角区域,是粉砂质类型向砂质粉砂类型过渡的地区,砂含量增加。平均含量在 14.67% 左右,在调查区采样站位中砂含量最低仅为0.43%,最高达64.18%。砂含量较低的地区主要存在于调查区中部位置,河口湾附近主要受到潮流和波浪作用影响,水动力条件相对较强,砂组分含量较高,而在调查区中部地区由于远离海岸,动力条件较弱,适合细颗粒物质沉积。在青岛近海及崂山头附近区域,出现砂含量高值,前者由于处在胶州湾口门地区,受到河口束狭作用,潮流作用力增强,而后者为晚更新世以来的陆相残留沉积,受到潮流和波浪的共同作用和筛选,砂粒组分较高。

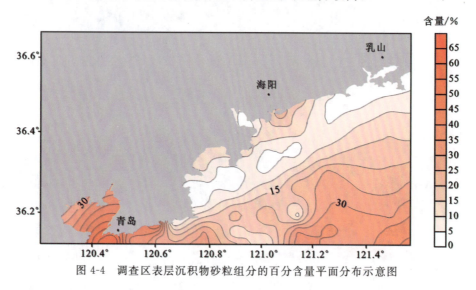

图4-4 调查区表层沉积物砂粒组分的百分含量平面分布示意图

粉砂(4～8Φ),即0.04～0.063mm之间的组分。从图4-5粉砂粒组分百分含量平面分布图上可以看出,调查区内沉积物中粉砂是优势组分,高值区主要分布于调查区东部开阔海域,在青岛近岸海域粉砂含量相对较低,在调查区南侧呈现3个粉砂含量低值区,其他地区含量基本由近岸向海逐渐减少。本地区沉积物粉砂组分平均含量为61.68%,含量最低为14.99%,含量最高为77.4%。总的来看,砾石区外围一般为粉砂含量低值区,与砂粒组分分布趋势截然相反。

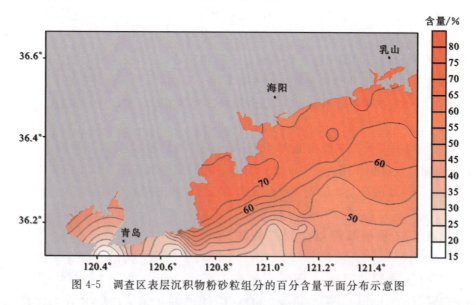

图4-5 调查区表层沉积物粉砂粒组分的百分含量平面分布示意图

黏土(>8Φ),即<0.004mm的组分。图4-6是青岛幅海域表层沉积物黏土粒级组分百分含量平面分布图,从图上可以看出,调查区黏土含量相对粉砂含量较低,平均含量在20.87%左右。黏土的分布特点与粉砂有相似之处,这与二者同属于细颗粒物质有关。调查区黏土粒级组分含量的分布明显受沉积物类型的制约,黏土含量高值区也主要分布于近岸细粒沉积物区,但在近岸也有3个低值区,与粉砂

含量分布接近,黏土含量在10%左右,调查区内黏土含量最高为29.69%,最低为6.48%,是除粉砂外含量较高的组分。

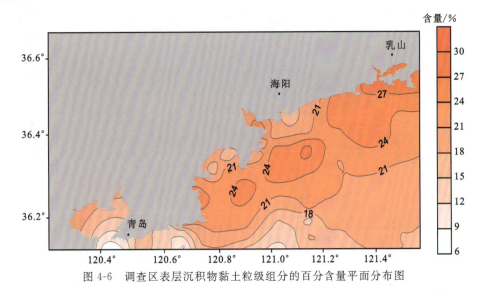

图 4-6 调查区表层沉积物黏土粒级组分的百分含量平面分布图

4.1.2.3 表层沉积物粒度参数分布特征

沉积物粒度是描述沉积环境的重要参数之一,其分布特征是物源和沉积环境两个因素所决定的,特定的沉积环境往往具有特定的沉积物粒度参数特征,其平均粒径、分选系数、偏度和峰度均具有不同的环境指示意义。利用沉积物的粒度参数分布特征可以识别出沉积环境的类型或判定物质运动的方式。

沉积物平均粒径说明沉积物粒度分布的中心趋势,其大小反映了沉积介质的平均动能。一般来说,粗粒沉积常见于高能环境,细粒沉积则多见于低能环境。当然粒度大小还取决于其原始沉积物颗粒的大小,在同一物源条件下,顺流向粒度逐渐递降。

从调查区底质沉积物平均粒径平面分布图上可以发现(图 4-7),整个调查区的沉积物质相对较细,最粗颗粒 Φ 值为 0.87Φ,泥质砾成分,最细颗粒 Φ 值为 7.24Φ,极细粉砂粒级。平均粒径较小值主要分布在调查区东北附近海域,特别是丁字河口、乳山河口和鳌山湾以外附近海域,Φ 值在 6.5 左右,由近岸向海方向递减然后又增加,主要分布有砂质粉砂和粉砂质沉积物类型,属于南黄海海阳泥沉积体的中心部位。在调查区南部东经 120.4°、东经 120.7°和东经 121°3 处出现平均粒径高值,这 3 处是波浪和潮流共同作用的地区,水动力环境比较强,导致海水对海底沉积物进行侵蚀搬运,将细颗粒泥沙二次悬浮带走,留下砾质沉积物,并含有丰富的贝壳和钙质结核,有的地区甚至直接基岩出露,全新世海侵沉积物几乎不存在,均为晚更新世末期陆相沉积物,粗粒中心平均粒径为 1~1.5Φ,向外围粒径逐渐变小,Φ 值增大。总体来看,调查区平均粒径的平面分布特征与沉积物类型具有很好的对应关系,并且与黏土和粉砂的平面分布也具有良好的对应关系。

分选系数是指示沉积物粒度的分选程度,即颗粒大小的均匀性,若粒级少,主要粒级很突出,百分含量高,分选就好,标准偏差或分选系数的数值小;反之,粒级分布范围很广,主要粒级不突出,则分选就差,这两数值就大。从成因上讲"分选"是能将具有某些特征,如相似粒径、比重、形状的或具有相似水动力特征的颗粒,从一个复杂的环境中选择出来的动力过程,同时也指示这种动力过程的波动情况,当这种动力过程具有较大幅度的波动时,在不同情况下沉积了不同粒级的物质,整个沉积物的分选就较差,反之则分选好。

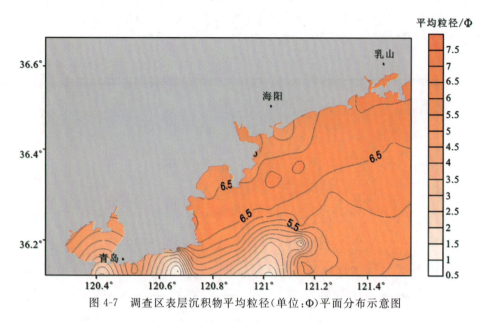

图 4-7 调查区表层沉积物平均粒径(单位:Φ)平面分布示意图

图 4-8 为山东半岛南部海域表层沉积物分选系数的平面分布图。从图上能够看出,整个调查区分选系数的分布特征有一定规律可循,分布相对整齐,在分选系数高值区向低值区依次递减,表明高值区动力环境与低值区动力环境有较大幅度的波动。青岛近海海岸带地区受到波浪和潮流的共同作用,动力环境相对比较强,因此能够将不同粒级组分的颗粒一起悬浮搬运,分选系数大,分选性较差。而在调查区东北部地区由于开敞海岸,波流作用较弱,泥沙颗粒向海方向由大到小依次沉降,分选系数较小,泥沙级配差,分选性好。总体来说,分选系数主要集中在 1.37～4.02 之间,平均为 2.14,分选性表现为较差和中等。大部分区域,特别是山东半岛东北部海阳泥沉积地区,分选系数都在 1.0～1.8 之间,分选性较差—中等。但在泥沙颗粒较粗特别是海底沉积物为晚更新世末期陆相沉积的区域,分选系数一般在 3.4～5 之间,分选性很差—极差。

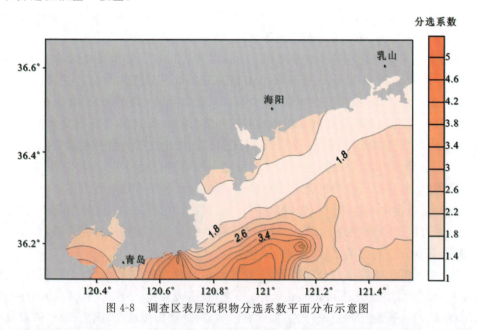

图 4-8 调查区表层沉积物分选系数平面分布示意图

沉积物的偏态是描述频率曲线不对称性或非正态性的一个参数。所有的频率曲线都可以归结为正偏、对称和负偏 3 类。所谓正偏就是沉积物的粒度分布向粗的一端,而负偏则相反。

图 4-9 为调查区海底沉积物粒度偏度分布图,在崂山头以东海区存在两个低值中心,代表沉积物粒度频率曲线近对称,由此两个低值中心向南北方向递增,且胶州湾口地带也表现为正值,频率曲线均正偏。分析调查区中西部沉积物频率近对称分布,认为由于沉积物受到波、潮、流长时间的颠选和改造,沉积物粒级级配好,分选性差,具有较好正态分布。中部地区向岸方向由于粒径逐渐变粗,河流作用增强,粒度偏粗,表现为正偏,向海方向由于逐渐远离南黄海海阳泥的中心区域,粒径逐渐增大,频率曲线也表现为正偏。调查区偏度介于-0.77~1.15之间,平均为0.17,总体上表现为正偏。

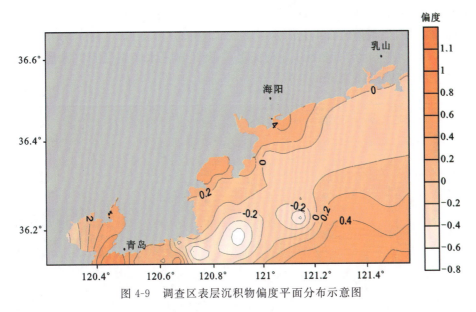

图 4-9 调查区表层沉积物偏度平面分布示意图

图 4-10 为调查区表层沉积物峰度平面分布图。调查区海底沉积物峰度分布介于 1.33~4.15 之间,均值为 2.26,峰度总体表现为尖锐—极尖锐。峰度是用来对比不同频率分布曲线峰部的尖锐程度,是相对于正态分布而言的。调查区沉积物频率曲线峰度尖锐程度均较高,表示该调查区多数地区由于波浪和潮流的共同作用,沉积物粒度组成级配组成较好,存在一定的优势组分,使得频率曲线峰度较高。

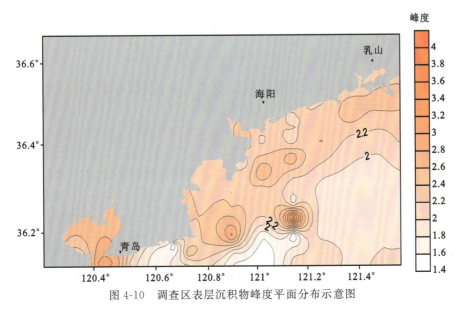

图 4-10 调查区表层沉积物峰度平面分布示意图

4.1.3 海底表层沉积物元素地球化学特征

4.1.3.1 表层沉积物主要常量元素地球化学分布特征

SiO_2在调查区的分布相对其他元素而言较为均匀,变异系数最小。其高值区主要分布于沿岸浅水海域,东南部有局部高值区;低值区自东北向西南呈条带状分布(图4-11)。硅元素的"粒控效应"明显,主要受地质背景和粒度影响,沿岸有多条中小河流汇入,使近岸浅水区表层沉积物粒度较粗,基本以细砂、粉砂质砂为主,因此SiO_2的含量较高。

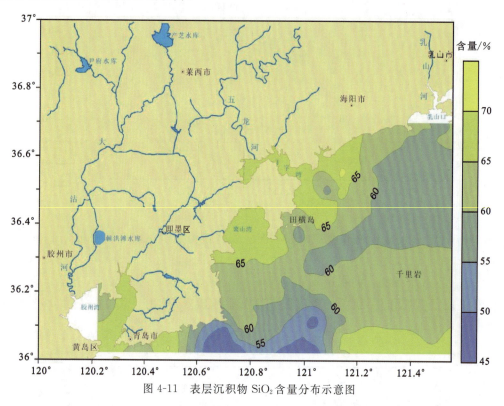

图4-11 表层沉积物SiO_2含量分布示意图

Al_2O_3的分布与SiO_2的分布基本相反(图4-11、图4-12),其在调查海域分布的明显特征表现为高值区自东北向西南呈舌状延伸(图4-12),主要由于在本海域存在一个自东北向西南延伸的舌状泥质条带,沉积物粒度较细,黏土矿物含量较大,而铝主要赋存于黏土矿物晶格中,在表生地球化学作用中比较稳定,不易活化迁移。铝主要以铝硅酸盐矿物和氧化物(Al_2O_3)的形式存在,按质量计铝硅酸盐矿物占全部含铝矿物的90%以上(刘英俊等,1984)。广泛分布的各种铝硅酸盐矿物(如长石、似长石类、云母、角闪石、辉石等),在风化作用下均可转变为含铝的黏土矿物(如伊利石、高岭石、蒙脱石、绿泥石等),只有极微量的铝进入溶液。中国浅海不同沉积物中铝的含量变化与硅相反,形成鲜明的对照,即随着沉积物的粒度由粗变细,铝的含量逐渐升高,即属于元素粒度控制率的另一模式。

Fe_2O_3的分布趋势如图4-13所示。铁与铝在水溶液中主要以黏土吸附或水合氢氧化物胶体方式迁移,两者在沉积物形成过程中具有相近的迁移、富集规律。铁的地壳丰度仅次于氧、硅、铝居第4位。主要铁矿物有磁铁矿、赤铁矿、褐铁矿、菱铁矿、黄铁矿等。中国浅海沉积物中铁的丰度为3.10%。在中国海区沉积物中铁的平均含量,从砂、粉砂到泥随着沉积物粒度变细而升高。砂、粉砂、泥中铁的平均含

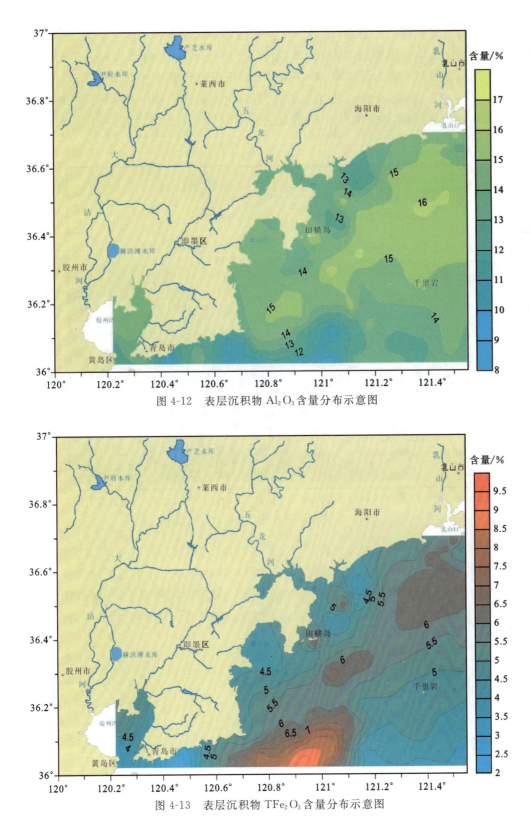

图 4-12 表层沉积物 Al_2O_3 含量分布示意图

图 4-13 表层沉积物 TFe_2O_3 含量分布示意图

量为 2.37%、2.90%、4.10%。因此,铁的区域分布与沉积物粒度分布格局一致(赵一阳等,1993)。Fe_2O_3 的高值区总体上呈自东北向西南的条带状分布趋势,近岸和远海含量较低,这也是由于中部存在泥质条带的缘故。

CaO在调查区的分布趋势如图4-14所示,高值区集中在崂山东南部海域,其他海域含量较低且变化梯度不大。自然界含钙矿物甚多,重要的如斜长石、辉石、磷灰石、方解石等(赵一阳等,1993),钙也是许多海洋生物壳体的重要组成物质(如软体动物——贝壳)。中国浅海沉积物中钙的丰度为3.79%。在中国海区钙的平均含量从砂、粉砂到泥随着沉积物粒度变细而降低。砂、粉砂、泥中钙的平均含量为4.74%、3.17%、2.61%。砂中之所以钙高,主要是因为砂中富含钙质生物介壳碎屑的缘故(赵一阳等,1994)。但在本调查海域CaO含量的分布似与以上规律不符,还应从沉积物粒度以外的因素寻找原因。

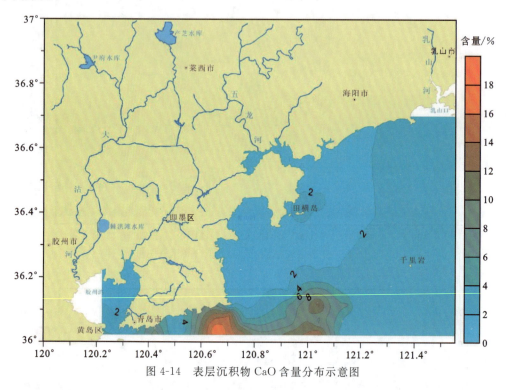

图4-14 表层沉积物CaO含量分布示意图

有机碳(C)在调查区的百分含量分布特征明显受沉积物类型的影响。在由东北向西南延伸的沉积物粒度较细的条带状泥质区,其含量相对较高,而在砂质粉砂和粉砂质砂覆盖的沿岸浅水区域,其百分含量就相对偏低(图4-15),明显遵循"元素粒度控制规律"。在粉砂质砂覆盖区,有机碳含量低,表明该区曾处于一种高能的氧化环境,不利于有机质保存而发生分解或者向外漂移,因此成为有机碳低含量分布区。

4.1.3.2 表层沉积物微量元素地球化学分布特征

按照习惯,通常将微量元素定义为含量低于0.1%的元素,即低于$1000\mu g/g$的元素。微量元素因其相对常量元素具有较好的稳定性而成为探讨环境变化和物质来源的重要手段之一,不同的元素及其组合(比值)特征反映了不同的沉积环境,是地质事件内在成因和环境信息的综合体现与良好标志。

选取Ni、Co、Li、W、Mo、Sb、Bi、V、Nb、Zr、Se等微量元素进行统计分析和聚类分析(图4-16,表4-1、表4-2)。研究表明,本区微量元素除Bi、Se外,其余指标含量均高于全国海域平均值,微量元素的变异系数相对较小。通过对11种微量R型聚类分析,可以看出,Zr与其他微量元素相关性较差。Zr含量与平均粒径(Φ)呈负相关,而其他元素与平均粒径(Φ)呈正相关。

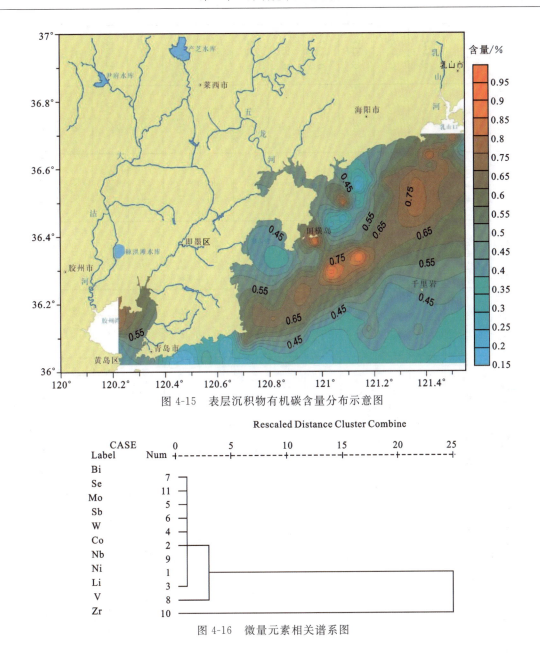

图 4-15 表层沉积物有机碳含量分布示意图

图 4-16 微量元素相关谱系图

4.1.3.3 表层沉积物稀土元素地球化学分布特征

稀土元素被广泛应用于物源研究,并获得了较为普遍的认可,主要是因为稀土元素的组成受控于源岩,而受其他营力因素的影响较小,并且不易迁移,产生的元素分馏小。

稀土元素的丰度与沉积物的类型往往有着紧密的联系,丰度会随着沉积物粒度的变化而呈现出有规律的变化,一般是随着粒度变细,其含量依次增高。但在所有的沉积物类型中,稀土元素的各个参数,包括轻重稀土元素分异度、Ce 异常以及 Eu 异常都非常相近,基本不受沉积物底质类型的影响,物质来源是决定它们变化特征的主要控制因素,所以可以利用稀土元素的这些参数来进行调查区内的物源判别。

稀土元素中的 Pm 在自然界不作为稳定元素出现,所以通常研究的稀土元素是从 La 到 Lu 不包括 Pm 而包括 Y 的 15 个元素。调查区分析测试的稀土元素为从 La 到 Lu 不包括 Pm 共 14 个元素。根据样品实测数据统计(表 4-3),稀土元素总量(ΣREE)的分布范围为 96.74～211.14 μg/g,平均值为

表 4-1 青岛幅（1∶25 万）范围内海底表层沉积物微量地球化学测试指标统计数据一览表

测试项目	有效数据/个	全国海域平均值	调查海域平均值	中位数	众数	标偏偏差	偏度	峰度	极小值	极大值	极差	变异系数
Ni	147	24	29.93	30.30	33.70	4.80	−0.34	0.54	10.70	44.60	33.90	0.194
Co	147	12	14.00	14.10	13.70	2.66	−0.03	1.16	4.90	22.50	17.60	0.190
Li	147	38	44.26	44.10	33.80	9.82	−0.11	0.20	13.30	70.10	56.80	0.217
W	147	1.5	1.72	1.73	1.62	0.25	0.00	2.75	0.80	2.56	1.76	0.147
Mo	147	0.5	0.69	0.60	0.62	0.34	4.19	27.19	0.31	3.38	3.07	0.494
Sb	147	0.5	0.63	0.60	0.56	0.17	1.00	1.60	0.30	1.28	0.98	0.270
Bi	147	0.33	0.32	0.32	0.32	0.08	0.22	0.40	0.11	0.57	0.46	0.245
V	147	70	80.60	82.10	71.20	14.59	−0.43	0.84	27.60	114.00	86.40	0.181
Nb	147	14	14.44	14.90	14.80	1.89	−0.84	0.42	8.60	17.60	9.00	0.131
Zr	147	210	218.63	213.00	156.00	50.88	1.05	2.12	122.00	410.00	288.00	0.233
Se	147	0.15	0.12	0.12	0.14	0.04	−0.12	−0.28	0.02	0.21	0.20	0.292

注：表中元素含量单位为 μg/g。浅海沉积物稀土元素含量平均值引自 Yashitaka et al.，1992；全国浅海沉积物其他元素含量平均值引自《中国浅海沉积物地球化学》（赵一阳等，1994）。

表 4-2 微量元素间相关系数表

	Ni	Co	Li	W	Mo	Sb	Bi	V	Nb	Zr	Se
Ni	1										
Co	0.191 0	1									
Li	0.196 0	0.178 7	1								
W	0.179 5	0.193 1	0.165 9	1							
Mo	0.115 1	0.142 5	−0.104 6	0.147 6	1						
Sb	0.131 6	0.138 2	0.119 6	0.136 4	0.138 4	1					
Bi	0.189 4	0.191 5	0.178 0	0.183 7	0.135 2	0.151 7	1				
V	0.195 2	0.195 6	0.188 0	0.190 6	0.124 6	0.129 5	0.190 6	1			
Nb	0.131 7	0.110 2	0.148 4	0.106 1	−0.141 0	−0.137 5	0.104 8	0.124 7	1		
Zr	−0.160 9	−0.162 2	−0.149 2	−0.154 3	−0.134 3	−0.149 1	−0.169 5	−0.160 6	0.136 8	1	
Se	0.158 9	0.161 4	0.154 5	0.160 0	0.128 8	0.154 7	0.168 7	0.164 5	−0.111 4	−0.156 4	1

表 4-3 调查区表层沉积物中稀土元素的丰度和主要参数对比

沉积物类型	La	Ce	Pr	Nd	Sm	Eu	Gd	Tb	Gy	Ho	Er	Tm	Yb	Lu	ΣREE	$(La/Yb)_{Ucc}$	$\delta Eu(CN)$	$\delta Ce(CN)$	LREE/HREE
研究海区	36.61	73.51	8.57	31.60	5.68	1.21	4.98	0.74	4.16	0.85	2.41	0.37	2.42	0.38	173.48	1.11	0.70	0.97	9.64
大沽河	39.26	81.78	9.10	33.88	5.98	1.29	5.21	0.79	4.38	0.90	2.54	0.39	2.54	0.40	188.42	1.13	0.71	1.01	9.99
五龙河	33.28	65.56	7.46	27.49	4.57	1.05	3.99	0.57	3.03	0.62	1.77	0.27	1.77	0.28	151.70	1.38	0.76	0.97	11.33
乳山河	35.53	65.65	7.32	26.93	4.45	1.00	3.98	0.57	3.09	0.64	1.81	0.28	1.84	0.29	153.34	1.42	0.73	0.95	11.29
上陆壳	30.00	64.00	7.10	26.00	4.50	0.88	3.80	0.64	3.50	0.80	2.30	0.33	2.20	0.32	146.37	1.00	0.66	1.03	9.54
长江	36.09	65.08	8.33	32.60	6.09	1.30	5.58	0.85	4.71	0.98	2.56	0.37	2.23	0.33	167.10	1.19	0.69	0.88	8.49
黄河	31.00	61.80	7.15	26.90	5.02	0.97	4.92	0.65	3.90	0.72	2.29	0.30	2.16	0.30	148.08	1.05	0.60	0.97	8.72
中国浅海	33.00	67.00	7.37	29.00	5.60	1.00	5.11	0.73	3.42	0.64	1.50	0.15	2.20	0.24	156.96	1.10	0.58	1.01	10.22

注：上陆壳数据引自 Greaves,et al. (1999)；长江、黄河数据引自杨守业等 (1999c)。除 (La/Yb)Ucc,LREE/HREE 外单位为 μg/g。

172.07μg/g,低于中国浅海沉积物(198.71μg/g),高于长江、黄河稀土元素总量(ΣREE)的平均值(长江为 167.10μg/g,黄河为 148.08μg/g)。

从调查区海域表层沉积物ΣREE含量等值线图(图 4-17)和调查区海底沉积物粒径分布图(图 4-7)上,我们可以直观地发现,ΣREE 含量的分布特征与沉积物类型具有很好的相关性,其含量分布特征明显受沉积物底质类型的影响。在调查海区中部有一自东北向西南延伸的条带区域,沉积物颗粒细小,ΣREE 含量较高。近岸和远海表层沉积物颗粒粗,ΣREE 含量较低。粗粒物质稀土元素含量低主要是由石英和生物质的稀释作用所造成的,石英和生物源物质被认为是沉积物中稀土元素含量的"稀释剂"(文启忠等,1984)。石英颗粒中几乎不含稀土元素,浅海沉积物内生物壳体中的稀土含量甚微,生物壳体中稀土总量平均也仅为 10.9μg/g(赵一阳和鄢明才,1993)。ΣREE 含量的上述分布特征,明显遵循"元素粒度控制规律"。但在某些粗粒沉积物站位,稀土元素含量也出现明显的异常,其含量反而表现得较高。在粗粒度沉积物区出现斑块状的高值区,可能与局部站位重矿物的富集有关,因为稀土元素含量受重矿物和沉积物粒度的双重控制,稀土元素主要富集在重矿物和黏土矿物中。稀土元素可以通过类质同象进入黏土矿物的晶格之中,或以钛的氧化物、磷灰石等富集稀土矿物形势出现在黏土相中。

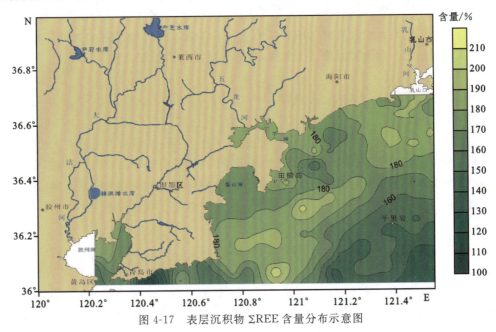

图 4-17 表层沉积物 ΣREE 含量分布示意图

通过对调查区表层沉积物样品进行了稀土元素分析测试,其不同类型沉积物稀土元素含量见表 4-3。从表中可以看出,稀土元素丰度与沉积物类型密切相关,随着沉积物粒度呈有规律的变化,随粒度变细其含量依次增高,亦即和赵一阳提出的"元素粒度控制规律"相吻合。在细粒沉积物中稀土元素含量极高,在底质类型为粉砂的沉积物中,稀土元素总量在 180μg/g 左右,明显高于粗粒沉积物砂质粉砂中的稀土元素总量。但即使在同一种沉积物类型中,其含量变化也较大,但总体来说细粒沉积物的变异系数较小,粗粒沉积物的变异系数都较大。在砂质粉砂中,各个稀土元素的变异系数基本都在6%~11%之间,平均为 8.42%,而在细粒沉积物粉砂中各个稀土元素的变异系数都在 4%~6%之间,平均为 4.98%,各稀土元素含量变化非常小。在所有的沉积物类型中,稀土元素的许多参数,如轻重稀土元素分异度、铈异常以及铕异常都非常接近,基本不受沉积物底质类型影响,其变化特征可能主要受控于物质来源的影响,因此可以运用这些参数进行调查区的物源识别。调查区沉积物中轻稀土元素(LREE)含量明显高于重稀土元素(HREE)含量,La/Yb$_{(UCC)}$比值在 0.94~1.32 之间,平均为 1.11;LREE/HREE,比值在 8.63~10.66 之间,平均为 9.64,表明了轻稀土元素对稀土总量的贡献远高于重稀土元素。轻稀土元素的富集,被认为是陆源碎屑的标志,反映了调查区沉积物的陆源特征。河流沉积物中

REE特征受源岩、风化作用、粒级和矿物组成、热液-成岩作用和污染等多种因素控制（杨守业等，2003）。黄河沉积物REE组成主要继承了流域黄土的特征，长江REE特征则受上游源岩制约，而化学风化对长江和黄河的REE组成影响较弱。

通过对调查区周边河流大沽河、五龙河、乳山河46个站位的表层沉积物样品进行了稀土元素分析测试，其不同河流稀土元素含量见表4-3，大沽河稀土元素总量在188μg/g左右，而五龙河与乳山河的稀土元素总量在150μg/g左右，明显低于大沽河稀土元素总量。3条河流中各个稀土元素的变异系数较大，在17.65%～30.46%之间，平均为23.44%，最大的是乳山河，最小的是大沽河。在3条河流中，稀土元素中的铈异常以及铕异常都非常接近，而五龙河与乳山河沉积物中的轻重稀土元素分异度比较接近，在1.4左右，LREE/HREE值在11左右。相比而言，大沽河沉积物中的轻重稀土元素分异度较小，在1.13左右，LREE/HREE值在10左右，表明了轻稀土元素对稀土总量的贡献远高于重稀土元素。

从表4-4可以看出，研究海区表层沉积物中各个稀土元素含量接近上陆壳、长江以及黄河沉积物的稀土元素含量。稀土元素总量（ΣREE）的分布范围为131.4～204.92μg/g，平均值为173.48μg/g，低于中国浅海沉积物的平均值。五龙河与乳山河沉积物中各稀土元素含量等参数非常接近，比较接近于黄河稀土元素各参数，明显低于大沽河沉积物各稀土元素参数。研究海区稀土元素分异度也明显接近于上陆壳、长江以及黄河。铈异常值接近于黄河，铕异常值接近于长江。

4.1.3.4 地球化学元素与物源判别

调查海区有山东南部沿岸流（其为黄海沿岸流的一个分支）经过，而且沿岸没有大河汇入，仅有若干中小河流入海。黄海沿岸流携带现代黄河入海物质沿途沉积（秦蕴珊等，1986），可将部分黄河物质带入调查海区，因此判断调查区海底表层沉积物源区实际上就是将其与入海的中小河流物质和沿岸流携带物质进行对比。我们可以用判别函数F_D来判断两者的接近程度。判别函数F_D的计算公式如下（杨守业等，2000）：

$$F_D=(C_{ix}-C_{im})/C_{im}$$

式中：ix,im为元素或两元素之比；C_{ix}为调查区样品中元素i的质量分数或两元素质量分数之比i的值；C_{im}为端元中元素i的质量分数或两元素质量分数之比i的值。一般来讲，F_D的绝对值小于0.5，即认为两种沉积物接近；F_D值越小，越接近于0，则表明调查区样品中元素的组成越接近于端元；值越大，越偏离0，则表明样品中的元素组成越偏离端元。

为了有效地判断沉积物之间的接近程度，进行对比的元素应尽可能具备如下特点：地球化学性质较稳定，在风化、搬运、沉积等过程中几乎被等量地转移到碎屑沉积物中，能更好地反映物源的信息。稀土元素是一组地球化学性质相近的元素，符合物源区判断的条件。选取Ce/La和Sm/Nd作为对比元素时，以附近的中小河流（五龙河、乳山河）和我国的大河长江、黄河作为端元，沿4条剖面线（剖面线见图4-18）计算了F_D值，L1线选取在泥质沉积区中心，L2、L3线为北东向，L4线为东西向。计算结果如图4-19所示。

从图4-19可以看出，以黄河沉积物为端元的L1、L2、L3线中F_D值基本小于0.05，L4线除3个站位（B134、B135、B128）外，F_D值均小于0.05；相比而言，以长江沉积物质为端元的L1、L2、L3线中F_DCe/La值基本大于0.1，而F_DSm/Nd值基本小于0.05，L4线上F_D曲线起伏较大；以乳山河和五龙河沉积物为端元的L1、L2、L3线上F_D值基本小于0.1，L4线离岸较远，F_D值变化幅度较大，有个别站位的F_D值大于0.1。经综合对比，调查区沉积物的源区与黄河沉积物接近程度最高。

表 4-4 调查区表层沉积物、周边河流中稀土元素组成及主要参数

沉积物/河流		La	Ce	Pr	Nd	Sm	Eu	Gd	Tb	Dy	Ho	Er	Tm	Yb	Lu	ΣREE	(La/Yb)Ucc	δEu(CN)	δCe(CN)	LREE/HREE
sZ (n=60)	Min	26.60	54.00	6.48	24.40	4.47	0.98	3.89	0.59	3.28	0.67	1.88	0.29	1.87	0.29	130.69	0.94	0.65	0.95	8.63
	Max	41.10	78.90	8.81	33.20	4.90	1.26	4.15	0.78	4.39	0.90	2.58	0.41	2.74	0.43	183.67	1.32	0.74	1.03	10.59
	STD	3.77	6.50	0.70	2.33	0.39	0.07	0.37	0.05	0.32	0.06	0.19	0.03	0.19	0.03	14.69	0.07	0.02	0.01	0.38
	AV	33.98	68.65	7.97	29.37	4.29	1.13	4.64	0.69	3.86	0.79	2.25	0.35	2.27	0.35	161.59	1.10	0.70	0.98	9.63
	CV	11.10	9.47	8.81	7.93	7.33	6.32	7.92	7.36	8.25	8.12	8.42	8.43	8.53	9.18	9.09	6.44	2.57	1.50	3.93
Z (n=62)	Min	34.90	70.50	8.39	30.40	4.48	1.14	4.81	0.70	3.82	0.78	2.20	0.34	2.20	0.35	168.51	1.00	0.66	0.94	8.87
	Max	44.80	89.00	10.10	37.10	6.63	1.43	4.84	0.87	4.88	1.00	2.80	0.42	2.77	0.44	204.92	1.31	0.72	0.99	10.66
	STD	1.93	3.92	0.38	1.51	0.26	0.06	0.23	0.04	0.25	0.05	0.13	0.02	0.14	0.02	8.17	0.06	0.01	0.01	0.33
	AV	39.16	78.21	9.15	33.77	6.05	1.29	4.30	0.80	4.44	0.91	2.57	0.39	2.56	0.40	184.99	1.12	0.70	0.97	9.66
	CV	4.92	4.01	4.19	4.46	4.36	4.98	4.42	4.90	4.71	4.34	4.23	4.42	4.32	4.94	4.42	4.36	1.90	1.02	3.44
大沽河 (n=19)	Min	28.00	56.10	6.44	23.60	4.16	0.90	3.67	0.54	3.03	0.62	1.77	0.27	1.83	0.29	131.22	1.05	0.70	0.98	9.52
	Max	46.00	96.30	10.70	40.00	7.06	1.54	6.20	0.92	4.13	1.04	2.96	0.44	2.94	0.46	220.95	1.25	0.74	1.03	10.50
	STD	6.82	14.33	1.54	4.73	1.00	0.21	0.86	0.13	0.73	0.15	0.40	0.06	0.37	0.06	33.26	0.08	0.01	0.02	0.37

续表 4-4

沉积物/河流		La	Ce	Pr	Nd	Sm	Eu	Gd	Tb	Dy	Ho	Er	Tm	Yb	Lu	ΣREE	(La/Yb)Ucc	δEu(CN)	δCe(CN)	LREE/HREE
大沽河 (n=19)	AV	39.26	81.78	9.10	33.88	4.98	1.29	4.21	0.79	4.38	0.90	2.54	0.39	2.54	0.40	188.42	1.13	0.71	1.01	9.97
	CV	17.37	18.75	16.88	16.92	16.82	16.20	16.51	16.61	16.70	16.25	14.82	14.19	14.41	14.52	17.65	6.66	1.42	1.96	3.74
	Min	20.30	38.00	4.48	16.20	2.54	0.66	2.21	0.29	1.47	0.30	0.84	0.13	0.83	0.13	88.38	1.25	0.72	0.93	10.53
	Max	42.10	84.40	9.62	34.80	6.16	1.34	4.43	0.79	4.31	0.89	2.48	0.37	2.47	0.39	197.55	1.79	0.86	0.99	13.25
	STD	6.76	14.70	1.60	6.09	1.11	0.21	0.98	0.15	0.85	0.18	0.50	0.07	0.49	0.08	33.67	0.18	0.05	0.02	0.92
五龙河 (n=16)	AV	33.28	64.56	7.46	27.49	4.57	1.05	3.99	0.57	3.03	0.62	1.77	0.27	1.77	0.28	151.70	1.41	0.77	0.97	11.52
	CV	20.30	22.42	21.47	22.16	24.27	20.42	24.53	26.73	28.11	28.37	28.06	27.40	27.44	27.74	22.20	12.44	6.77	2.08	7.97
	Min	24.10	47.90	4.65	20.80	3.39	0.78	3.03	0.44	2.44	0.52	1.48	0.22	1.48	0.23	113.89	1.21	0.70	0.93	10.39
	Max	53.40	89.60	9.24	33.80	4.60	1.22	4.00	0.71	3.84	0.78	2.21	0.34	2.22	0.35	208.31	1.76	0.78	0.98	12.48
	STD	13.39	20.70	1.91	6.94	1.12	0.21	1.02	0.13	0.70	0.14	0.38	0.06	0.38	0.06	46.71	0.26	0.04	0.02	0.97
乳山河 (n=6)	AV	34.53	64.65	7.32	26.93	4.45	1.00	3.98	0.57	3.09	0.64	1.81	0.28	1.84	0.29	153.34	1.39	0.74	0.95	11.14
	CV	37.69	31.54	26.13	24.77	24.29	21.41	24.77	23.39	22.76	21.26	21.10	22.09	20.77	21.32	30.46	18.52	4.85	2.19	8.67

注：元素单位为 μg/g；Min 为最小值；Max 为最大值；STD 为标准偏差；AV 为平均值；CV 为变异系数。

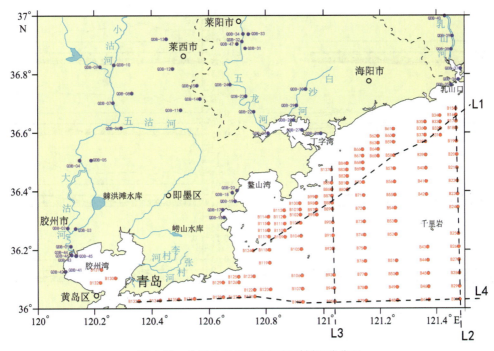

图 4-18 化学元素用于物源判别剖面线位置

4.1.4 海底表层沉积物黏土矿物特征

黏土矿物作为海洋环境中广泛分布的矿物,对海洋地质环境变化反应敏感,其组分、组合、形态、结构等特征可用于岩相古地理、古气候、古环境、地层对比、成岩成矿条件的研究和恢复(石学法等,1995;蓝先洪,2001)。黏土矿物是沉积物中最易迁移的部分,对研究海底沉积物物源具有很好的指示作用。黄海作为我国东部大陆架的半封闭浅海,以其复杂的海洋动力、丰富的沉积来源吸引了许多学者的注意,前人针对黄海表层沉积物中的黏土矿物做了深入研究(杨作升,1988;陈正新,1990;石学法等,1995;蓝先洪,2001;魏建伟等,2001;孔祥淮等,2006;Liu et al.,2009),并取得了大量成果,但大多数研究主要集中于物源多样的南黄海中部海区,而对山东半岛毗邻近海区的黏土矿物研究还较薄弱。黏土矿物作是海洋沉积物的重要组成部分,广泛分布于各种类型的沉积物中。由于黏土矿物具有独特的物理化学性质,其不同组分特征可用于阐明海洋沉积作用、沉积环境以及物质来源等。

调查区黏土矿物类型主要为伊利石、蒙脱石、高岭石和绿泥石。由于受周边陆地物质和现代黄河物质等多重影响,调查区黏土矿物来源复杂,而且调查区水动力条件及地球化学环境十分复杂,造成了黏土矿物在调查区空间分布上的差异性,各黏土矿物含量及分布具有不同的特征。

4.1.4.1 表层沉积物黏土矿物含量特点

从表 4-5 中可以看出,调查区的黏土矿物组合类型主要为伊利石-蒙脱石-绿泥石-高岭石,主要组合类型与黄河黏土矿物组合类型相同,而有别于长江、珠江的黏土矿物组合类型,长江、珠江的黏土矿物组合类型为伊利石-高岭石-绿泥石-蒙脱石。伊利石在全区含量最高,且变化范围较小,其含量变化范围为 49.0%～63.90%,平均值为 56.59%,变异系数为 6.74%,但平均含量明显低于长江和黄河。高岭

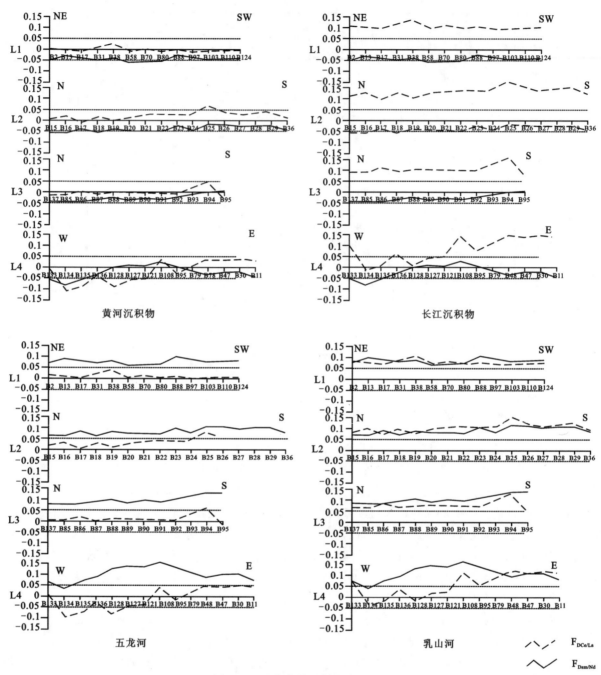

图 4-19 F_D 指数值沿剖面线的变化

石含量在全区仅次于伊利石,其含量变化范围为 12.80%～18.40%,平均值为 14.78%,平均含量明显高于长江和黄河。蒙脱石的含量变化范围为 7.70%～19.30%,平均值为 12.10%,含量高于长江含量,低于黄河含量。绿泥石在全区含量居第三,含量变化范围为 11.90%～19.30%,平均值为 14.54%,高于长江与黄河含量。伊利石/蒙脱石的比值范围为 2.61～7.99,平均比值为 4.86,其比值明显接近黄河物质,而偏离长江物质。高岭石/绿泥石的比值范围为 0.81～1.32,平均比值为 1.02,其比值明显高于黄河物质与长江物质。

表 4-5 调查区表层沉积物样品中黏土矿物含量统计表

区域	参数	蒙脱石	伊利石	高岭石	绿泥石	伊利石/蒙脱石	高岭石/绿泥石
研究区	最小值/%	7.70	49.00	12.80	11.90	2.61	0.81
	最大值/%	19.30	63.90	18.40	19.30	7.99	1.32
	标准偏差	2.27	2.42	1.00	1.63	1.02	0.10
	平均值/%	12.10	56.59	14.78	14.54	4.86	1.02
	变异系数/%	18.73	4.28	6.35	10.50	21	9.8
长江	平均值/%	6.60	70.80	9.40	13.20	10.73	0.71
黄河[1]	平均值/%	16	62	10	12	3.9	0.8
黄河[2]	平均值/%	14.20	62.50	9.70	12.50	4.11	0.78
黄河[3]	平均值/%	10	60	12	18	6.0	0.7
黄河[4]	平均值/%	12	62	10	16	4.2	0.6
黄河[5]	平均值/%	23.2	59	8.5	9.3	2.5	0.9
黄河[6]	平均值/%	13	67	8	12	4.2	0.7
黄河[7]	平均值/%	21	61	9	9	2.9	1.0

注：黄河[1]数据引自杨作升等(1988)；长江、黄河[2]数据引自范德江等(2001)；黄河[3]数据引自 Yang et al.(2002)；黄河[4]数据引自 Yang et al.(2003)；黄河[5]数据引自 Xu(1983)；黄河[6]数据引自任美锷(1986)；黄河[7]数据引自刘建国(2007)。

4.1.4.2 表层沉积物黏土矿物分布特点

为详细分析研究黏土矿物的空间变化规律，绘制了伊利石、蒙脱石、高岭石、绿泥石的百分含量等值线图，下面就各黏土矿物的含量平面变化特征做详细的分析探讨。

伊利石是调查区含量最高的黏土矿物，含量介于49.0%～63.90%之间，平均含量为56.59%。由图4-20伊利石分布含量来看，调查区海区伊利石含量在55%～60%之间，整个区域伊利石变化小，变异系数为4.28。从平面分布来看，调查区内伊利石的分布较杂乱，因为这些黏土矿物细小而多呈鳞片状，在海水中的沉降速度比较缓慢，只有在水动力比较平静的条件下才能沉淀下来。调查区高值区主要分布在丁字湾口外两侧与乳山湾口。前人研究表明，南黄海西部陆架地区水动力非常复杂(赵全基，1983)，受到往复流、山东半岛南部沿岸流以及黄海沿岸流的影响，可能造成了伊利石在调查区的上述分布特征。

高岭石变化范围介于12.80%～18.40%之间，平均含量为14.78%，是调查区沉积物中含量第二的黏土矿物。高岭石整体分布差异明显，变异系数大，其分布趋势与伊利石相反，调查区内高值区主要分布在河口附近海域，如胶州湾、丁字湾、乳山口等海域(图4-21)。前人研究表明，在气候炎热多雨，土壤呈弱酸性或者酸性，化学风化强烈的环境中，黏土矿物中最稳定的高岭石含量就会增加(杨作升，1988)。高岭石的分布与陆源供应密切相关，通常是长石和其他铝硅酸盐风化产物。山东半岛富含的硅铝岩浆岩在沿海潮湿气候下最终风化成高岭石，随五龙河、白沙河等半岛河流输送入海，导致丁字河口高岭石富集。根据徐丹亚和赵保仁(2001)的研究，在冬季盛行风作用下，山东半岛南岸出现减水，迫使黄海暖流的一部分向西北延伸，到达山东半岛近海后右转，在紧靠山东半岛南岸形成东北向沿岸流，与南下黄海沿岸流在青岛—石岛海域发育反气旋中尺度漩涡。山东半岛南岸物质由丁字河口入海后随流北上，在此反气旋漩涡内沉积，形成高岭石高值带。

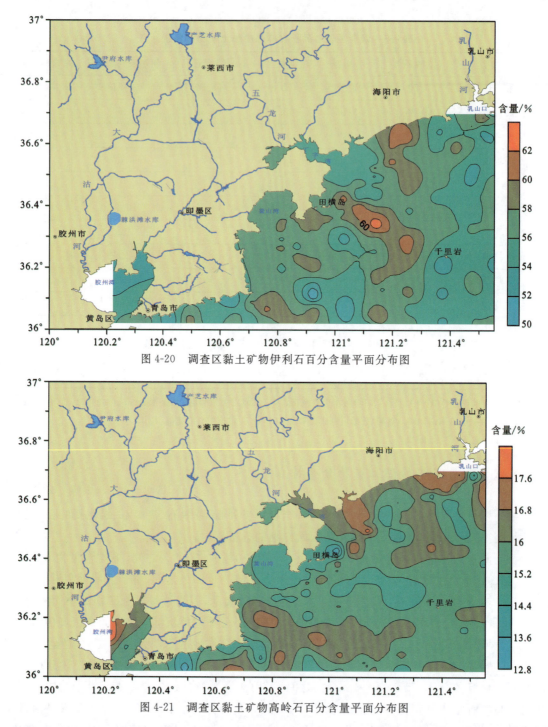

图 4-20 调查区黏土矿物伊利石百分含量平面分布图

图 4-21 调查区黏土矿物高岭石百分含量平面分布图

蒙脱石含量变化范围为 7.70%～19.30%，平均含量为 12.10%，在整个黏土矿物中相对含量最低。调查区蒙脱石分布较均匀，标准偏差和变异系数变化相对较小；高值区主要分布在崂山附近海域（图 4-22）。蒙脱石主要由原岩组成，其中主要是火山喷发物质和岩浆岩，特别是基性岩，在气候寒冷的碱性环境下受物理风化形成的，而且这种碱性、弱化学风化的环境有利于土壤中蒙脱石的保存（Takeshi，1978）。黏土粒级的火山灰（硅质火山灰）在海底可直接生成蒙脱石，但在南黄海西部陆架地区近代无火山活动，没有此种生成条件。调查区蒙脱石总体含量表现较低，这可能是受到物质来源的影响，调查区的物质来源可能受黄河物质影响较为显著，而黄河沉积物 90% 来自黄河中游的黄土高原，具有富蒙脱石的特点（刘东生等，1966）。

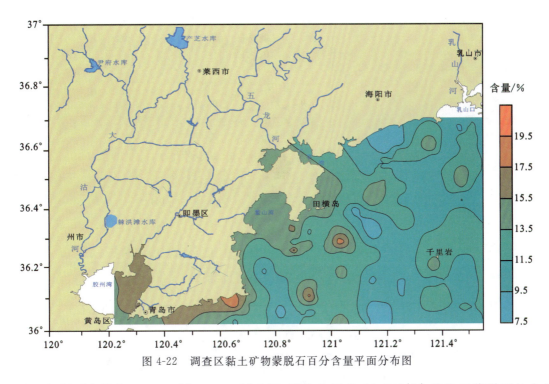

图 4-22 调查区黏土矿物蒙脱石百分含量平面分布图

调查区绿泥石含量介于 11.90%～19.30% 之间，平均含量为 14.54%，略次于蒙脱石的含量，排第三位。从图 4-23 中可以看出，在整个调查区块中绿泥石的含量分布高值区出现在外海，主要在千里岩附近海域。

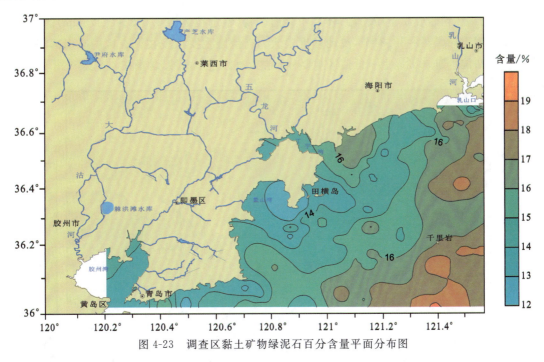

图 4-23 调查区黏土矿物绿泥石百分含量平面分布图

根据黏土矿物三角图分布可以看出，该调查区表层沉积物基本与黄河沉积物相似，表现在一个区域分布，说明沉积物接近黄河物质成分，而与长江沉积物差距较大，因此初步推测黄河物质对本区物源贡献较大（图 4-24）。

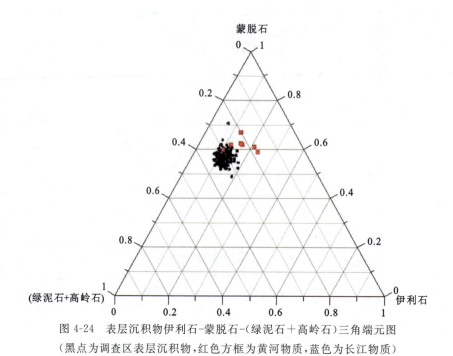

图 4-24　表层沉积物伊利石-蒙脱石-(绿泥石＋高岭石)三角端元图
（黑点为调查区表层沉积物，红色方框为黄河物质，蓝色为长江物质）

4.1.5　海底浅表层沉积物碎屑矿物特征

沉积物多为褐色粉砂或黏土质粉砂，样品中碎屑矿物（鉴定粒级为 0.063～0.125mm）的平均含量为 4.51%，变化范围为 0.05%～38.31%，波动幅度很大。高值区主要出现在调查区的东南部海域，含量在 10% 以上，个别站位达到 30% 以上。低值区主要分布在调查区近岸海域，含量在 4% 以下（图 4-25）。

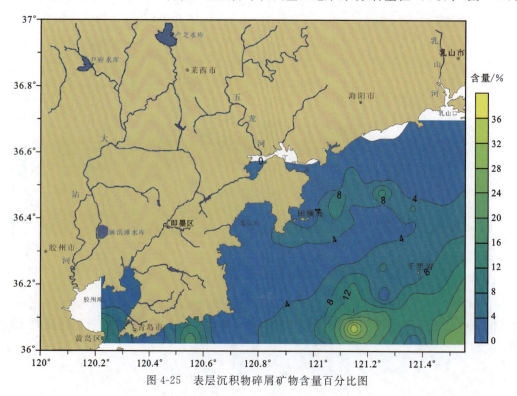

图 4-25　表层沉积物碎屑矿物含量百分比图

4.1.5.1 轻矿物组成及含量分布

1) 矿物组成

鉴定结果表明调查区轻矿物共 13 种,包括石英、斜长石、钾长石、白云母、风化云母、方解石、绿泥石、海绿石、生物碎屑(有孔虫、硅质及钙质碎片等)、火山玻璃、有机质碎屑、岩屑及风化碎屑。

轻矿物的种类主要是石英、斜长石、钾长石和风化云母,颗粒质量分数(平均值,下同)分别为 58.13%、16.26%、8.65% 和 7.93%。其次是生物碎屑(2.44%)、白云母(2.61%)和绿泥石(2.16%)。风化碎屑、有机质碎屑和岩屑含量较少,颗粒质量分数不足 1%。方解石、海绿石和火山玻璃仅在个别站位出现,含量极少。轻矿物单矿物的基本统计数据见表 4-6。

表 4-6 轻矿物中含量高与出现率高的矿物和轻组分一览表 单位:%

基本数据	石英	斜长石	钾长石	风化云母	生物碎屑	白云母	绿泥石
平均值	58.13	16.26	8.65	7.93	2.44	2.61	2.16
最大值	79.33	30.67	32.67	52.00	19.33	24.00	9.67
最小值	16.33	1.67	1.33	0	0	0	0
出现率	100.00	100.00	100.00	96.40	77.40	91.20	97.80

2) 分布特征

轻矿物含量是指轻矿物质量占轻、重矿物质量之和的质量分数(百分含量)。沉积物中轻矿物含量极高,平均值为 99.11%,最小值为 94.10%,最大值为 99.95%。高值区主要分布在调查区中部和东南部,从丁字湾和鳌山湾向海延伸至千里岩岛的大片区域以及胶州湾部分区域,多是砂、粉砂和砂质粉砂等砂质沉积区,分布范围较广,含量在 99.5% 以上。调查区西南部青岛近岸海域是低值区,沉积类型多为泥质砂、砾质泥,含量在 98% 以下(图 4-26)。

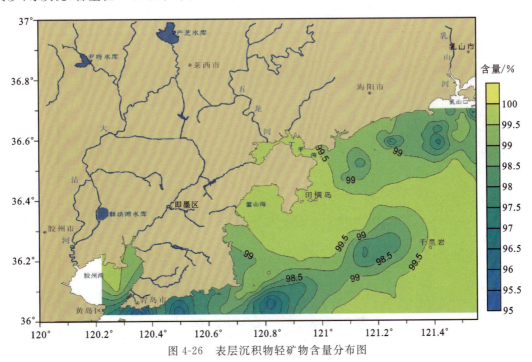

图 4-26 表层沉积物轻矿物含量分布图

石英为分布最广、含量最多的矿物,在表层分布比较均匀。石英形态多以粒状、次棱角、次圆状为主。石英平均含量为58.13%,变化范围在16.33%~79.33%之间,最高含量达到79.33%,最低含量仅为16.33%。就全区而言,高值区主要分布在调查区东南部千里岩附近海域和胶州湾口,低值区主要分布在乳山口南部海域和田横岛东部海域(图4-27)。

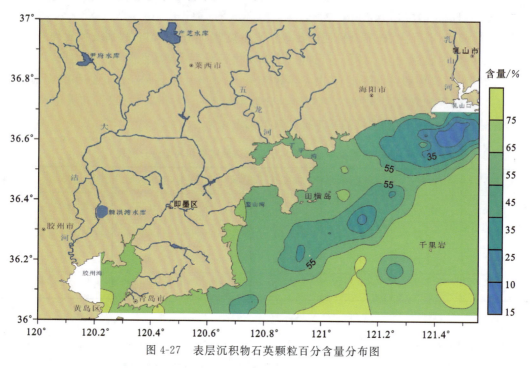

图4-27 表层沉积物石英颗粒百分含量分布图

斜长石,灰白色,粒状,次棱角状,风化较强,表面混浊。斜长石平均含量为16.26%,最高含量为30.67%,最低含量位于仅为1.67%。就全区而言,高值区主要位于调查区中部,大致沿海阳凤城到鳌山头一带的近岸海域呈斑块状分布,含量在23%以上,可能与五龙河入海物质有关。低值区主要位于乳山口南侧和崂山头东南侧海域,含量低于14%(图4-28)。

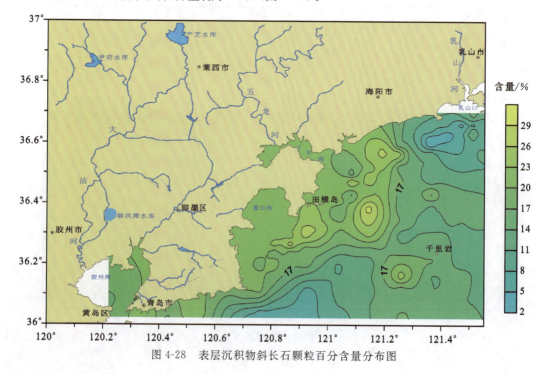

图4-28 表层沉积物斜长石颗粒百分含量分布图

钾长石，肉红色、浅黄色，粒状、次棱角状，风化强烈。钾长石在调查区含量较低，平均值为8.65%，最高含量为32.67%，最低含量仅为1.33%。从分布图上可以看出，崂山头东南侧附近海域是钾长石高含量区，含量在20%以上，呈斑块状分布，其他区域钾长石含量较低，一般在10%以下（图4-29）。

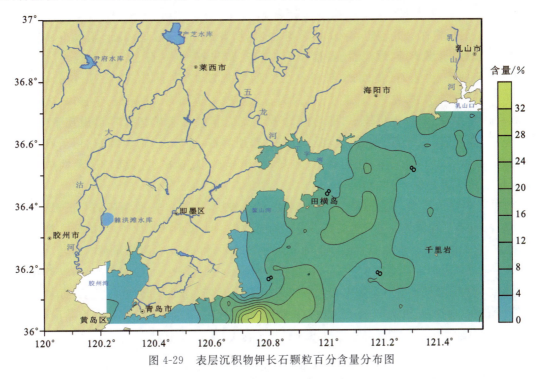

图4-29 表层沉积物钾长石颗粒百分含量分布图

云母类，包括白云母和风化云母。白云母，无色、片状、次棱角状；风化云母，绿色、片状、次棱角状，风化强烈。云母类平均含量为10.54%（白云母2.61%，风化云母7.91%），最大值69.67%（白云母24.00%，风化云母52%）。高值区主要出现在乳山口南侧海域，呈斑块状，风化云母和白云母含量均为高值，其他区域含量较低（图4-30）。

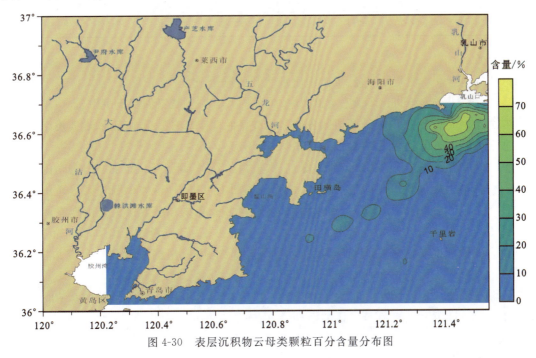

图4-30 表层沉积物云母类颗粒百分含量分布图

4.1.5.2 重矿物组成及含量分布

1) 矿物组成

调查区表层沉积物样品共鉴定出 40 种重矿物,包括普通角闪石、透闪石、阳起石、绿帘石、黝帘石、黑云母、白云母、水黑云母、绿泥石、石榴子石、榍石、磷灰石、电气石、锆石、金红石、萤石、普通辉石、透辉石、紫苏辉石、白云石、菱镁矿、钛铁矿、磁铁矿、褐铁矿、赤铁矿、白钛石、锐钛矿、自生黄铁矿、霓石、霓辉石、胶磷矿、磷钇矿、软锰矿、玄武闪石、菱铁矿、重晶石、硅灰石、宇宙球、岩屑及风化碎屑。这 40 种矿物中有 26 种含量较小,平均值均小于 1%,某些种类矿物仅零星出现于个别样品,它们包括绿泥石、磷灰石、电气石、锆石、金红石、萤石、普通辉石、透辉石、紫苏辉石、白云石、菱镁矿、磁铁矿、赤铁矿、白钛石、锐钛矿、霓石、霓辉石、胶磷矿、磷钇矿、软锰矿、玄武闪石、菱铁矿、重晶石、硅灰石、宇宙球及风化碎屑。

沉积物中重矿物的质量分数很低,优势重矿物种类较少,主要以普通角闪石(36.52%)和绿帘石(16.60%)为主,两者平均颗粒百分含量之和占重矿物总数的一半以上(53.12%)。其次是黑云母、褐铁矿和自生黄铁矿,它们的平均颗粒百分含量分别为 7.86%、6.72% 和 6.06%,其含量基本相当。岩屑、阳起石和水黑云母平均颗粒百分含量均在 3% 左右,在绝大多数样品中均有分布。除此之外,其他矿物如透闪石、黝帘石、白云母、榍石、钛铁矿 5 种矿物出现频率较高,平均含量均在 1%~2% 之间波动;而金红石、紫苏辉石、白云石、菱镁矿、白钛石、锐钛矿、霓石、霓辉石、胶磷矿、磷钇矿、软锰矿、玄武闪石、重晶石、硅灰石、宇宙球 15 种矿物含量极少,仅在个别样品中零星出现。各矿物质量分数变化见表 4-7。

表 4-7 重矿物中含量高与出现率高的矿物组分一览表 单位:%

基本数据	普通角闪石	绿帘石	黑云母	褐铁矿	自生黄铁矿	碎屑	阳起石	水黑云母	石榴子石
平均值	36.52	16.60	7.86	6.72	6.06	3.27	3.91	3.04	1.92
最大值	61.56	44.20	43.33	22.29	52.67	27.73	11.80	20.37	012.99
最小值	7.84	0.30	0.00	1.25	0.00	0.30	0.00	0.00	0.00
出现率	100.00	100.00	97.80	100.00	67.20	100.00	99.30	89.10	90.50

2) 分布特征

重矿物含量是指重矿物质量占轻、重矿物质量之和的质量分数(百分含量)。本区表层沉积物重矿物含量极低,平均含量仅为 0.89%,变化范围为 0.05%~4.90%。从平面图上可以看出,重矿物含量分布与轻矿物含量分布趋势正好相反,高值区分布在调查区的西南部青岛近岸海域,底质类型多为砂质沉积物。其他地区含量较低,底质多为粉砂质沉积物(图 4-31)。

普通角闪石,颗粒较大,多呈柱状、粒状,绿色,次棱角状到次圆状,风化较弱。普通角闪石平均含量为 36.52%,变化范围为 7.84%~61.56%。从平面分布图上可以看出,整个调查区普通角闪石的分布具有明显规律性。35% 含量等值线可大致作为高、低值区的分界线。高值区主要出现在调查区中部和东南部,大致位于田横岛和千里岩岛附近大片海域,该区域主要为砂质粉砂沉积物,分布范围较广,含量在 45% 以上。低值区主要出现在调查区东北部和西南部,乳山口南侧海域和青岛周边海域,含量在 25% 以下(图 4-32)。

绿帘石,颗粒较大,多呈粒状,黄绿色、淡黄色,次棱角状。绿帘石平均含量 16.60%,变化范围 0.30%~44.20%。高值区出现在调查区的南部,崂山头东南附近海域,底质类型为砾质泥、泥质砂和少量粉砂,含量在 25% 以上。低值区主要呈斑块状出现在调查区东北部、中部和东南部,该区域底质类型主要为粉砂和砂质粉砂,分布范围较大,含量在 10% 以下(图 4-33)。

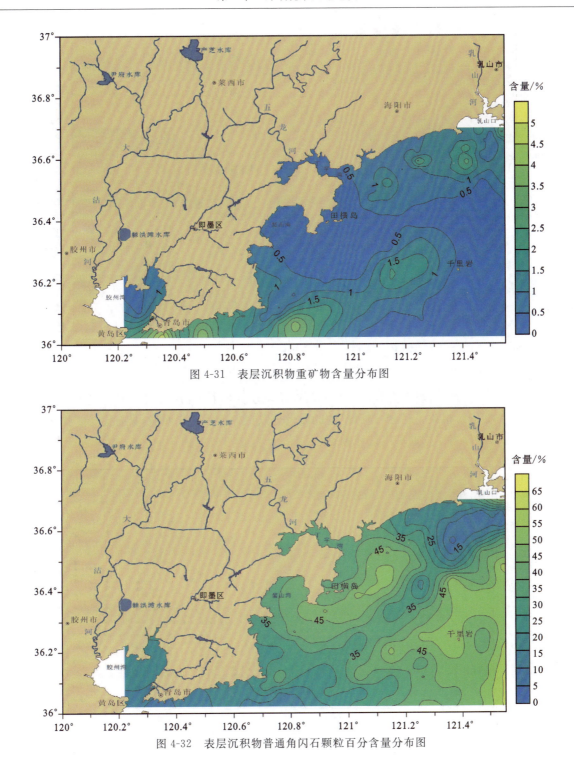

图 4-31 表层沉积物重矿物含量分布图

图 4-32 表层沉积物普通角闪石颗粒百分含量分布图

4.1.5.3 碎屑矿物组合分区与成因探讨

综合重矿物、轻矿物的主要变量,以重矿物含量(或轻矿物含量)、碎屑矿物含量,重矿物中的普通角闪石、透闪石、阳起石、绿帘石、黝帘石、云母类矿物(黑云母、白云母和水黑云母)、石榴子石、榍石、极稳定矿物(锆石、电气石和金红石)、褐铁矿、钛铁矿、自生黄铁矿、岩屑,轻矿物中的石英、钾长石、斜长石、云母类矿物(白云母和风化云母)、绿泥石和生物碎屑,采用 Q 型聚类方法进行碎屑矿物组合分区(王昆

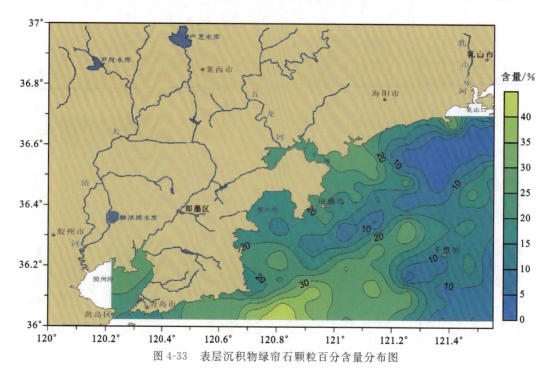

图 4-33 表层沉积物绿帘石颗粒百分含量分布图

山等,2003;王中波等,2006;窦衍光等,2007)。调查区共分出 5 个矿物组合区(图 4-34),各个分区特征与底质沉积物类型密切相关。轻、重碎屑矿物的质量分数在各分区变化明显,具有优势矿物和特征矿物组合的特征,各分区碎屑矿物的基本统计数据(表 4-8)。

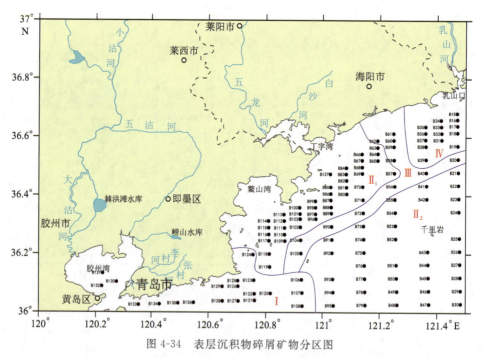

图 4-34 表层沉积物碎屑矿物分区图

Ⅰ区:样品数 20,为青岛-崂山近岸矿物区,特点是重矿物含量为全区最高,碎屑矿物含量也较高。重矿物中帘石类矿物、钛铁矿、褐铁矿、稳定矿物(石榴子石、榍石和 ZTR 矿物)含量均为全区最高,而闪石类矿物、自生黄铁矿和岩屑的含量很低,云母类的含量为全区最低。轻矿物中石英和长石类矿物含量较高,钾长石含量为全区最高,而云母类(白云母和风化云母)为全区最低(表 4-8)。本区的优势矿物组合为普通角闪石-绿帘石-石英-长石,特征矿物为钛铁矿和褐铁矿。

表 4-8　碎屑矿物含量分区统计表

矿物种类	全区(137)				Ⅰ(20)				Ⅱ₁(40)			
	最小值	最大值	平均值	标准差	最小值	最大值	平均值	标准差	最小值	最大值	平均值	标准差
粒级质量/%	0.05	38.31	4.51	6.48	0.73	20.38	4.56	4.03	0.15	14.91	4.72	3.28
重矿物质量/%	0.05	4.90	0.89	0.87	0.31	4.90	1.93	1.24	0.05	2.10	0.49	0.42
轻矿物质量/%	94.10	99.95	99.11	0.87	94.10	99.69	98.07	1.24	97.90	99.95	99.51	0.42
石英	16.33	79.33	58.13	14.70	44.00	77.33	66.03	9.26	47.00	68.67	58.50	4.93
斜长石	1.67	30.67	16.26	6.12	6.33	23.33	14.87	4.64	14.33	30.67	22.33	3.48
钾长石	1.33	32.67	8.65	4.91	1.33	32.67	11.92	10.64	4.33	14.67	9.98	2.44
长石类	6.00	44.67	24.91	7.89	20.00	44.67	26.78	7.15	22.33	44.33	32.31	4.52
白云母	0.00	24.00	2.61	4.93	0.00	2.00	0.42	0.46	0.00	1.67	0.65	0.36
风化云母	0.00	52.00	7.93	12.51	0.00	4.00	1.07	1.02	0.33	7.67	3.68	1.63
云母类	0.00	69.67	10.54	17.10	0.00	6.00	1.48	1.42	0.67	8.33	4.33	1.81
绿泥石	0.00	9.67	2.16	1.39	0.33	4.67	2.00	1.38	0.00	4.33	2.49	0.97
生物碎屑	0.00	19.33	2.44	3.62	0.33	9.67	2.55	2.29	0.00	6.33	1.20	1.43
风化碎屑	0.00	17.00	0.96	1.72	0.00	2.00	0.42	0.56	0.00	1.33	0.43	0.37
普通角闪石	7.84	61.56	36.52	13.41	10.71	39.43	23.26	6.87	32.23	53.48	44.84	4.08
透闪石	0.00	8.46	1.26	1.05	0.00	1.58	0.82	0.48	0.00	2.82	1.04	0.60
阳起石	0.00	11.80	3.91	2.10	0.31	7.26	2.59	1.57	2.22	11.80	4.21	1.89
闪石类	10.03	70.31	41.69	14.12	12.34	47.32	26.67	7.92	37.78	60.86	51.09	4.96
绿帘石	0.30	44.20	16.60	10.07	14.53	44.20	28.75	7.99	4.90	29.02	18.71	4.40
黝帘石	0.00	4.67	1.32	1.02	0.00	4.67	1.56	1.17	0.27	3.79	1.78	0.92
帘石类	0.60	44.14	17.92	10.68	16.88	44.14	30.30	8.23	6.17	30.92	20.49	4.86
黑云母	0.00	43.33	7.86	9.19	0.00	1.56	0.60	0.42	0.33	6.89	2.86	1.92
白云母	0.00	9.65	1.15	1.67	0.00	0.63	0.13	0.19	0.00	2.15	0.66	0.57
水黑云母	0.00	20.37	3.04	3.16	0.00	1.58	0.24	0.38	0.00	7.37	2.51	1.87
云母类	0.00	59.58	12.05	12.95	0.00	3.47	0.96	0.81	1.00	16.03	6.03	3.88
石榴子石	0.00	12.99	1.92	2.24	0.97	7.60	3.62	1.66	0.00	4.11	1.17	0.85
榍石	0.00	10.07	2.00	1.89	1.87	10.07	4.96	2.23	0.32	2.86	1.24	0.68
磷灰石	0.00	2.86	0.46	0.55	0.00	1.27	0.51	0.33	0.00	1.58	0.48	0.53
电气石	0.00	17.24	0.70	1.58	0.00	1.27	0.59	0.44	0.00	1.30	0.33	0.37
锆石	0.00	3.48	0.23	0.54	0.00	3.48	1.09	0.97	0.00	1.00	0.06	0.19
金红石	0.00	0.63	0.03	0.10	0.00	0.63	0.11	0.18	0.00	0.27	0.01	0.04
稳定矿物	0.00	20.38	4.33	4.47	4.36	17.40	10.87	3.28	0.65	8.86	3.28	1.73
ZTR	0.00	17.55	0.95	1.68	0.31	4.43	1.78	0.96	0.00	1.66	0.40	0.41
普通辉石	0.00	2.33	0.74	0.57	0.00	2.22	0.95	0.54	0.00	2.33	0.79	0.52

续表 4-8

矿物种类	全区(137)				Ⅰ(20)				Ⅱ₁(40)			
	最小值	最大值	平均值	标准差	最小值	最大值	平均值	标准差	最小值	最大值	平均值	标准差
透辉石	0.00	2.54	0.57	0.51	0.00	0.97	0.54	0.31	0.00	2.54	0.88	0.54
辉石类	0.00	3.75	1.30	0.88	0.00	2.85	1.49	0.63	0.32	3.66	1.67	0.83
钛铁矿	0.00	20.13	2.13	3.48	2.22	20.13	8.81	4.92	0.00	3.58	0.76	0.89
磁铁矿	0.00	21.43	0.92	2.66	0.00	21.43	4.37	4.91	0.00	1.59	0.32	0.42
褐铁矿	1.25	22.29	6.72	3.32	2.91	22.29	9.27	4.59	4.43	12.58	8.10	2.00
赤铁矿	0.00	6.65	0.57	1.01	0.00	6.65	1.92	1.90	0.00	2.22	0.50	0.53
金属类矿物	1.56	48.05	10.34	7.48	10.09	48.05	24.36	9.25	4.92	14.62	9.68	2.43
自生黄铁矿	0.00	52.67	6.06	10.60	0.00	9.06	1.32	2.60	0.00	12.18	2.84	2.86
岩屑	0.30	27.73	3.27	3.83	0.32	4.10	2.16	0.99	0.67	8.54	2.74	1.45

矿物种类	Ⅱ₂(42)				Ⅲ(14)				Ⅳ(21)			
	最小值	最大值	平均值	标准差	最小值	最大值	平均值	标准差	最小值	最大值	平均值	标准差
粒级质量/%	0.80	38.31	10.99	7.91	0.16	1.54	0.62	0.36	0.05	0.69	0.20	0.17
重矿物质量/%	0.05	2.03	0.55	0.52	0.09	3.08	0.73	0.76	0.64	2.88	1.46	0.65
轻矿物质量/%	97.97	99.95	99.45	0.52	96.92	99.91	99.27	0.76	97.12	99.36	98.54	0.65
石英	42.33	79.33	70.94	7.51	28.33	63.50	46.42	9.96	16.33	59.33	32.08	12.33
斜长石	9.00	24.00	14.64	3.12	9.67	27.00	17.45	4.42	1.67	14.33	8.46	4.01
钾长石	4.00	11.33	7.15	1.86	4.00	13.00	8.30	3.24	2.25	10.33	6.25	2.43
长石类	14.67	36.00	21.79	3.94	14.00	40.00	24.75	7.78	6.00	21.67	14.71	4.51
白云母	0.00	2.33	0.52	0.48	0.67	4.25	2.35	1.09	2.00	24.00	12.77	4.76
风化云母	0.00	9.67	1.60	1.87	4.00	20.33	10.93	4.19	9.00	52.00	33.24	13.90
云母类	0.33	11.67	2.11	2.27	7.33	24.00	13.28	4.63	11.00	69.67	46.01	17.92
绿泥石	0.67	9.67	2.51	1.79	0.00	4.00	1.84	1.10	0.00	2.67	1.17	0.68
生物碎屑	0.00	7.00	1.76	1.84	0.00	19.33	9.64	4.04	0.00	13.33	1.22	3.86
风化碎屑	0.00	3.33	0.60	0.76	0.00	4.33	1.49	1.35	0.67	17.00	2.88	3.47
普通角闪石	23.89	61.56	44.27	8.62	22.80	42.95	32.19	7.43	7.84	49.52	18.72	10.92
透闪石	0.00	3.64	1.53	0.91	0.31	3.45	1.29	0.87	0.00	8.46	1.53	1.98
阳起石	1.29	8.75	4.14	1.88	1.84	7.79	4.14	1.59	0.00	6.00	2.04	1.67
闪石类	28.34	70.31	50.94	9.84	26.61	51.95	37.62	8.98	10.03	54.63	22.30	13.63
绿帘石	0.91	32.06	17.36	8.94	1.66	16.57	7.72	4.77	0.30	32.07	4.41	7.02
黝帘石	0.00	3.97	1.31	0.92	0.00	2.04	0.75	0.65	0.00	3.80	0.62	0.97
帘石类	1.51	33.76	18.67	9.51	1.66	18.61	8.47	4.23	0.60	34.87	6.03	7.90
黑云母	0.32	20.57	7.52	6.18	4.22	39.74	14.24	9.90	1.21	43.33	20.05	11.34
白云母	0.00	2.72	0.53	0.59	0.29	4.31	1.99	1.22	0.60	9.65	3.77	2.57

续表 4-8

矿物种类	Ⅱ₂(42)				Ⅲ(14)				Ⅳ(21)			
	最小值	最大值	平均值	标准差	最小值	最大值	平均值	标准差	最小值	最大值	平均值	标准差
水黑云母	0.00	10.88	2.35	2.21	1.25	20.37	7.17	4.84	0.82	11.08	4.35	2.93
云母类	0.32	32.63	10.39	8.42	8.78	50.66	24.40	12.87	3.02	59.58	29.17	14.57
石榴子石	0.00	12.99	2.94	3.12	0.00	1.89	0.69	0.57	0.00	2.99	0.49	0.78
榍石	0.00	4.79	1.91	1.34	0.00	4.79	1.10	1.43	0.00	6.25	1.40	1.68
磷灰石	0.00	2.86	0.68	0.72	0.00	0.63	0.19	0.25	0.00	0.64	0.11	0.19
电气石	0.00	4.17	1.02	0.92	0.00	17.24	1.56	4.52	0.00	1.63	0.26	0.51
锆石	0.00	1.17	0.09	0.23	0.00	0.61	0.13	0.23	0.00	0.33	0.09	0.14
金红石	0.00	0.33	0.02	0.08	0.00	0.30	0.02	0.08	0.00	0.27	0.01	0.06
稳定矿物	0.60	18.83	6.66	4.43	0.31	20.38	3.69	4.25	0.00	11.41	2.36	2.74
ZTR	0.00	4.17	1.13	0.96	0.00	17.55	1.71	4.58	0.00	2.17	0.36	0.60
普通辉石	0.00	2.19	0.89	0.61	0.00	1.62	0.50	0.49	0.00	1.09	0.29	0.37
透辉石	0.00	2.24	0.48	0.51	0.00	1.33	0.45	0.42	0.00	0.82	0.25	0.29
辉石类	0.00	3.75	1.37	0.92	0.00	2.65	0.95	0.83	0.00	1.90	0.53	0.58
钛铁矿	0.00	6.37	1.46	1.42	0.00	1.63	0.72	0.66	0.00	2.06	0.66	0.64
磁铁矿	0.00	1.27	0.17	0.27	0.00	0.62	0.24	0.22	0.00	2.70	0.72	0.62
褐铁矿	1.25	12.87	6.01	2.67	2.99	12.65	6.71	2.76	1.36	6.29	3.06	1.41
赤铁矿	0.00	0.97	0.16	0.26	0.00	3.24	0.60	0.88	0.00	0.77	0.25	0.28
金属类矿物	1.56	17.52	7.80	3.75	3.89	13.89	8.28	3.17	1.61	8.82	4.69	2.09
自生黄铁矿	0.00	7.55	0.44	1.46	1.64	22.93	10.54	7.73	3.32	52.67	24.97	14.10
岩屑	0.30	6.04	1.57	1.16	0.66	9.87	3.79	2.99	0.63	27.73	8.38	7.11

Ⅱ₁区:样品数 40,即墨-海阳近岸矿物区,特点是碎屑矿物含量高,但重矿物含量全区最低。重矿物中闪石类矿物含量全区最高,帘石类矿物、褐铁矿含量也很高,云母类矿物和稳定矿物含量较低,轻矿物中长石类矿物含量全区最高,石英含量也较高(表 4-8)。优势矿物组合为普通角闪石-绿帘石-石英-长石,特征矿物为褐铁矿和阳起石。

Ⅱ₂区:样品数 42,千里岩岛矿物区,碎屑矿物含量全区最高,但重矿物含量很低。重矿物中普通角闪石含量全区最高,帘石类矿物也较高,云母类矿物和褐铁矿含量很低,岩屑含量全区最低,几乎不含自生黄铁矿。轻矿物中石英含量全区最高,长石和云母类矿物含量很低(表 4-8)。优势重矿物组合为普通角闪石-绿帘石-石英-长石,特征矿物为黑云母和褐铁矿。

Ⅲ区:样品数 14,过渡矿物区,大致呈倾斜的"Y"字形,在 30m 等深线附近分布,碎屑矿物含量和重矿物含量均较低。重矿物中闪石类矿物、云母类矿物、极稳定矿物、褐铁矿、自生黄铁矿和岩屑含量均较高,而帘石类矿物、石榴子石、榍石和钛铁矿含量很低。轻矿物中石英的含量较低,而长石类矿物、云母类矿物的含量较高,生物碎屑含量为全区最高(表 4-8)。本区优势矿物为普通角闪石-石英-长石-云母类,特征矿物为生物碎屑和自生黄铁矿。

Ⅳ区:样品数 21,海阳-乳山近岸矿物区,碎屑矿物含量为全区最低,但重矿物含量较高。重矿物中闪石类矿物、帘石类矿物、稳定矿物、钛铁矿、褐铁矿含量均为全区最低,而云母类矿物、自生黄铁矿和岩屑含量均为全区最高。轻矿物中石英和长石的含量也为全区最低,而风化碎屑、云母类矿物为全区最高。本区优势矿物为云母类-自生黄铁矿-普通角闪石-石英。

受不同的物质来源、沉积环境与矿物本身的物理、化学特性的影响,各种矿物在不同地区的含量变化有很大的差异,不同地区表现出各自的矿物组合特点。笔者根据调查区 5 个矿物分区的各自特点,对其物源和沉积环境逐一展开讨论。

青岛-崂山近岸矿物区:该区受青岛近岸物质影响较大。青岛周边地质广泛发育白垩系青山组火山岩,特别是燕山期以来多次岩浆侵入形成的 I-A 型崂山花岗岩体——石英二长岩、黑云二长花岗岩、正长花岗岩和碱性花岗岩单元(赵广涛等,1998),主要矿物为石英、长石和少量云母,副矿物多为钛铁氧化物。这些花岗岩裂隙和节理十分发育,容易风化剥蚀塌落,尤其沿海一侧,经过海浪长时间的冲蚀作用,发育了广泛的海蚀崖、海蚀柱、砾石滩等海蚀和堆积地貌。在胶州湾口附近,潮汐作用一方面可将湾内泥沙物质搬运到湾外,另一方面又将湾外物质输运到湾内沉积。因此,青岛-崂山近岸矿物区碎屑物质多来自周边海岸物质的贡献,强烈的波浪冲刷带走了大量的细颗粒物质,剩下较粗的颗粒物质在近岸沉积,经过波浪、潮流反复淘洗冲刷,矿物磨圆度较好,稳定矿物含量相对较高。重矿物和碎屑矿物含量高,而闪石类矿物、自生黄铁矿和云母类含量很低,说明该区沉积环境动荡,水动力强烈。此外,该区沉积物含有大量的钙质结核,其形状大小不一,表面颜色以暗灰色、土黄色为主,内部为褐色,揭示物质来源为残留沉积(陈丽蓉,2008)。该区底质类型复杂多样,包括砂、泥质砂、砂质粉砂、粉砂和砾质泥等多种类型,也说明了这一点。

即墨-海阳近岸矿物区:该区海岸曲折,岛屿环绕,岬湾相间,拥有丁字湾、栲栳湾、横门湾、崂山湾、女岛湾、鳌山湾和小岛湾等 7 个面积较大的海湾。沉积物类型主要是砂、砂质粉砂和粉砂。湾内沉积动力弱,泥沙搬运距离短。湾外水动力较强,云母等片状矿物不易沉积。近岸虽然碎屑矿物含量高,但是由于沉积物颗粒太细,重矿物不易富集。该区物源主要有两种,一种是沿岸和岛屿剥蚀物质供给,另一种是五龙河等河流携带泥沙入海沉积,同时受到近岸流影响,从北向南输运。该区闪石类、长石类等不稳定矿物含量高,也说明以近源沉积为主。

千里岩岛矿物区:该区距岸较远,在 30m 等深线以深,主要为晚更新世低海平面时形成的陆架残留沉积,沉积物类型单一,砂质粉砂覆盖全区。虽然碎屑矿物含量较高,但由于全新世快速海侵作用,沉积物改造程度低,重矿物含量较低,后期可能遭受现代沉积影响。因此本区碎屑矿物特征与即墨-海阳近岸矿物区在空间上又有一定的联系。

海阳-乳山近岸矿物区:该区沉积物颗粒较细,沉积物类型主要以粉砂为主。本区的物源多样,一方面来自乳山河携带的泥沙物质,另一方面来自沿岸和岛屿的冲刷物质。此外,还明显受现代黄河物质的影响。该区云母类矿物含量之所以为全区最高,不仅跟沿岸主要是片麻岩和千枚岩之类的古老变质岩有关,更重要的是黄河物质中含有大量的云母类矿物(陈丽蓉,2008)。该区水动力条件弱,沉积环境相对稳定,云母类矿物得以大量富集。自生黄铁矿含量很高,说明该区处于低能还原环境。风化碎屑、岩屑含量很高,说明该区风化作用强烈,但沉积作用程度低。闪石类矿物、帘石类矿物、稳定矿物、钛铁矿、褐铁矿、石英和长石含量很低,说明该区沉积动力较弱,碎屑矿物不易富集。

过渡矿物区:是 Ⅱ 区和 Ⅳ 区的过渡区,兼有两个矿物区的特点,沉积物类型为粉砂,物源多样,受近岸流影响明显,呈狭条状向西南延伸。该区位于沿岸流主流径边缘,水动力微弱,大量的细颗粒和悬浮物质在此沉积,形成局部典型的低能还原环境,有利于云母类矿物、生物碎屑富集以及自生黄铁矿的形成。此外,闪石类矿物、极稳定矿物、褐铁矿、岩屑和长石含量均较高,说明沉积来源稳定。

4.2 调查区晚第四纪地层划分及沉积序列

根据岩性和岩相,对调查区的钻孔岩芯进行地层对比分析。根据钻孔岩芯层序,结合其穿过的浅地层剖面的对比,识别出海底及5个地震反射界面($R_1 \sim R_5$),并据此在钻孔岩芯地层中划分出6个沉积单元(从上往下命名为DU1~DU6)。

4.2.1 晚第四纪地层划分

研究区内获取的浅地层剖面资料记录总体质量良好(图4-35),清楚地揭示了调查区海底以下的沉积层内部结构和声学反射特征,地层反射结构清晰,各反射层界面明显,反射层组内部反射结构清晰。

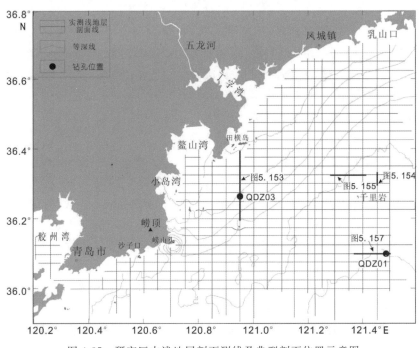

图 4-35 研究区内浅地层剖面测线及典型剖面位置示意图

在地震反射剖面的上部(二次波之上的地震反射资料,约位于双程反射时间100ms之内),地震层序显示6个主要的地震反射界面(从上至下定名为$R_0 \sim R_5$)、2个次一级反射界面R_3^1和R_5^1(图4-36),这些界面在调查区为连续分布或切削,在全区可追踪,被解释为侵蚀面,在部分剖面上还可以识别出基岩面。这些反射界面将研究区内晚更新世以来的沉积地层划分为6个主要地震单元,由上往下依次命名为SU1、SU2、SU3、SU4、SU5、SU6,其中SU3和SU5又被次一级界面R_3^1和R_5^1细分为SU3-1、SU3-2和SU5-1、SU5-2共4个亚地层单元。

4.2.1.1 地震单元SU1

地震单元SU1位于海底面(R_0)与反射界面R_1之间(图4-37)。R_1被解释为随着冰后期海平面的上升临滨带(shoreface-zone)向陆后退而形成的区域性海侵面(transgressive ravinement surface)。在

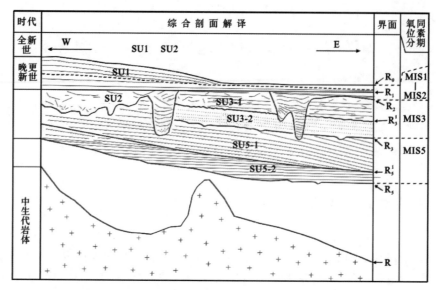

图 4-36 研究区晚第四纪以来沉积地层结构示意图

外海,由于研究区内沉积动力条件的影响,反射界面 R_1 和 R_0 合并。SU1 的底部为加积或上超的近似水平反射层,其上被向南、向东进积的缓倾状反射层所覆盖,两者之间的界面被解释为冰后期最大海泛面。由于 SU1 的底部加积层较薄(大都小于 2m,局部缺失),从整体上看,SU1 为向南、向东进积的水下楔形沉积体。地震单元 SU1 被解释为冰后期海平面继续上升达到最大海泛面的位置直至现今的沉积记录,包括了海侵体系域上部及高位体系域的沉积物。

4.2.1.2 地震单元 SU2

地震单元 SU2 位于反射界面 R_1 和 R_2 之间(图 4-38)。地震界面 R_2 呈"V"形或"U"形的河谷状,下切到下伏地层之中。通过 QDZ03 钻孔测年数据与地层对比、地层的切割关系分析,发现 R_2 界面开始形成于氧同位素 3 期(MIS3)的晚期,可能继承了早期的下切谷,在末次冰期最盛期的低海面时期,切割深度达到最大。

在研究区范围内,下切谷的深度和宽度变化很大,大的主干下切谷深度可超过 35m,宽度为 0.5~2km,最宽约 4km(图 4-39)。

R_1 和 R_2 之间的 SU2 为 MIS2 的河流沉积,属于埋藏古河道沉积相,主要包括了滞留沉积和后期的河道充填沉积。研究区内的埋藏古河道滞留沉积物较少,甚至缺失,河道内部充填沉积物物性和动力条件的不同而表现出多种类型的反射,如复杂的波状-杂乱反射、亚平行反射、高角度倾斜交错反射及不同角度的前积反射,并且可细分为多期充填,各期之间相互切割。

本项目的浅剖测线分布密集,因此可以对研究区内主要的埋藏古河道进行较细致的追踪(图 4-40)。在纸介质地震剖面上描绘出埋藏古河道,截切下伏地层的倾斜面识别为古河道的侧缘,地层的叠置及其深度变化揭示其地质历史,底部的杂乱反射代表古河道残留沉积,中部相互交错的反射层组代表河道沉积,上部的近似平行的反射层组代表细粒沉积物充填,地层之间的交切关系揭示了地质事件发生的相对时间,所绘出的图像可为揭示河道的几何形态特征提供丰富信息。

根据浅地层剖面资料,发现在本区域内主要存在 3 条较大的古河道,分别位于丁字湾、乳山湾和鳌山湾湾口外,并且分布形态各不相同。丁字湾湾口外的古河道在本区最为发育,具有直流河和辫状河的特征,滨岸为两支顺直微弯型河道,向海逐渐合并为一支,河宽加大,并发育心滩。除此之外,在主干河道的周围,发育了一些小的、独立的分支汊道。乳山湾湾口外的古河道主要表现为直流河的特点。河道

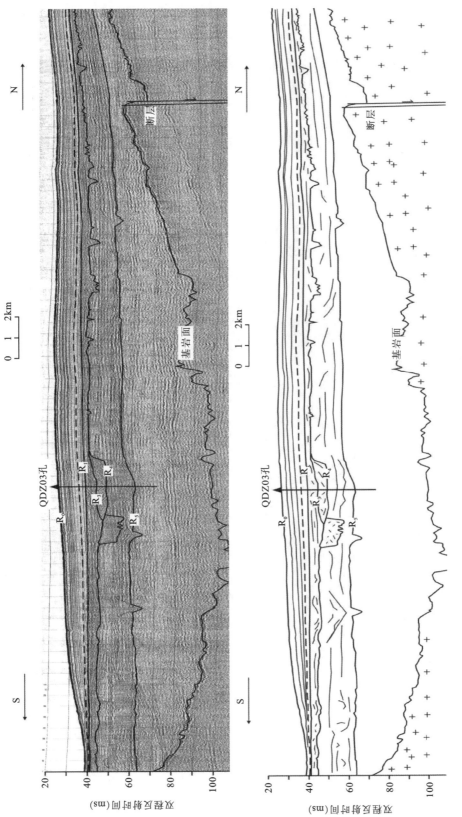

图4-37 研究区内近岸楔形体(原始剖面和解译剖面)(剖面位置见图4-35)

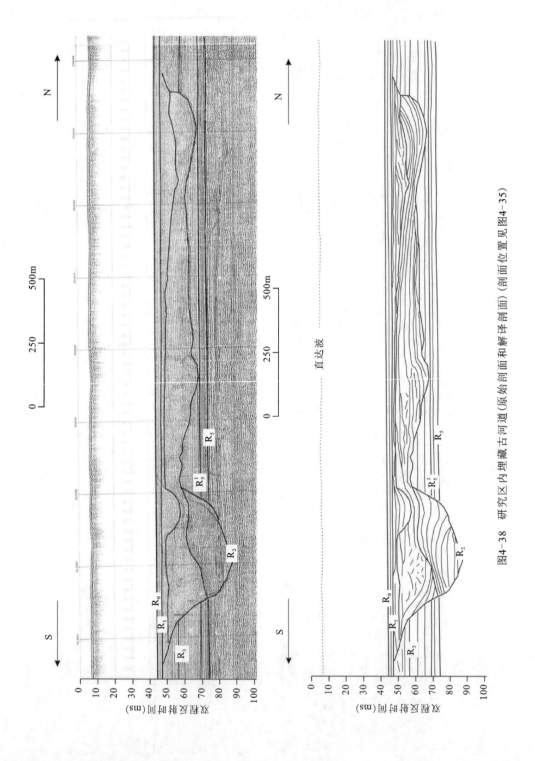

图4-38 研究区内埋藏古河道(原始剖面和解译剖面)(剖面位置见图4-35)

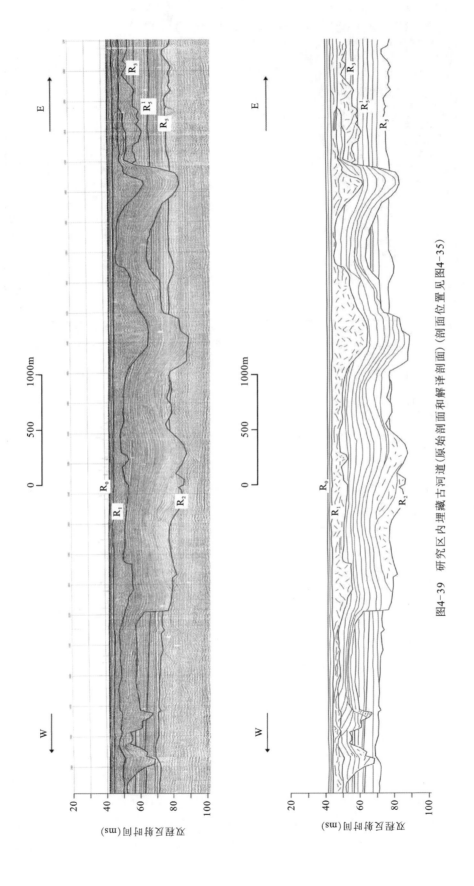

图4-39 研究区内埋藏古河道(原始剖面和解译剖面)(剖面位置见图4-35)

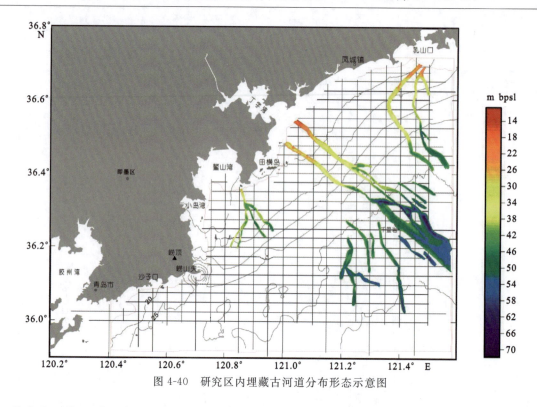

图 4-40 研究区内埋藏古河道分布形态示意图

在湾口外先向西南几乎平直延伸,而后经历一个大的弯曲段,转向东南方向延伸。鳌山湾湾口外的古河道发育规模较小,基本呈扇形排列。

4.2.1.3 地震单元 SU3

地震单元 SU3 位于反射界面 R_1/R_2 和 R_3 之间。在缺少 SU2 和 SU1 地震单元时,SU3 包括 R_3 界面至海底之间的沉积物。在海岸带-陆架区,地层缺失的现象较为普遍,如在 QC2 孔和 QC1 孔都缺失了末次冰期最盛期的沉积物(杨子赓和林和茂,1996),南黄海的 DLC70-3 孔中也缺失了 MIS2 和 MIS1 的沉积物(梅西等,2011)。

根据内部地层反射特征的不同和不整合面的识别,地震单元 SU3 存在次一级的反射界面 R_3^1,因此 SU3 在垂向上被细分为 2 个亚单元层,从上到下依次命名为 SU3-1 和 SU3-2(图 4-41)。

1)亚单元 SU3-1

地震单元 SU3-1 位于反射界面 R_1/R_2 和 R_3^1 之间,单元层内部表现为水平、高振幅的反射结构,厚度一般小于 10m,因上部地层的切割而厚薄不一,局部缺失。

2)亚单元 SU3-2

地震单元 SU3-2 位于反射界面 R_3^1 和 R_3 之间。R_3 是一个顶超面,同时也是一个夷平面,侵蚀削平下伏地层,局部有小的起伏,随着下伏地层的抬高而上升,并快速与 R_3^1 界面合并,地层厚度也减小至 0。SU3-2 单元层内部为杂乱、水平-波状反射结构,部分地方为声学空白区、半透明层,厚度从浅海逐渐向陆变薄,并最终尖灭,浅海区最厚约 9m。从分布范围来看,SU3-2 主要分布于现今水深 30m 等深线以外的海区,整体上为席状分布,所以推断可能为河口沙坝形成的席状沉积体。

根据与 QDZ03 孔的对比,认为 SU3 是在氧同位素 3 期(MIS3)形成的。根据以前的研究,在黄海海域 MIS3 时的海平面位于现今海平面 −40~80m,因此 SU3 单元层的沉积也主要分布在研究区浅海区域,在近岸缺失。

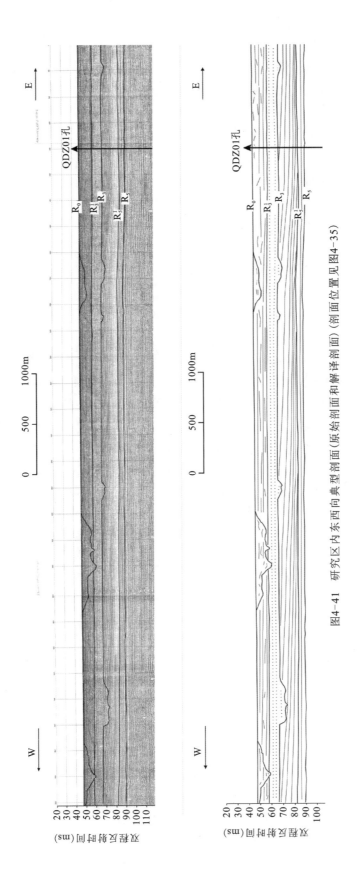

图4-41 研究区内东西向典型剖面(原始剖面和解译剖面)(剖面位置见图4-35)

4.2.1.4 地震单元 SU4

地震单元 SU4 位于反射界面 R_3 和 R_4 之间。根据 QDZ03 孔中 OSL 测年数据，SU4 应该为氧同位素 4 期(MIS4)低海面时期形成的陆相河流、湖泊沉积，在研究区内局部保留了该期沉积，沉积厚度较薄。

4.2.1.5 地震单元 SU5

地震单元 SU5 位于反射界面 R_3/R_4 和 R_5 之间。R_5 是一区域性的剥蚀面，能在全区追踪，起伏较平稳，在山东半岛近岸处该剥蚀面逐渐抬高。根据内部地层反射特征的不同和不整合面的识别，发现地震单元 SU5 存在次一级的反射界面 R_5^1，SU5 在垂向上被细分为 2 个亚单元层，从上到下依次命名为 SU5-1 和 SU5-2(图 4-42)。

通过与穿过地层剖面的 QDZ03 孔进行对比，地震单元 SU5 的环境变化被解译发生于氧同位素 5 期(MIS5)，沉积地层的厚度也常因 R_2 界面的下切及地形、沉积过程、沉积动力的影响，在水平向和垂向上有较大的不同，总体上在近岸该期地层较薄，向海方向，地层厚度逐渐变大。

1) 亚单元 SU5-1

地震单元 SU5-1 位于反射界面 R_3 和 R_5^1 之间。反射界面 R_5^1 是一个下超面，上覆地层呈低角度向海进积下超于该界面上，在研究区内连续性很好，可进行连续的追踪。随着向岸方向的延伸，R_5^1 界面逐步抬升，单元层的厚度也逐渐变薄，厚度从最初的约 14m 渐变到 1~2m，局部会与上覆地层重合为一个地层，厚度减小至 0。

该亚单元层主要存在前积反射和平行-亚平行反射两种类型，地震反射相在平面上呈现有规律的变化。在东西向剖面上(图 4-42)，自东向西反射特征从低角度前积反射逐渐过渡为近似平行反射，而在南北向剖面上，自南向北由最初的近似平行反射逐渐过渡为低角度前积反射，随着向北的延伸，反射特征又渐变为平行-亚平行反射。在以前的调查研究中(赵月霞等，2003)，古生物、岩性特征指示水深逐渐变小，地震单元 SU5-1 解释为海退时期形成的水下三角洲前缘-前三角洲沉积，代表了一次沉积速率较高的沉积阶段。前积反射层的倾向指示该三角洲的形成应该有山东半岛近岸物质的加入，而山东半岛上又没有大的河流，所以对该期三角洲的物源、形成机制有待于进一步的研究。

2) 亚单元 SU5-2

地震单元 SU5-2 位于反射界面 R_5^1 和 R_5 之间。界面 R_5 被解释为氧同位素 5 期(MIS5)海侵时最早达到本研究区的侵蚀面。SU5-2 单元层主要呈现为平行、亚平行的内部反射层，局部分布有大大小小的侵蚀洼地，内部表现为进积、侧向加积或者波状的充填层。地层厚度受后期海洋动力的改造，变化较大，大致介于 4~13m 之间，但在滨岸以及 R_2 界面强力下切区使保留的 SU5-2 地层厚度小于 1m。在研究区的南部，胶州湾口外 25~30m 等深线之间，SU5-2 单元层的最底部，有一层厚约 4.5m 的杂乱反射层，反射特征明显不同于周围地层，分布范围也不大，最宽约 5km，推断为"海侵边界层"(transgression boundary layer)，位于海侵体系域的最底部层位，包括滞留沉积、海侵最初期的海侵砂和侵蚀面下部遭受改造的沉积物混合体，被后期沉积物覆盖在剖面上形成薄的下垫夹层。

4.2.1.6 地震单元 SU6

地震单元 SU6 位于界面 R_5 以下、基岩之上。由于受二次波的干扰，地震相显示为杂乱、波状均有的反射层。该层的厚度随着基岩面的起伏变化而厚薄不一，在基岩面较高的地方，没有该层的沉积记录,而在其他地区,从小于 1m 到大于几十米至上百米不等。通过与 QDZ03 孔的地层对比及 OSL 测年数据表明,沉积单元 SU6 为氧同位素 6 期(MIS6)或更早年代形成的海相或海陆交互相的沉积。

4.2.2 调查区沉积环境与"源-汇"过程

4.2.2.1 调查区沉积地层单元

QDZ03 孔位于调查区浅地层剖面之上且穿过近岸泥质沉积体和一个小型下切谷的全取芯钻孔。根据钻孔的岩性相、沉积物颜色、粒度特征、构造特征、微体古生物组合规律,结合钻孔岩芯沉积物的 AMS^{14}C 测年和光释光(OSL)测年数据(表 4-9、表 4-10),把 QDZ03 孔划分为 5 个沉积单元(图 4-42),从顶至底命名为 DU1、DU3~DU6。

表 4-9　QDZ03 孔 AMS^{14}C 测年结果

深度/m	材料	δ^{13}C (permil)	惯用年龄(^{14}C yr)	日历年龄(cal yr B.P.) 中值	日历年龄(cal yr B.P.) 范围(1σ)	Beta No.
1.16	贝壳	+0.4	910±30	590	549~630	305 192
3.61	贝壳	−0.5	2460±30	2230	2173~2299	305 193
3.84	贝壳	−2.8	2760±30	2622	2558~2708	305 194
7.29	有孔虫	+0.1	4480±30	4796	4717~4850	307 190
7.62	有孔虫	−2.1	4210±30	4439	4382~4508	305 195
7.86	有孔虫	−3.0	8560±40	9336	9275~9409	305 196
8.06	有孔虫	−3.3	9040±40	9921	9814~10 069	305 197
8.31	有孔虫	−2.8	9680±40	10 638	10 562~10 693	305 199

表 4-10　QDZ03 孔光释光(OSL)测年数据

实验编号	埋深/m	测量材料	U/10^{-6}	Th/10^{-6}	K/%	含水率/%	等效剂量/Gy	年龄/ka	激发光源
2011A039	13.06	石英	1.64	9.28	2.31	23.2	250	62.8±6	蓝光
2011A040	13.85	石英	1.58	9.36	2.32	24.9	270	69.3±6	蓝光
2011A041	14.48	石英	1.83	11.30	2.22	29.1	250	61.8±6	蓝光
2011A043	19.25	石英	1.57	9.11	2.26	29.6	280	74.8±8	蓝光
2011A044	20.42	石英	1.48	9.55	2.27	34.9	286	80.7±8	蓝光
2011A045	24.64	石英	1.83	11.40	2.34	30.3	300	72.9±7	蓝光
2011A046	24.71	石英	1.69	10.60	2.22	28.4	310	79.1±8	蓝光
2011A047	29.85	石英	2.35	12.20	2.48	23.3	610	126.2±13	蓝光
2011A048	32.10	石英	2.11	13.40	2.42	24.9	600	128.1±13	蓝光

续表 4-10

实验编号	埋深/m	测量材料	U/10^{-6}	Th/10^{-6}	K/%	含水率/%	等效剂量/Gy	年龄/ka	激发光源
2011A049	33.28	石英	1.60	9.20	2.42	27.8	530	134.6±14	蓝光
2011A050	34.51	石英	1.97	11.60	2.18	21.2	625	143.1±14	蓝光
2011A051	34.93	石英	1.88	11.40	2.27	24.0	600	>40	蓝光
2011A052	38.88	石英	3.00	7.91	2.54	24.2	600	>40	蓝光

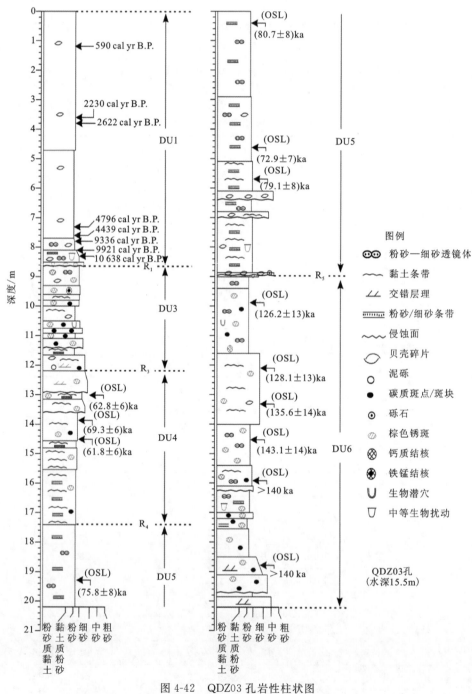

图 4-42 QDZ03 孔岩性柱状图

注：图中所标测年数据，除光释光年龄（OSL）外均为 AMS^{14}C 测年数据。

DU6(28.89~40.20m)：本单元对应于地震界面 R_5 以下的地震相。DU6 主要有暗黄色、棕黄色、褐灰色黏土质粉砂、粉砂—细砂组成，夹较多的黏土质线理、条带和粉砂质斑点、透镜体，零星贝壳碎片，大量的棕色斑点和黑色碳质斑点、斑块，顶部见垂直层面的生物潜穴，局部生物扰动较强，底部灰色中砂、细砂层分选较好，呈现出板状交错层理，夹不规则黏土质条带，较多的棕色锈斑和黑色碳质斑点。

本段(F层)(表 4-11)沉积物组分以粉砂为主，平均含量为 61.93%，砂的含量次之，平均值为 24.28%，黏土含量最少，介于 4.43%~22.45%之间，平均含量为 12.79%，平均粒径为 4.48Φ，表现为高能环境(图 4-43)。34.26m 处的频率曲线为双峰，主峰位于 5Φ 左右，次峰不明显，偏度为 0.40，呈很正偏态(图 4-44,F)；频率累积曲线大致分为 3 段，推移组分仅占 0.2%，跃移组分约占 40%，悬移组分占 59.8%，反映了较强的水动力环境(图 4-45,F)。

表 4-11 QDZ03 孔各层沉积物粒度参数表

QDZ03 孔各层段		砂/%	粉砂/%	黏土/%	M_z/Φ	σ_i	SK_i	K_g
A(0~7.70m)	max	19.48	74.75	31.16	7.19	2.04	0.60	2.66
	min	1.46	61.74	18.78	4.88	1.53	−0.05	2.07
	avr	4.92	69.31	24.77	6.76	1.75	0.15	2.22
B(7.70~8.63m)	max	30.52	68.26	24.20	6.40	2.19	0.57	2.36
	min	10.43	52.46	17.02	4.44	1.94	0.22	1.92
	avr	17.11	62.03	20.86	6.06	2.03	0.37	2.07
C(8.63~12.21m)	max	63.35	74.92	30.64	6.89	2.18	2.40	9.27
	min	4.58	33.00	3.65	4.06	1.36	0.02	1.97
	avr	27.62	56.65	14.72	4.52	1.97	0.72	2.72
D(12.21~17.40m)	max	49.23	68.99	20.39	6.14	2.26	1.33	3.85
	min	10.63	41.05	9.73	4.67	1.88	0.37	2.07
	avr	26.93	56.26	16.81	4.54	2.04	0.71	2.46
E(17.40~28.89m)	max	74.87	78.39	39.38	7.71	2.75	1.49	4.06
	min	0.00	18.13	7.01	2.87	1.24	−0.78	1.89
	avr	8.06	63.77	28.17	6.73	1.76	0.12	2.37
F(28.89~40.20m)	max	77.32	83.30	22.45	6.45	2.12	1.98	6.65
	min	3.01	18.25	4.43	3.74	1.48	0.22	2.03
	avr	24.28	61.93	12.79	4.48	1.82	0.71	3.06

本单元中底栖有孔虫的丰度和简单分异度非常低，仅在顶部发现有孔虫壳体(图 4-46)，为 *E. magellanicum* 和 *A. beccarii* vars. 组合(图 4-47)，介形虫几乎缺失(图 4-48)。本单元共有 6 个光释光(OSL)测年数据，年龄从(126.2±13)ka 到大于 140.0ka，因此本层的沉积环境被解释为河流沉积，形成于 MIS6 时的低海平面时期，顶部有孔虫的出现可能是受 MIS5 早期海侵的影响。

DU5(17.40~28.89m)：本单元对应于地震界面 R_5 和 R_4 之间的地震相，上部主要由暗绿灰色黏土质粉砂组成，夹较多的暗灰色粉砂质线理、条带(毫米级至厘米级)及透镜体，生物扰动弱，见零星贝壳碎片，在 24.7m 处见一厚约 5mm 的贝壳碎片层，贝壳碎片大小有 1~2mm；下部主要有暗灰色—暗绿灰色毫米级的黏土质粉砂与粉砂密集互层，局部黏土层可达 1~6cm，生物扰动弱—中等，见垂直层面的生物潜穴，在 26.2m 和 26.9m 处见两个 2~3cm 厚的暗黄色中细砂贝壳碎片层，夹黏土质条带、粉砂质线理，底部为暗黄色贝壳-砂砾层，夹中砂、粗砂、细砂，分选极差，见一磨圆度较高的砂岩砾石，大小为 3~6cm。

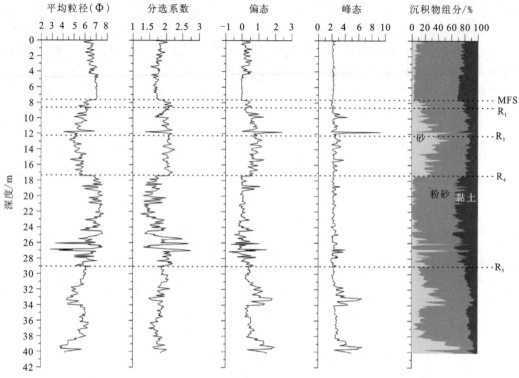

图 4-43 QDZ03 孔沉积物粒度参数与沉积物组成变化

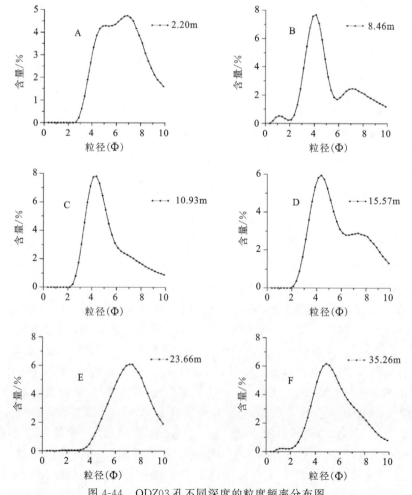

图 4-44 QDZ03 孔不同深度的粒度频率分布图

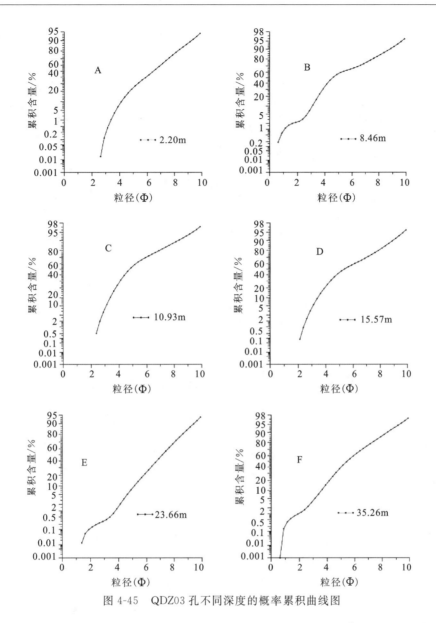

图 4-45 QDZ03 孔不同深度的概率累积曲线图

本段(E 层)(表 4-11)沉积物组分以粉砂为主,平均含量达到 63.77%,砂的含量减少,平均值只有 8.06%,黏土含量介于 7.01%～39.38%之间,平均含量为 28.17%,平均粒径为 6.73Φ,沉积物颗粒较细,反映了低能环境(图 4-43)。23.66m 处的频率曲线为单峰,峰值在 7Φ 左右,偏度为-0.10,呈负偏态(图 4-44,E);频率累积曲线大致分为 3 段,推移组分仅占 0.05%,跃移组分约占 0.5%,悬移组分高达 99.45%,反映了非常弱的水动力环境(图 4-45,E)。

本段底栖有孔虫的丰度变化于 552～181 760 之间,平均值为 28 390;简单分异度变化于 14～23 之间,平均值为 18.19(图 4-46)。有孔虫优势种为近岸浅水种 Elphidium magellanicum 和 A. beccarii vars.,含量分别介于 4.9%～40.0%和 7.2%～29.0%之间,平均含量分别为 29.7%和 18.6%,其次为滨岸-陆架种 C. vitreum 和 Protelphidium tuberculatum (d'Orbigny),平均含量分别为 13.8%和 11.3%(图 4-47)。

介形虫的丰度变化于 60～21 760 之间,平均值为 3 512.4,简单分异度变化相对较小,变化于 6～20 之间,平均值为 13,复合分异度平均值为 1.79(图 4-48)。介形虫组合以广盐性近岸浅水种为主,含量分别介于 14.1%～73.0%和 4.6%～43.4%之间,其次为 P. bradyformis、K. bisanensis,平均含量分别为

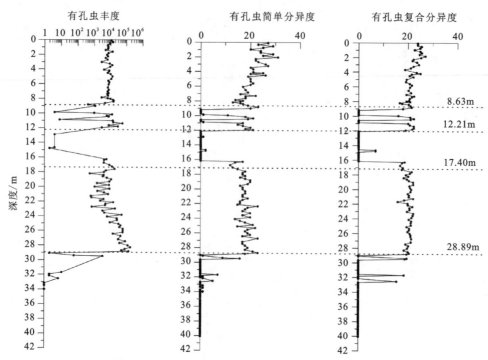

图 4-46　QDZ03 孔岩芯有孔虫丰度、简单分异度和复合分异度

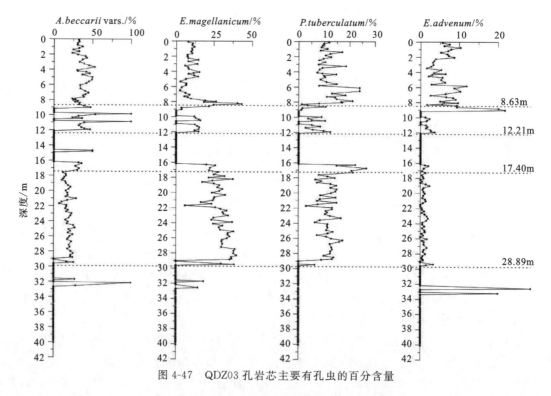

图 4-47　QDZ03 孔岩芯主要有孔虫的百分含量

7.9% 和 0.4%（图 4-49）。本单元中共有 4 个光释光（OSL）测年数据，OSL 年龄介于（72.9±7）～（80.7±8）ka 之间，因此其沉积环境被解释为明显受潮汐影响的滨浅海环境。DU5 沉积期间的环境变化被解译发生于 MIS5 的中晚期。

DU4（12.21～17.40m）：本单元对应于地震界面 R_4 和 R_3 之间的地震相，上部主要有暗灰色黏土质粉砂—粉砂，夹较多黏土质条带（<1cm），少量棕色斑点和零星碳质斑点；下部主要为暗灰色黏土质粉

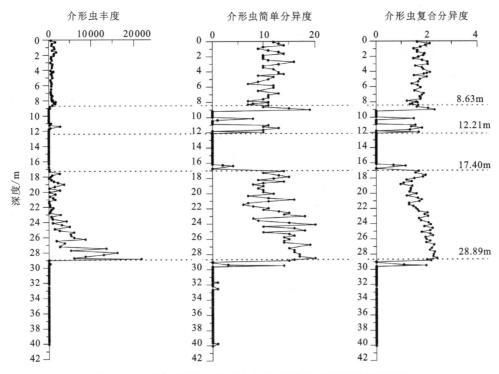

图 4-48 QDZ03 孔岩芯介形虫丰度、简单分异度和复合分异度

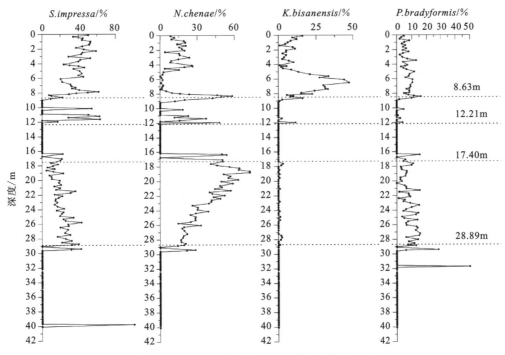

图 4-49 QDZ03 孔岩芯主要介形虫的百分含量

砂—粉砂与黏土质条带密集薄互层,生物扰动弱—较强,零星分布碳质斑点和棕色斑块,16.20m处见一棕黑色氧化界面。

本段(D层)(表4-12)沉积物组分与C层基本类似,以粉砂为主,平均含量为56.26%,砂含量为26.93%,黏土的平均含量为16.81%,平均粒径为4.54Φ(图4-43)。14.57m处的频率曲线为双峰,其中主峰位于4Φ左右,正偏态,峰态为2.07,很尖锐(图4-44,D);频率累积曲线分为2段,无推移组分,跃移组分约占60%,悬移组分约占40%,反映了较强的水动力环境(图4-45,D)。

本单元个别样品中发现有少量有孔虫壳体,根据经验及与其他样品对比判断,认为可以忽略不计,除了底部个别样品,在其他样品中没有发现介形虫壳体(图4-46~图4-49)。在段共有3个光释光(OSL)测年数据,年龄介于(69.3 ± 6)~(61.8 ± 6)ka之间,因此本单元沉积环境被解译为冰期低海面时期形成的陆相河流、湖泊沉积。结合测年数据,DU4沉积期间的环境变化被解译发生于氧同位素4期(MIS4)。

DU3(8.63~12.21m):本单元对应于地震界面R_3和R_1之间的地震相,上部主要有褐黄色、棕黄色、深灰色黏土质粉砂—粉砂组成,局部黏土质粉砂—粉砂与黏土质条带密集互层,常见棕色锈斑和大量的黑色碳质斑点、斑块,零星贝壳碎片,生物扰动中等,顶部见一Fe-Mn质结核;下部主要有棕黄色、暗灰黄色粉砂—细砂组成,可见交错层理,夹几毫米到1cm宽的黏土质条带,生物扰动弱,零星的棕色斑点。

本段(C层)(表4-10)沉积物组分仍以粉砂为主,介于33%~74.92%之间,平均含量为56.65%,砂的组分进一步增加,平均值达27.62%,反映为高能环境,黏土的平均含量仅为14.72%,平均粒径为4.52Φ(图4-48)。10.93m处的频率曲线为单峰,峰值在4Φ左右,正偏态,峰态为2.90,很尖锐(图4-44,C);频率累积曲线分为2段,无推移组分,跃移组分占60%,悬移组分占40%,反映了较强的水动力环境(图4-45,C)。

本段底栖有孔虫组合变化较为复杂,反映了沉积环境的多变。本层顶部50cm和孔深10.0~10.5m、11.0~12.0m之间含有有孔虫化石,其他层段中未发现有孔虫壳体。尤其是在孔深11.0~12.0m之间,有孔虫最为丰富,丰度变化于2872~55 808之间,平均值为20 580,复合分异度最大为2.23,最小为1.90,平均值为2.10;百分含量最高的属种为 *A. beccarii* vars.(37.81%),其次为 *E. magellanicum*(13.74%)。

介形虫主要见于孔深11.0~12.0m之间。介形虫丰度最大为2752,最小为0,平均值为639;简单分异度最大为13,最小为0,平均值为9;复合分异度最大为1.81,最小为0,平均值为1.29;百分含量最高的属种为 *S. impressa*(37.22%)和 *N. chenae*(22.51%)。

有孔虫和介形虫的这种组合变化,著者认为主要是由于海平面的变化引起的,海水的进退导致该地时而露出地表,时而被水淹没。本单元的沉积环境被解译为滨岸—洪泛平原沉积,普遍发育的棕色锈斑指示其多次出露于海底遭受氧化。DU3沉积期间的环境变化被解译发生于氧同位素3期(MIS3)到氧同位素2期(MIS2)。

DU1(0~8.63m):本单元对应于地震界面R_1和海底R_0之间的地震相。从沉积物粒度组分上看(图4-44),本段主要由粉砂组成,黏土次之,砂的含量很少,无砾石成分,根据粒度特征,可细分为A、B两层(表4-10)。

A层(0~7.70m):主要组成成分为粉砂,其次为黏土。粉砂含量的平均值为69.31%,黏土的含量介于18.78%~31.16%之间,平均值为24.77%,砂含量最少,平均值只有4.92%;平均粒径变化于4.88~7.19Φ之间,平均为6.76Φ。2.20m处沉积物频率分布表现为双峰、负偏(图4-44,A);其频率累积曲线分为2段,无推移组分,跃移组分占20%,悬移组分占80%,反映了较弱的水动力环境(图4-45,A)。

B层(7.70~8.63m):相比A层,砂的百分含量有所增加,介于10.43%~30.52%之间,平均值为17.11%,但沉积物组分仍以粉砂和黏土为主,粉砂的平均含量为62.03%,黏土的平均含量为20.86%。平均粒径6.06Φ,比A层粒度略有变粗。8.46m处的频率曲线表现为多峰曲线,主峰位于4Φ左右,主峰非常尖锐,偏态为0.57,很正偏态(图4-44,B);频率累积曲线分为3段,推移组分占2%,跃移组分占60%,悬移组分占38%(图4-45,B)。

本段底栖有孔虫的丰度变化于2720~15 680之间,平均值为8 112.5;简单分异度变化于13~31之间,平均值为21.25(图4-46)。有孔虫优势种为近岸浅水种 *A. beccarii* vars. 和 *Elphidium magellanicum*,

含量分别介于 23.4%～52.6%和 2.43%～43.3%之间,其次为滨岸—陆架种 *Protelphidium tuberculatum* (d'Orbigny)和 *E. advenum*,含量分别变化于 1.2%～23.9%和 1.5%～11.9%之间(图 4-48)。

介形虫的丰度变化于 420～1800 之间,平均值为 867.7,简单分异度变化相对较小,变化于 7～16 之间,平均值为 11(图 4-49)。介形虫组合以广盐性近岸浅水种 *Sinocytheridea impressa*(Brady)、*N. chenae* 为主,含量分别介于 7.6%～61.9%和 0.7%～58.2%之间;其次为 *K. bisanensis*、*P. bradyformis*,含量分别介于 0.9%～47.6%和 2.0%～16.2%之间(图 4-50)。

根据岩性相特征,本单元可以细划分为两段 DU1-2 和 DU1-1。

DU1-2(7.70～8.63m):本沉积单元与下伏地层为侵蚀接触,底部的侵蚀面对应于地震界面 T_1,顶部界面对应于浅地层剖面上的全新世最大海泛面(MFS),DU1-2 对应于地震单元 SU1 的下部。主要由绿黄灰色黏土质粉砂夹粉砂—细砂质透镜体、线理及薄条带组成,从下至上粉砂—细砂质透镜体、线理及薄条带减少,整体上显示正粒序,平均粒径为 6.0Φ;含零星贝壳碎片,生物扰动中等。介形虫组合以广盐性近岸浅水种 *Sinocytheridea impressa*(Brady)、*N. chenae* 为主,其次为 *K. bisanensis*、*P. bradyformis*。根据岩性特征,DU1-2 被解释为近岸浅水沉积。DU1-2 从下至上的 3 个 AMS^{14}C 年龄显示了良好的时序,变化于 9336～10 638cal yr B.P.之间,表明其为全新世早期沉积;由这 3 个年龄数据所计算的沉积速率外推,DU1-2 的年龄为 11.0～9.0cal kyr B.P.。

DU1-1(0～7.70m):本单元对应于地震相 SU1 的上部,底界面对应于地震界面 MFS。主要由绿灰色、黄绿灰色黏土质粉砂组成,岩性均匀,含零星贝壳碎片;下部(4.80～7.70m)粒度非常均匀,平均粒径变化于 6.9～7.2Φ 之间(平均为 7.0Φ),而 4.80m 以上沉积物粒度略有变化且有所变粗(平均粒径变化于 4.8～7.2Φ 之间,平均为 6.6Φ)。有孔虫组合以 *A. beccarii* vars.为主,其次为 *P. tuberculatum*、*E. magellanicum* 和 *E. advenum*。介形虫组合以 *S. impressa* 为主,其次为 *N. chenae*、*K. bisanensis*。根据岩性特征,DU1-1 被解释为近岸浅水沉积,海水深度比 DU1-2 沉积时有所增加。DU1-1 的 5 个 AMS^{14}C 年龄从底部的 4796cal yr B.P.至上部的 559cal yr B.P.,属于全新世中晚期沉积,与其底部出现的全新世最大海泛面相一致,但 DU1-1 和下伏的 DU1-2 之间有一个 4000 年左右的沉积间断。DU1-1 底部 2 个测年数据出现的倒转现象,连同 DU1-1 和 DU1-2 之间的沉积间断,在海岸带地区是比较常见的,这与海岸带地区在较强的沉积动力作用下发生沉积物再悬浮有关。

4.2.2.2 黏土矿物垂向分布特征

本次工作对 QDZ03 孔沉积物中共计 342 个黏土矿物样品做了分析鉴定,利用 Biscay(1965)的方法对黏土矿物的含量进行半定量的计算,并统计了 4 种主要黏土矿物的相对含量(合计 100%),4 种矿物分别为伊利石、蒙脱石、绿泥石和高岭石。

黏土矿物在地层中的变化如表 4-12 所示,在不同的沉积单元中 4 种黏土矿物的相对含量有所不同,作为指示黄河沉积物的蒙脱石,含量在沉积单元 DU1 和 DU4 中比较接近,平均含量分别为 14.11%和 13.53%;而在 DU2、DU3 和 DU5 的沉积单元中,蒙脱石的含量相对较高,平均值分别为 18.25%、18.20%和 17.00%;其他黏土矿物的含量区别不是很大。

QDZ03 孔岩芯沉积物中黏土矿物的成分以伊利石为主,342 个样品中伊利石的平均含量为 56.1%,明显低于长江和黄河沉积物中的含量(长江 70.8%,黄河 62.5%)(表 4-13),但更接近黄河沉积物。蒙脱石的含量在岩芯沉积物中仅次于伊利石,平均含量为 16.1%,明显高于长江沉积物(6.6%),更接近于黄河沉积物(14.2%)。岩芯沉积物中绿泥石和高岭石的含量接近,分别为 14.6%和 13.5%。伊利石与蒙脱石的比值绝大多数都小于 6(图 4-50),平均比值为 3.74,明显接近于黄河沉积物。从以上分析可以明显看出,岩芯沉积物的物质来源更接近于黄河沉积物。

表 4-12　QDZ03 孔黏土矿物含量统计表

沉积单元	样品个数/个		蒙脱石/%	伊利石/%	绿泥石/%	高岭石/%	伊利石/蒙脱石/%
DU1	81	max	20.23	63.05	21.03	17.01	6.54
		min	9.34	50.56	11.61	10.42	2.69
		avr	14.11	57.36	13.91	13.61	3.91
DU2	35	max	28.68	62.55	21.45	16.35	6.20
		min	9.42	46.68	8.50	9.01	1.71
		avr	18.25	54.98	12.57	13.21	3.28
DU3	42	max	23.45	58.90	18.28	16.97	4.56
		min	12.46	46.25	11.52	10.40	2.08
		avr	18.20	53.01	14.19	13.59	3.00
DU4	96	max	17.70	59.11	21.09	14.83	6.13
		min	9.45	50.59	14.29	11.56	2.93
		avr	13.53	54.39	17.99	14.09	4.09
DU5	88	max	37.23	71.39	24.81	21.14	9.41
		min	0.00	44.57	4.10	8.30	0.00
		avr	17.00	57.96	12.24	12.80	3.48

表 4-13　调查区黏土矿物数据表

	蒙脱石/%	伊利石/%	高岭石/%	绿泥石/%	伊利石/蒙脱石	高岭石/绿泥石
QDZ03 孔	16.1	56.1	13.5	14.6	3.74	0.96
QDZ01 孔	14.1	59.4	11.7	14.2	4.28	0.85
长江沉积物	6.6	70.8	9.4	13.2	10.73	0.71
黄河沉积物	14.2	62.5	9.7	12.5	4.11	0.78

注：长江沉积物、黄河沉积物数据引自范德江等，2001。

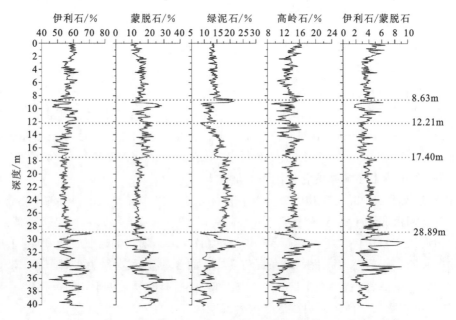

图 4-50　QDZ03 孔黏土矿物分布图

根据样品中黏土矿物相对含量进行划分,QDZ03 孔的黏土矿物组合类型主要为伊利石-蒙脱石-绿泥石-高岭石,组合类型与黄河沉积物中黏土矿物组合类型相同,而有别于长江沉积物中黏土矿物的组合类型,长江沉积物中的黏土矿物组合类型为伊利石-高岭石-绿泥石-蒙脱石。

根据钻孔 342 个黏土矿物组分数据,结合前人对黄河、长江沉积物中黏土矿物的研究成果,以伊利石、蒙脱石及高岭石+绿泥石为端元做出三角图(ISKc 图)(图 4-51)。从图上可以看出,QDZ03 孔岩芯沉积物 DU1、DU3~DU5 沉积单元的黏土矿物 ISKc 投影明显靠近黄河沉积物,而 DU6 沉积单元的 ISKc 投影较为分散,可能与其当时复杂的沉积环境相关,但大部分更接近于黄河沉积物。以上分析表明研究区黏土矿物来源与黄河沉积物密切相关。

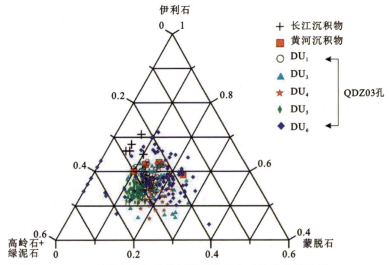

图 4-51　QDZ03 孔与长江及黄河沉积物黏土矿物组分端元图(ISKc 图)

海洋黏土矿物根据物质来源可分为自生和陆源两种类型,前者通常需要稳定的沉积环境,而 QDZ03 孔地处山东半岛南岸,水动力比较复杂,陆源供应相对充足,山东半岛陆上有丁字湾内的五龙河、胶州湾内的大沽河、乳山湾的乳山河以及鳌山湾小岛湾等季节性短源河流的物质输入,因而本钻孔黏土矿物主要为陆源物质风化搬运而来。另外,海流和沿岸流还可能将邻近海区的少量黏土矿物带到研究区适当水动力和地形条件下沉淀。

综合来看,QDZ03 孔的物质来源应该是山东半岛海岸带近源沉积物和黄河物质的联合贡献。

4.2.2.3　元素地球化学垂向变化特征

1)常量元素丰度垂向变化特征

常量元素构成了沉积物的主要化学成分,它表征着沉积物的化学组成,其含量变化主要受主矿物控制,同时也反映物质来源和沉积作用。著者对 QDZ03 孔的 342 个样品进行了常量元素 Si、Al、Fe、Ca、Mg、K、Na、Ti、P 和 Mn 的测试,分析了常量元素的含量变化、含量平均值、元素标准偏差和变异系数(表 4-14)。变异系数(等于元素含量标准偏差与平均值的比率)是数据离散程度的直接反映。

在 QDZ03 孔岩芯沉积物中,常量组分 SiO_2 平均含量最高,为 64.71%,变化范围介于 53.43%~78.22%之间,变异系数为 9.04%,其次是 Al_2O_3,含量介于 9.58%~16.15%之间,平均值为 13.95%,变异系数为 8.93%。其他元素氧化物的含量一般都小于 10%,CaO 和 TFe_2O_3 平均含量分别为 2.08%和 4.72%,但 CaO 的丰度变化范围大,最大值为 9.58%,最小值为 0.64%,变异系数高达 70.71%。沉积物中所测大部分常量元素丰度变化较大,变异系数也较大,其中 CaO、FeO、MgO、P_2O_5、MnO 和

表 4-14 QDZ03 孔岩芯沉积物常量元素氧化物特征数值表

元素	样品数/个	最大值/%	最小值/%	平均值/%	标准偏差	变异系数
SiO_2	342	78.22	53.43	64.71	4.94	9.04
Al_2O_3	342	16.15	9.58	13.95	1.25	8.93
FeO	342	4.20	0.33	1.32	0.69	52.53
CaO	342	9.58	0.64	2.08	1.47	70.71
MgO	342	3.17	0.56	2.04	0.67	32.92
K_2O	342	3.48	2.44	3.01	0.17	4.56
Na_2O	342	3.96	1.51	2.38	0.42	17.44
TiO_2	342	0.77	0.33	0.64	0.07	10.32
P_2O_5	342	0.21	0.02	0.10	0.03	32.04
MnO	342	0.51	0.01	0.10	0.07	64.19
TFe_2O_3	342	7.11	1.70	4.72	1.21	24.59

TFe_2O_3 的变异系数都超过 25%，主要原因是这些元素易于溶解、迁移和沉淀，随着环境的 Eh 和 pH 值的变化发生不同的反应。其他常量元素的变异系数相对较小。

海洋沉积物中元素的含量分布特征受粒度控制，不同粒级沉积物由于其矿物成分、表面特征以及结构的不同，导致元素在其中的含量各异，即"元素粒度控制规律"。从 QDZ03 孔岩芯沉积物常量元素氧化物垂向变化图上可以看出(图 4-52)，Al_2O_3、FeO、CaO、MgO、K_2O、MnO 和 TFe_2O_3 等常量元素氧化物含量与粒径变化趋势基本一致，粒度变细时含量增加、粒度变粗时含量相应的减少，明显遵循"元素粒度控制规律"。而 SiO_2 和 Na_2O 的含量刚好相反，在粗粒沉积物中含量较高，在细粒沉积物中的含量反而降低。

从图 4-53 常量元素与平均粒径的线性关系可以看出，在 QDZ03 孔中常量元素 Al、Mg、Fe 与平均粒径呈现明显的正相关性，相关系数分别为 0.61、0.76、0.71。三者百分含量都随着 Φ 值的增大，含量增加，明显遵循"元素粒度控制规律"。CaO、FeO、K_2O、Ti、MnO 与平均粒径线性关系中等，CaO 的含量分布主要受碳酸盐碎屑影响，K_2O 的分布主要受钾长石、伊利石以及云母含量影响，Ti 的分布主要受物源影响，因此它们与平均粒径的线性关系表现为中等。SiO_2、Na_2O 与平均粒径呈显著的负相关，百分含量都随着 Φ 值的增大，含量减小，也明显的遵循"元素粒度控制规律"。

2)微量元素丰度垂向变化特征

本次工作对 QDZ03 孔岩芯沉积物 342 个样品做了 Cu、Pb、Zn 等微量元素的分析测试，数据统计结果表明(表 4-15)，在所测微量元素中，Zr 的含量最高，介于 138.0~646.0μg/g 之间，平均值为 240.19μg/g，变异系数为 26.83%，其次是 V、Cr、Zn，平均含量分别为 77.10μg/g、66.98μg/g 和 66.36μg/g，其余微量元素的含量相对较低，尤其是 Cd、Bi、Hg、Se、Mo，在钻孔岩芯沉积物中的含量非常低，都小于0.5μg/g(图 4-54)。

从 QDZ03 孔岩芯沉积物微量元素含量与平均粒径的线性关系图(图 4-55)可以看出，大多数微量元素与平均粒径具有很好的线性关系，Pb、W、Zn、Cr、Sb、Ni、Co、Bi、Li、V 等元素与平均粒径的相关性比较明显，相关系数都在 0.5 以上，百分含量都随着 Φ 值的增大而增加，明显遵循"元素粒度控制规律"。元素 Mo、As、Cd、Se 与平均粒径基本无相关，相关系数分别为 0.01、0.03、0.005、0.003。Zr 与平均粒径呈负相关，相关系数为 -0.55，其他元素与平均粒径的线性关系不太明显。

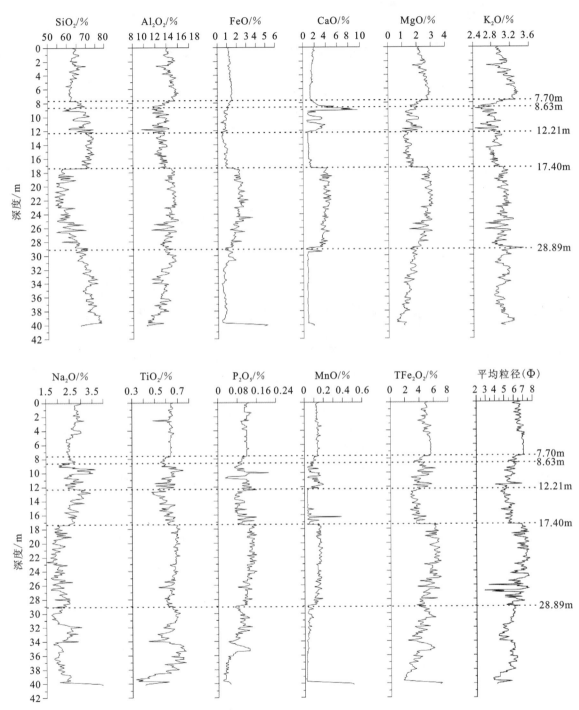

图 4-52 QDZ03 孔岩芯沉积物常量元素氧化物含量垂向变化示意图

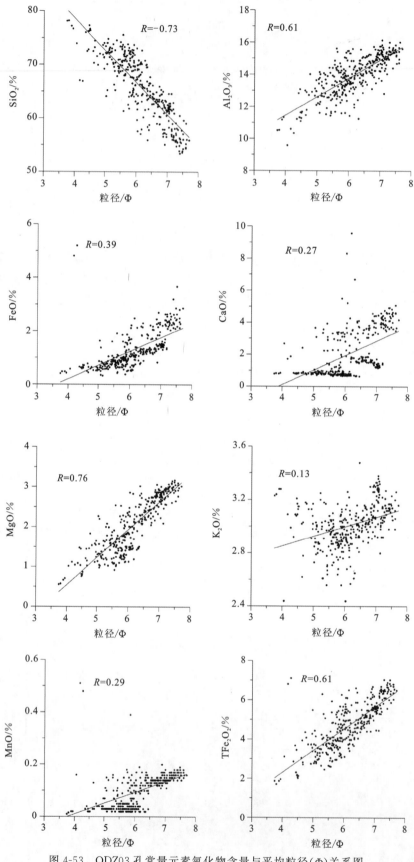

图 4-53 QDZ03 孔常量元素氧化物含量与平均粒径(Φ)关系图

表 4-15　QDZ03 孔岩芯沉积物微量元素的含量统计表

元素	样品数(个)	最大值($\mu g/g$)	最小值($\mu g/g$)	平均值($\mu g/g$)	标准偏差	变异系数(%)
Cu	342	129.00	8.50	21.56	10.61	49.22
Pb	342	31.20	13.50	23.16	4.00	17.25
Zn	342	107.00	24.30	66.36	18.60	28.03
Cr	342	90.40	27.10	66.98	12.61	18.82
Ni	342	44.40	10.00	28.80	7.82	27.17
Co	342	24.80	4.26	12.89	3.32	24.78
Li	342	64.40	14.80	44.32	12.37	27.90
W	342	2.14	0.75	1.64	0.27	16.48
Mo	342	3.07	0.16	0.45	0.25	56.17
As	342	37.10	0.78	7.46	4.44	59.52
Sb	342	1.10	0.07	0.41	0.19	46.32
Bi	342	0.59	0.07	0.28	0.12	40.62
Hg	342	0.04	0.00	0.01	0.01	49.28
V	342	116.00	32.70	77.10	18.09	23.47
Nb	342	19.40	10.80	14.80	1.81	11.45
Zr	342	646.00	138.00	240.19	64.44	26.83

3) 稀土元素丰度垂向变化特征

对 QDZ03 孔岩芯沉积物 342 个样品进行了稀土元素分析测试，结果如图 4-56 所示，从图中可以看出，QDZ03 孔稀土元素总量的变化趋势与平均粒径的变化趋势基本一致，说明稀土元素丰度与沉积物类型密切相关，随着沉积物粒度变化呈现有规律的变化，随粒度变细其含量增高，即赵一阳提出的"元素粒度控制规律"，在细粒沉积物中稀土元素含量极高。在所有沉积物类型中，稀土元素的各个参数，如轻重稀土元素分异度、铈异常以及铕异常都非常接近，基本不受沉积物底质类型影响，其变化特征可能主要受控于物质来源的影响，因此可以运用这些参数进行研究区的物源识别。研究区沉积物中轻稀土元素含量(LREE)明显高于重稀土元素含量(HREE)，La/Yb 比值在 0.85~1.57 之间，平均值为 1.08，LREE/HREE 比值介于 8.01~11.37 之间，平均值为 9.33，表明了轻稀土元素对稀土元素总量的贡献源高于重稀土元素。轻稀土元素(LREE)的富集，被认为是陆源碎屑的标志，反映了研究区沉积物的陆源特征。

QDZ03 孔岩芯沉积物的稀土元素总量(ΣREE)的分布范围为 83.87~219.26$\mu g/g$，平均值为 167.55$\mu g/g$，与长江稀土元素总量平均值接近(长江为 167.10$\mu g/g$)，高于黄河稀土元素总量平均值(黄河为 148.08$\mu g/g$)，低于中国浅海的稀土元素总量(198.71$\mu g/g$)。δEu 和 δCe 异常是反映环境的重要参数。Eu 异常能够反映沉积物的分异程度，球粒陨石标准化的样品 δEu 值在 0.58~0.82 之间，平均值为 0.71，变化范围小且均显示明显的 Eu 负异常，表明相对于球粒陨石，沉积物已经产生明显的分异，分异程度接近于大陆地壳，进而反映了沉积物源区的大陆地壳性质。球粒陨石标准化的样品 δCe 值在 0.88~1.09 之间，平均值为 0.96，没有明显的 Ce 异常。

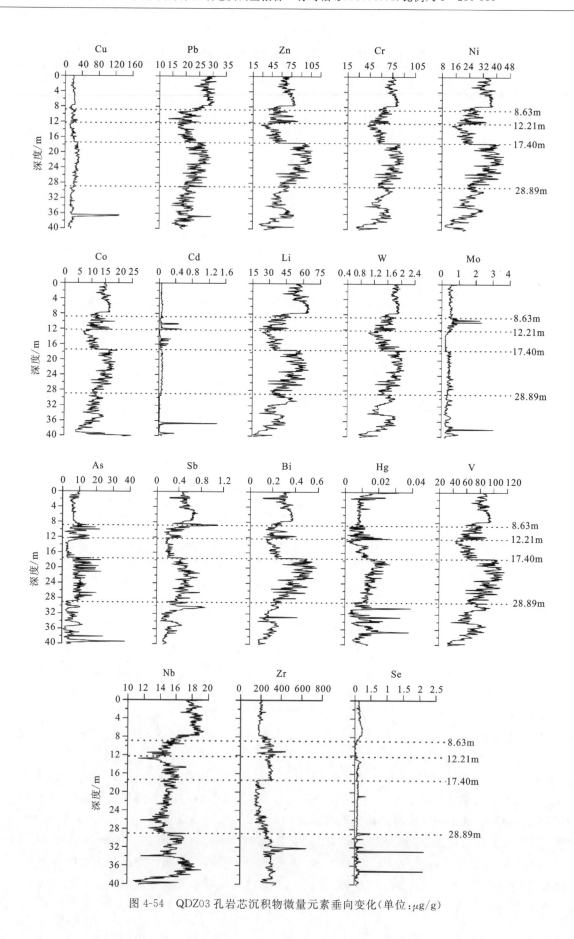

图 4-54　QDZ03 孔岩芯沉积物微量元素垂向变化（单位：μg/g）

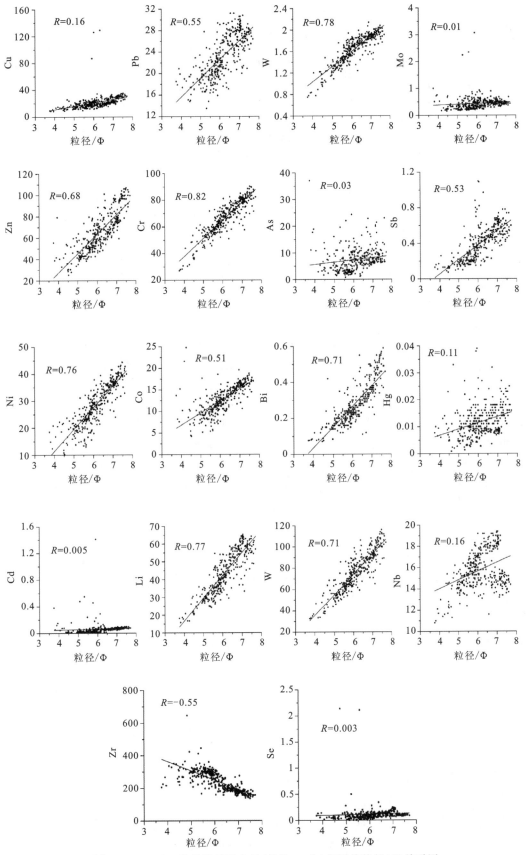

图 4-55 QDZ03 孔微量元素含量（单位：μg/g）与平均粒径（Φ）关系图

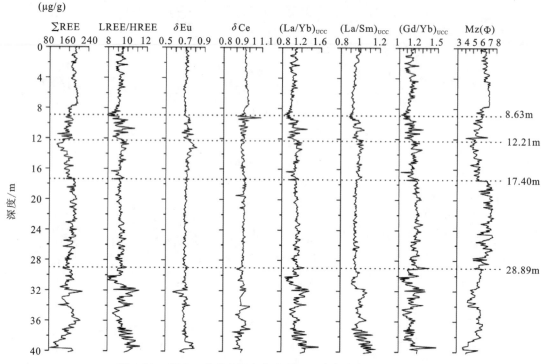

图 4-56　QDZ03 孔岩芯沉积物中稀土元素各参数的垂向变化

通过大量研究建立的沉积物稀土分布模式,广泛应用于物源判断和环境恢复。目前对沉积物稀土元素配分模式的研究可通过两个途径:一是以球粒陨石为标准进行标准化,球粒陨石被认为是地球的原始物质,因此球粒陨石标准化能够反映样品相对地球原始物质的分异程度,揭示沉积物源区特征;二是以上陆壳(UCC)或北美页岩(NASC)为标准进行标准化,了解其沉积过程的混合、均化的影响和分异度。

从 QDZ03 孔各沉积单元稀土元素含量平均值球粒陨石标准化配分曲线的形态来看(图 4-57)各沉积单元沉积物中稀土元素含量虽有差异,但分布模式基本一致,表现为配分曲线均为右倾的负斜率模式,相对富集轻稀土元素,表现出陆壳稀土元素的典型特征。La-Eu 曲线较陡,Eu-Lu 曲线较平缓,在 Eu 处呈"V"形,显示中等程度的 Eu 负异常。

通过 QDZ03 孔各沉积单元稀土元素含量平均值球粒陨石标准化配分曲线,与黄河、田横岛煌斑岩及崂山花岗岩的标准化配分模式进行对比研究(图 4-58),发现它们的球粒陨石标准化曲线形态非常相似,只是丰度大小不同,并且 QDZ03 孔岩芯沉积物的丰度介于田横岛煌斑岩、崂山花岗岩和黄河沉积物之间,相似的标准化曲线表明它们具有共同的物质来源。因此,我们认为该钻孔的主要物质来源是黄河物质,并且受到山东半岛近源物质的影响。

此外,REE 在表生环境中非常稳定,在河流中主要以碎屑态搬运。沉积物中 REE 组成及分布模式主要取决于源岩,而受风化剥蚀、搬运、水动力、沉积、成岩及变质作用影响小。因而 REE 以及稀土元素的一些参数如 LREE/HREE、Ga/Yb 以及 La/Sm 等常被作为沉积物的物源示踪指标。

从 ΣREE 与 LREE/HREE 组成的二端元分布图(图 4-58)可以看出,QDZ03 孔各沉积单元稀土元素平均含量的 ΣREE 和 LREE/HREE 比值投影主要分布在黄河沉积物与田横岛煌斑岩、崂山花岗岩之间,从而也说明了该孔的物质来源是山东半岛近源物质和黄河沉积物的联合贡献。

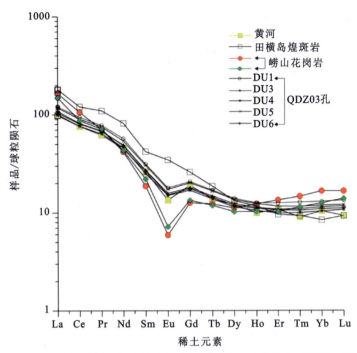

图 4-57 QDZ03 孔岩芯沉积物各沉积单元稀土元素平均值、黄河沉积物、
崂山花岗岩及田横岛煌斑岩 REE 球粒陨石标准化配分模式

[黄河数据引自杨守业等(1999),花岗岩数据引自韩宗珠等(1991),煌斑岩数据引自韩宗珠等(2010)]

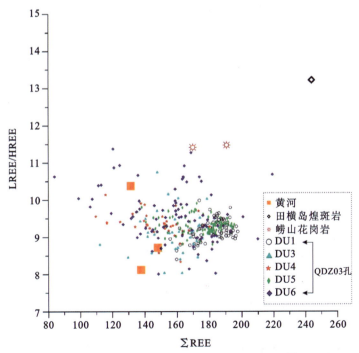

图 4-58 QDZ03 孔岩芯沉积物、黄河沉积物、崂山花岗岩及田横岛煌斑岩 ΣREE 与 LREE/HREE 二元图

[黄河数据引自杨守业等(1999),花岗岩数据引自韩宗珠等(1991),煌斑岩数据引自韩宗珠等(2010)]

4.3 山东半岛南部全新世泥质沉积体发育与演变

全新世的底界是一个区域性的剥蚀面,在南黄海其厚度整体上呈现东西两侧厚、中间较薄的特征,在朝鲜半岛西侧岸外,全新世沉积的最大厚度可达 60m 以上(Lee et al.,1989;Bang et al.,1994;Khim et al.,2000),在苏北近岸,厚度在 20m 左右,在南黄海中部沉积厚度差异较大;由于受到了现代海洋潮流系的强烈冲蚀,在南黄海海槽中几乎没有冰后期的沉积。这些全新世高海平面以来形成的沉积体通常具有"楔形"沉积特征,且多表现为陆源碎屑沉积物供给下形成的。这些被海流搬运至河口的海岸带-陆架而形成的楔形沉积体,即水下三角洲,广泛存在于我国的闽浙沿岸(与长江有关)(Liu et al.,2007;石学法等,2010)和广东沿岸(与珠江有关)(应轶甫,1999)。国外海岸带地区与大型入海河流有关的泥质沉积体包括湄公河(Tatko et al.,2002a,2002b)、亚马孙河(Nittrouer et al.,1996)、波河(Poriver)(亚德里海)(Cattaneo et al.,2003)、飞河(Fly River)(新几内亚巴布亚海湾)(Walsh et al.,2004;Slingerland et al.,2008)等水下三角洲。

黄河是中国第二大河,多年平均入海泥沙量约为 1.1×10^9 t(Milliman and Meade,1983)。黄河入海泥沙多为细颗粒泥沙,统计表明,94.2% 的泥沙粒径小于 0.063mm。黄河泥沙除了在渤海形成大规模的三角洲外,一部分泥沙通过渤海海峡输送到黄海海域成为黄海泥质沉积区的物源之一,形成远离黄河在渤海入海口的水下楔形沉积体,它们围绕山东半岛分布,或延伸至南黄海北部海域(Milliman et al.,1986;秦蕴珊和李凡,1986;Martin et al.,1993;Li et al.,2004;王海龙和李国胜,2009)。而究竟有多少黄河入海泥沙向外输送至黄海则研究结果相差较大,从 1%(Martin et al.,1993)至 15%(Alexander et al.,1991)不等。另外,黄河在渤海的沉积物经风浪作用发生再悬浮可进一步随海流通过渤海海峡向黄海输送(宗海波,2009),但这方面的定量估算工作难度较大。近年来通过对山东半岛北部近岸海区和南黄海北部陆架区的泥质沉积体的研究,我们对黄河泥沙向黄海的输运有了初步的了解。

"山东泥楔"即山东半岛东北部近岸的全新世楔形泥质沉积体,早在 20 世纪 80 年代就引起了地学界的广泛关注,Milliman 等(1987,1989)认为至少其中一部分沉积物是从渤海和北黄海搬运到此处的现代沉积物;Alexander 等(1991)认为它是形成于 6200~4060yr BP 期间的一个水下三角洲;中国科学院海洋研究所利用浅地层剖面资料对其分布特征给予了较明确的认识,在近山东半岛的一侧海区,最大厚度可达 30m,但最厚的沉积区距离山东半岛岸外 30~40km,山东半岛近岸有减薄趋势,厚 15~20m,向东约在东经 123°10′尖灭,说明黄河沉积物在绕过山东半岛的成山角之后转向沿山东半岛海岸南下,而向东的沉积很少(程鹏等,2000)。Liu 等(2002,2004)利用浅地层剖面揭示出"山东泥楔"具有向海进积超覆的前积斜层,最大厚度为 40m,下伏海侵侵蚀面,并认为是由于大量的无机碎屑悬浮物在近岸的沉积形成的。杨子赓(2004)认为山东半岛泥质沉积区是属于高水位体系域的产物,应形成于距今 6000~7000 年间,沉积动力归因于山东半岛沿岸流,物源主要包括黄河沉积物、山东半岛沿岸短源河流沉积物以及黄河三角洲和滨岸带的再悬浮物。王淑利等(2006)根据在山东半岛东北部近岸海区测得的 1800km 高分辨率浅剖面资料和两口 70m 深的全取芯地质钻孔的研究,阐述了楔形沉积体的沉积特征、形成年龄和发育历史;将楔形沉积体划分为 3 个沉积单元,从上到下依次为 SU1、SU2 和 SU3,对应的钻孔岩芯划分为 DU1、DU2 和 DU3,AMS^{14}C 测年表明,DU3 形成于 11.6~9.6cal kyr B.P.;矿物分析表明物源主要是黄河沉积物。

但是,由于山东半岛南部近岸海区的地球物理测线较少,又没有地质钻孔,目前尚未有对该处全新世楔形沉积体的详细报道。根据最近几年在山东半岛南部近岸海区获得的 3046km 的高分辨率浅地层剖面和地质钻孔资料,结合研究区的海洋动力条件和前人在研究区所做的矿物分析资料,对该处的全新世沉积体的分布特征、形成年龄及成因进行深入剖析,这不仅填补了山东半岛南部近岸浅海区全新世沉积地层资料的空白,而且对于深刻认识黄河入海泥沙向黄海输运的规律、揭示黄河沉积物对黄海沉积作用的影响具有重要意义。

4.3.1 山东半岛南部泥质沉积体岩性与年龄

通过过孔剖面显示,QDZ03孔穿过楔形沉积体和一个小型下切谷(图4-59、图4-60),根据钻孔标定本区浅地层剖面,全面刻画了研究区全新世以来泥质沉积体厚度图(图4-61)。根据本章节的研究内容,本节只对QDZ03孔代表全新世时期的0~8.63m的钻孔岩芯进行了分析(图4-62)。根据钻孔岩芯层序同其穿过的浅地层剖面对比,可将0~12m部分的岩芯划分为3个沉积单元,从上往下依次命名为DU1-1、DU1-2和DU3。

DU1-1的5个AMS^{14}C年龄从底部的4796 cal yr BP至上部的559 cal yr BP,属于全新世中晚期沉积,与其底部出现的全新世最大海泛面相一致,但DU1-1和下伏的DU1-2之间有一个4000年左右的沉积间断。DU1-1底部2个测年数据出现的倒转现象,连同DU1-1和DU1-2之间的沉积间断,在海岸带地区是比较常见的,这与海岸带地区在较强的沉积动力作用下发生沉积物再悬浮有关。

根据岩性特征,DU1-2被解释为近岸浅水沉积。DU1-2从下至上的3个AMS^{14}C年龄显示了良好的时序,变化于10 638~9336 cal yr BP,表明为全新世早期沉积;由这3个年龄数据所计算的沉积速率外推,DU1-2的年龄为11.0~9.0 cal kyr B.P.。

有孔虫和介形虫的这种组合变化,著者认为主要是由海平面的变化引起的,海水的进退导致该地时而露出地表,时而被水淹没。本单元的沉积环境被解译为滨岸-洪泛平原沉积,普遍发育的棕色锈斑指示其多次出露于海底遭受氧化。DU3沉积期间的环境变化被解译发生于氧同位素3期(MIS3)到氧同位素2期(MIS2)。

4.3.2 山东半岛南部泥质沉积体空间展布特征

在浅地层剖面上,山东半岛南部近岸楔形沉积体是指介于海底面T_0和反射界面T_1之间的沉积层,即地震单元SU1,其底部为加积或上超的、近似水平反射层,大都<3m,且常缺失,其上被向南、向东进积的缓倾斜状反射层所覆盖,它们之间的界面被解释为冰后期最大海泛面(Maximum Flooding Surface,MFS)(图4-59、图4-60)。从整体上看,SU1为向南、向东进积的水下楔形沉积体;其厚度分布如图4-61所示,在研究区主要分布在崂山头以北的近岸海域,整体上沿海岸线呈带状分布、向海方向逐渐变薄,一般为1~15m;但在小岛湾、鳌山湾、丁字湾和乳山湾的湾口呈扇状分布,沉积体较厚,尤其以鳌山湾和小岛湾湾口的沉积厚度最大,最厚可达22.5m。楔形沉积体3m等厚线是一个明显的分界线,向岸部分厚度变化较大,坡度较陡;向海部分厚度变化很小,海底比较平坦,厚度主要介于1~3m之间。3m等厚线大致沿现今水深25m等深线分布(以黄海基准面为零面)。这与以前的调查认为山东半岛南部水下岸坡主要分布在水深25m以内、沿海岸呈带状分布的特征相一致。T_1和T_0之间的地震单元SU1被解释为从冰后期海平面继续上升达到最大海泛面的位置直至现今的沉积记录,包括了海侵体系域上部及高位体系域的沉积物。

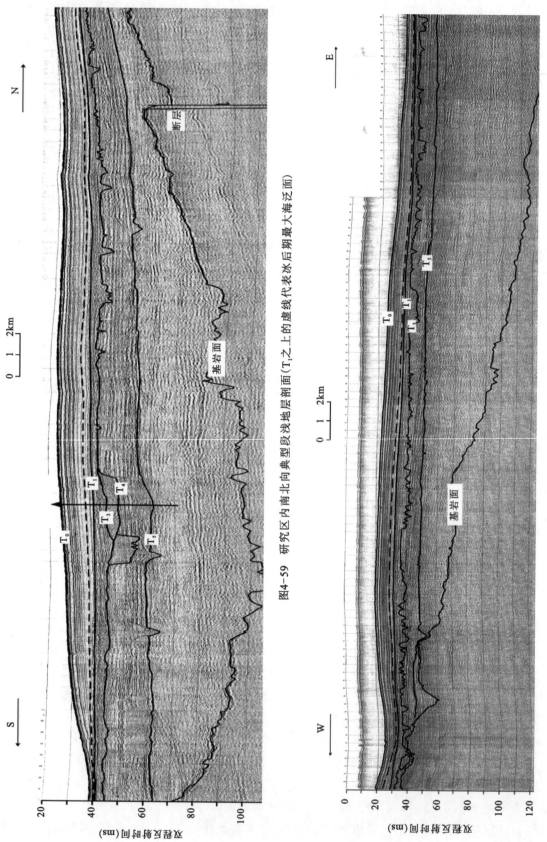

图4-59 研究区内南北向典型段浅地层剖面(T_1之上的虚线代表冰后期最大海泛面)

图4-60 研究区内东西向典型段浅地层剖面(T_1之上的虚线代表冰后期最大海泛面)

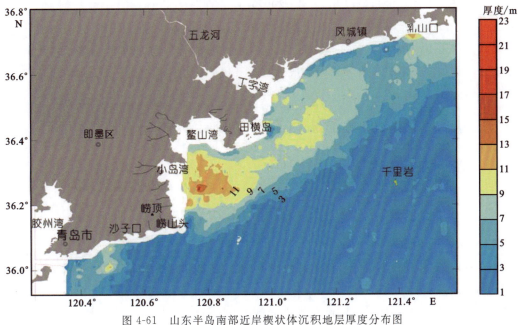

图 4-61　山东半岛南部近岸楔状体沉积地层厚度分布图

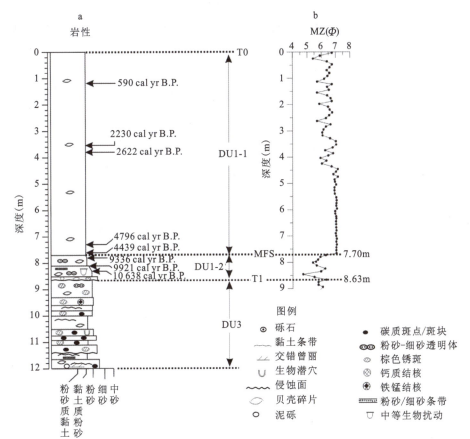

图 4-62　QDZ03 孔 0～12m 岩性柱状图及 AMS^{14}C 测年数据（a）和 0～9m 岩芯平均粒径（Mz）分布（b）

（DU1、DU3：沉积单元；T$_0$-T$_1$：地震界面；MFS：全新世最大海泛面）

泥质沉积体的另外一个重要特征就是沉积体最厚的部分并不是离岸最近的,原因可能在于全新世阶梯式的海侵过程中,离岸最近的地区往往被海水覆盖和接受沉积的时间比较短,并且近岸地区沉积动力较强,容易使泥质沉积物发生再悬浮而向外海搬运。这与山东半岛东北部楔形沉积体最厚的部分也不直接与海岸线连接是同样的机制(Liu et al.,2007)。

崂山头至沙子口南一带海域几乎缺失全新世沉积,是在全新世海侵过程中海面快速上升、物源供应不足及现代潮流作用下形成的(袁红明等,2007)。在胶州湾外,青岛前海也有小面积的沉积体,是胶州湾退潮流携带的泥沙在主潮道末端堆积而形成的落潮三角洲叶状体的一部分(汪亚平等,2000)。

4.3.3 山东半岛南部泥质沉积体发育机制与演化

4.3.3.1 沉积序列的年龄

冰后期西太平洋地区海平面变化曲线显示(Liu et al.,2000;Hanebuth et al.,2011,图 4-63),海平面的上升是阶梯式的,有几次主要的全球冰融水事件,使海平面快速上升(Fairbanks,1989;Bard et al.,1990;Blanchon and Shaw,1995;Weaver et al.,2003;Tornqvist et al.,2003):14.3～14.1cal kyr B.P.之间的 MWP-1A 事件使海平面从－96m 快速上升到－80m;14.1～11.5cal kyr B.P. 期间,海平面缓慢上升,从－80m 逐渐上升到－60m;11.6～11.2cal kyr B.P.之间的 MWP-1B 事件,使海平面从－60m迅速上升到－40m,然后缓慢上升,约 9.8cal kyr B.P.,海平面达到－36m;9.9～9.0cal kyr B.P.之间的 MWP-1C 事件,使海平面从－36m 快速上升至－16m;9.0～(7.0～6.0)cal kyr B.P.,海平面从约－16m 上升至全新世最高海平面,期间经历了 8.2cal kyr B.P. 和 7.6cal kyr B.P.两次海平面小幅快速上升事件,之后海平面经历 3～5m 的波动直至现今的海平面位置。

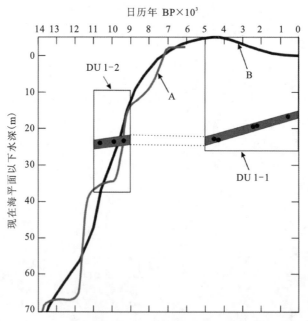

图 4-63 QDZ03 孔上部沉积物(0～8.63m)的年龄-深度图和沉积物累积曲线
[A:黄海及周边区域的海平面变化曲线(Liu et al.,2000);
B:巽他陆架地区的海平面变化曲线(Hanebuth et al.,2011);DU1-1 和 DU1-2:沉积单元]

T_2 的形成时间就是末次冰消期开始后海侵进入本研究区的最早时间。根据前面的分析,T_2 的埋深可达 40～60m bpsl,据中国东部海区冰后期海平面变化曲线推测,T_2 的形成时间基本对应于 MWP-1B 事件,为 11.6～11.2cal kyr B.P.。

如前所述，研究区 T_1 界面的埋深主要位于 40～15m bpsl（图 4-64），根据海平面变化曲线推算其形成时间为 11.2～9.0cal kyr B.P.，说明研究区楔形沉积体的发育始于全新世早期，这与 Liu et al. (2007) 认为山东半岛东北部水下楔形沉积体形成于 11.6cal kyr B.P. 以后是一致的，也表明两者在区域上的延续性。同时，T_1 是穿时的，由远海向近岸，其形成年龄应是逐渐年轻的。在位于本研究区南部的南黄海西部陆架区，对应于 T_1 的海侵面的形成时间为 13～11cal kyr B.P.，这与中国东部陆架区末次冰消期海侵由南向北推进有关。QDZ03 孔沉积单元 DU1-2 就是在对应于 T_1 的侵蚀面之上形成的近岸浅海沉积，其沉积年龄（11.0～9.0cal kyr B.P.）与其下伏的 T_1 形成时间是非常合拍的。

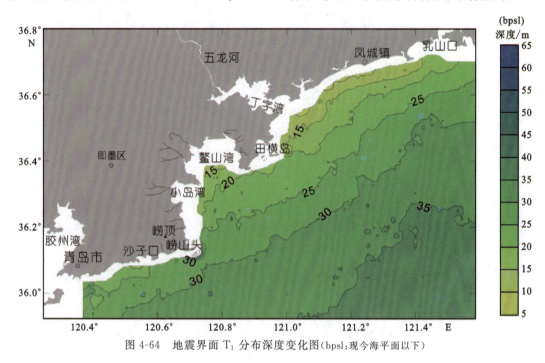

图 4-64 地震界面 T_1 分布深度变化图（bpsl：现今海平面以下）

地震界面 T_1 和 MFS 之间的沉积单元 DU1-2 对应于全新世早期海平面上升时期，其显示的正粒序恰好反映了研究区海水深度逐渐加深、沉积动力条件逐渐减弱的沉积过程，这与山东半岛东北部近岸全新世楔形沉积体的早期沉积记录如出一辙。

地震界面 MFS 之上的沉积单元 DU1-1 代表了全新世中期高海平面之后的沉积记录，其下部沉积物（钻孔 QDZ03 孔 4.80～7.70m）粒度非常均匀，就是全新世中期以来海平面和沉积环境比较稳定的真实写照；但其上部沉积物（钻孔 QDZ03 孔 0～4.80m）的粒度略有粗化并显示小幅波动，初步推测与约 3.5cal kyr B.P. 以来人类活动加剧有关，其真实原因有待进一步研究。

4.3.3.2 沉积物物源

追踪物源的方法有很多，不仅包括应用最广的黏土矿物判别法，还有发展最快、应用最广的元素地球化学方法，特别是微量元素（包括稀土元素），因为这些元素在侵蚀、搬运、沉积等过程中不易发生转移，几乎可以等量的保存在碎屑沉积物中（Mclennan，1989；Mclennan and Taylor，1991；Murray，1991，1994）。

从伊利石、蒙脱石、高岭石＋绿泥石为端元做出的三角端元图（ISKc 图）（图 4-65）来看，QDZ03 孔 0～8.63m 沉积物黏土矿物的 ISKc 投影位于黄河沉积物内部和下方，并且伊利石/蒙脱石比值绝大部分都在 6 以下，这与黄河沉积物的黏土矿物的组成特点比较一致而与长江沉积物的黏土矿物组分相差甚远,长江沉积物中该比值都在8以上(范德江等,2001),因此可以排除长江来源的沉积物对研究区楔形沉积体的重要贡献。

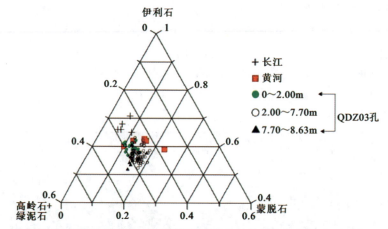

图4-65 研究区与长江及黄河沉积图黏土矿物组分端元图(ISKc图)

[黄河、长江黏土矿物数据引自文献(Xu,1983;杨作升,1988;Yang et al.,2002,2003)]

然而,从沉积物的REE来分析,研究区楔形沉积体的物源与典型的黄河沉积物有所差异(图4-66),推测有来自研究区近源沉积物的部分贡献。在缺少山东半岛南部入海河流沉积物地球化学数据的情况下,我们引用山东半岛主要母岩——花岗岩和黄斑岩的稀土元素研究数据进行物源分析(韩宗珠等,1991,2010)。从图4-66可以看出,无论是样品的球粒陨石标准化配分模式,还是样品稀土元素的参数变化特征,研究区楔形沉积体的沉积物都是介于黄河沉积物与崂山花岗岩-田横岛黄斑岩之间,支持其物源来自黄河与研究区近岸入海河流或海岸带基岩侵蚀物的联合贡献的推断。与这一分析相吻合的是,楔形沉积体在鳌山湾、小岛湾、丁字湾、乳山湾等海湾的湾口呈扇形分布(图4-62),沉积厚度明显比周围沉积体厚度要大,表明近岸入海河流或海岸带基岩的侵蚀物在局部上对楔形沉积体的发育有重要影响。

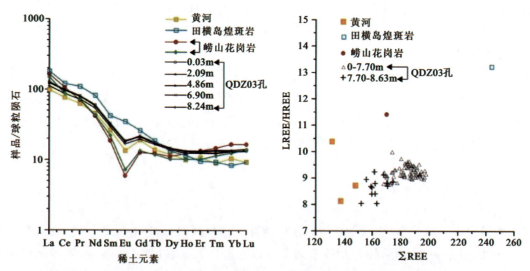

图4-66 QDZ03孔0~9m岩芯沉积物代表性样品、黄河沉积物、崂山花岗岩及田横岛黄斑岩REE球粒陨石标准化配分模式

以往的研究通过对研究区海底表层沉积物矿物组分的分析,也肯定了黄河来源的沉积物对研究区的贡献。陈丽蓉等(1986)根据中国海碎屑矿物分布特征,认为现代黄河的物质流经渤海海峡进入黄海,

通过山东高角转向西南,可一直影响到山东省的海阳市一带,片状矿物含量甚高;丁字湾至胶州湾近海沉积物中的碎屑矿物以低的钾长石、高的云母类片状矿物为主,符合黄河碎屑矿物的组合特征(李安春等,2000)。李国刚等(2010)通过研究山东半岛近海表层沉积物黏土矿物,认为以伊利石-蒙皂石-绿泥石-高岭石型为组合类型的黄河型黏土矿物遍布于山东半岛南北两侧。

黄河物源对研究区的影响是由中国东部海岸带-陆架区海洋流系特征所决定的。对南黄海海水中悬浮体扩散规律的研究表明,黄河入海泥沙的一小部分可通过渤海海峡、绕过山东半岛最东端的成山角沿山东半岛南岸向西搬运到崂山头海域(秦蕴珊等,1989)。如研究区浅地层剖面所揭示的那样,在全新世最大海泛面之上的楔形沉积体总体上显示出向南、向东进积的缓倾斜状地震反射层,这与研究区的沉积物源——黄河来源的沉积物主要由山东半岛南部的沿岸流从北往南输运而至是一致的。

综上所述,研究区全新世楔形沉积体主要来自黄河和山东半岛的近岸物源。

4.3.3.3 山东半岛南部泥质体形成机制

研究区楔形沉积体的发育是末次冰期最盛期(LGM)以来海平面变化、物源与沉积动力条件等多种因素联合作用的结果。LGM 的海平面大幅度降低 120m 以上,黄海陆架裸露成陆并发育深切河谷,研究区地震界面 T_3 所限定的深切谷就是这一时期形成的,地震单元 SU3 代表了深切谷底部的河流沉积。随着冰后期海平面的逐渐上升,研究区的深切谷底部的河床沉积依次被河口湾-洪泛平原(SU2)和滨岸-陆架沉积(SU1)所覆盖,这一冰后期沉积序列与其他 LGM 下切谷的充填序列是一致的(Li et al.,2002;Lin et al.,2005)。由于冰后期海平面的不断上升,从全新世初期开始临滨带(Shoreface-zone)从海向陆席卷黄海陆架,形成了区域性的穿时海侵面(地震界面 T_1);从此以后直至海平面上升至全新世中期(7~6cal kyr B.P.)达到最高海平面位置,这期间由于黄海暖流尚未形成(刘健等,1999;李铁刚等,2007),黄海类似现代的环流格局还未出现,进入渤海的黄河沉积物被强度超过现今的通过渤海海峡的往复潮流带进北黄海并进入南黄海(Liu et al.,2009),泥质沉积物开始堆积于山东半岛南部近岸海区,但沉积速率相对较低(形成 QDZ03 孔的 DU1-2)。

在全新世中期(7~6cal kyr B.P.)海平面达到最高位置以来直至现今,随着黄海暖流的出现(刘健等,1999;李铁刚等,2007),黄海现代环流格局形成,沿岸流携带大量黄河物质绕过成山角在山东半岛南部近岸海区发生沉积,形成了沿海岸带呈带状分布的楔形沉积体的主体(QDZ03 孔的 DU1-1)。全新世期间由于进入乳山湾、丁字湾、鳌山湾及小岛湾的河流泥沙向海输运,在这些海湾的湾口形成了扇状特征的沉积体,同时可能由于潮流受到崂山头的阻挡形成涡旋,在鳌山湾和小岛湾湾口的沉积物厚度最大。

在楔形沉积体发育期间,近岸地区较强的沉积动力条件(包括风暴作用)会造成沉积物的再悬浮从而致使地层不完整,QDZ03 孔 DU1-1 和 DU1-2 之间约 4000 年的沉积缺失应是这一动力过程的体现。我们推测,如山东半岛东北部全新世楔形沉积体中的地层缺失仅在局部出现而在区域上没有统一性那样(Liu et al.,2007),研究区 QDZ03 孔位所揭示的 DU1-2 和 DU1-1 之间的沉积间断应该是局部存在,在海岸带不同区域因为水深等沉积动力因素的差异导致地层的缺失出现在不同层位。

以往的研究揭示出山东半岛东北部和南黄海北部存在全新世的楔形沉积体或水下三角洲(Liu et al.,2007),它们在形成时间上与研究区的楔形沉积体基本一致,在物源上都是被黄河来源的沉积物所主导,也都是在黄海海岸带-浅海区的流系共同作用下形成的。因此,这些分布在黄海西部海岸带-浅海区的楔形沉积体或水下三角洲是从全新世初期开始发育至今、在空间展布上具有成因联系、且以黄河物源为主的沉积体。

第5章 区域地层

近年来,随着地震勘探技术(浅剖地震、单道地震、多波束等)的提高,以及钻孔岩芯、地球化学及地球物理技术的发展,中国近海海域的地质研究不断深入。众多学者通过南黄海各项地质资料的综合分析,对该区域沉积地层的研究取得了显著进展(刘敏厚等,1987;秦蕴珊等,1988;周墨清等,1990;杨子赓等,1993;赵月霞等,2003;欧阳凯等,2009;侯方辉等,2019;梅西等,2019)。杨子赓等(1993)运用一千多千米的浅地层剖面结合QC2、QC1等钻孔以及柱状样,将南黄海Olduvai亚以来划分出15个地层,其中包括7个海侵层和1个具海侵迹象的层位。1996—1997年在南黄海东侧和朝鲜半岛之间的海域实施了YSDP102~YSDP107系列钻孔,对第四纪地层进行了划分研究,该区域地层直接覆盖在基岩面上(JIANG et al.,2004;刘建兴等,2015;FANG et al.,2013;Jeong-Hae,2005;Jin et al.,2002)。葛淑兰等(2005)运用磁性地层学的方法,对南黄海中部EY02-2钻孔(65m)进行了年代测定,并将磁化率及粒度与中更新世以来的6个海侵层进行印证。梅西等(2011)在测年数据和浅剖资料建立了DLC70-3钻孔的年代地层,表明此钻孔为末次间冰期以来氧同位素3期到氧同位素5期的沉积。受全球海平面波动的影响,研究区地层呈现为海陆相地层旋回复始。赵月霞(2003)利用6000km的高分辨地震剖面对南黄海的沉积地层进行分析,识别出9个(U1~U9)地震单元,包括5个海侵沉积层和4个陆相沉积层,两种地层交错旋回。宋召军等(2005)通过对高分辨率浅剖地震的解释,对南黄海西部陆架区分为5套声学地层。每一套地层均代表一次海进-海退的沉积旋回。侯方辉(2006)对南黄海80m内的晚第四纪地层进行地震单元划分,研究出晚更新世以来的3个海相沉积和2个陆相沉积单元。仇建东(2012)将山东半岛南岸晚更新世以来的地层划分出6个地层单元,并结合QDZ03、QDZ01两口岩芯钻孔进行了年代确定。孙钿奇等(2012)对山东半岛南部近岸全新世泥楔进行具体分层。杨继超(2014)利用高分辨率地震资料结合钻孔资料,对南黄海中部盆地1.95Ma BP以来的地层进行划分,划分出13个地震单元,并对研究区内年代地层平均厚度进行了分析。陈晓辉(2014)对北黄海陆架晚第四纪研究并识别出10个声学地层单元。并与DLC70-2孔沉积相作对比,划分出氧同位素6期(MIS6)以来的与声学地层对应的沉积地层。

2013年和2015—2016年青岛海洋地质所实行的"大陆架科学钻探"项目在南黄海中部隆起区进行了两次全取芯钻探,获得了CSDP-1井和CSDP-2井两口深尺度钻井。CSDP-1井(300.1m)首次建立南黄海陆架区第四纪的沉积地层格架及环境演化规律。通过CSDP-1中的有孔虫和介形虫定量分析发现南黄海存在7个海侵层记录(Liu et al.,2016;Xi et al.,2016)。对CSDP-1孔的元素地球化学特征分析得出S、Sr、Ba的质量分数和Sr/Ba值分布变化与晚更新世第四纪以来的海陆沉积变化密切相关。对CSDP-2井(2848.18m)钻孔地层的地球物理性质进行分析,标定了中—古生界的地层、沉积环境及构造演化(郭兴伟等,2019;张训华等,2019)。通过VSP测井资料和声波测井解释的地震资料对比,构建了地层岩性界面与地震反射波组的对应关系(吴志强等,2019;张晓华等,2018;Pang et al.,2019),郭兴伟等(2019)通过对CSDP-2钻井资料的研究,推翻了以往结论,对T_{10}界面进行重新标定。揭示出新近系—第四系地层直接覆盖于下三叠统—古生界。吴志强等(2019)通过对 CSDP-2 钻井岩芯的测试及物性资料的分析,揭示了新近系—第四系及三叠统青龙组—下志留统高家边组的物性特征。张晓华(2018)将新近纪的沉积地层进行了更加精细的划分,识别出 5 个地震反射层,分别对应新近系底界面、青龙组底界面、青龙组底界面、龙潭组底界面和泥盆系底界面。

5.1 单道地震资料解释

5.1.1 地震地层学方法

5.1.1.1 地震层序的概念及划分依据

地震层序是沉积地层在地震剖面上的反映,它是由一套以整合或者不整合面为分界面,连续可追踪且成因上有联系的地层所组成。层序内的全部地层都是从定义中可知,地震剖面是地震层序的识别基础,划分地震层序需要首先识别地震反射界面,再根据具有相对一致性的地震反射单元来组成地震层序。Vail 等(1977)首先提出了整一和不整一的概念,所以,划分地震地层的依据是识别整一面或者不整一面。

5.1.1.2 地震单元识别标志

整一是指层序内的地层与地层界面呈现平行的关系;不整一是层序内的地层与地层界面呈一定角度的相交。不整一又分为上超、下超、顶超和削蚀 4 种接触关系。上超、下超、顶超和削蚀的反射终止特征是层序地层学的基本识别标志。

上超是一组水平(或略微倾斜)地层逆原始沉积地层倾斜方向向上超覆,代表水面不断上升逐步超覆的现象。

下超指一组新沉积的地层顺原始沉积地层向下超覆,是定向水流前积作用而形成,代表新沉积的地层依次超覆在原始沉积地层之上,反映海退或三角洲前进的沉积现象。

上超和下超统称为底超,是代表地层连续沉积的标志。

顶超是沉积层序的上部边界地层的超覆。在倾斜地层处,顶超现象很普遍,例如,三角洲前积层或斜坡沉积以及在沉积层序边界处的上倾尖灭。其形成可能与沉积物的经过和较小的侵蚀作用有关。

削蚀是在层序的上部边界处由于侵蚀作用而造成的横向地层尖灭,代表一个侵蚀间断。

5.1.1.3 地震单元的内部反射结构

地震单元的内部反射结构是指地震地层内部反射波的延伸情况与同相轴的相互关系。为了认识地震相,并对地震地层进行更好的解释,需要对地震单元的内部结构进行进一步的划分。Mitchum 等(1997)将地震相的内部结构划分为 6 种反射类型(平行与亚平行、发散、前积、乱岗状、杂乱、空白或无反射乱岗状)。

1)平行与亚平行结构

平行和亚平行反射结构是地震反射界面中最多、最简单的结构,反射波为平直或者微波状,反映了一个在稳定的基准面控制下的匀速沉积过程(杨子赓,2004)。主要存在于匀速的海平面上升或陆棚的下降、稳定的盆地沉降(盆地中心处)。

2)发散结构

发散结构是由于地层厚度的不均,使反射波发生向一侧发散(地层增厚处),向另一侧收敛(地层减薄处)的现象。通常反射波收敛一端会发生反射终止。发散结构的形成多是由于上倾地层的厚度过薄而低于地震分辨率,反映的是一种沉积物的沉积速率在空间上表现出分布不均匀或因沉积的基准面发生倾斜导致的差异性沉积(杨子赓,2004)。主要存在于楔形地层单元中。若三角洲前缘砂岩和页岩反射层系向同期形成的同生断层方向呈显著的发散现象,易形成背斜油气聚集带(董立生等,2004)。

3)前积结构

前积结构是地层内部典型的一种反射结构,主要是因为携带沉积物的水流通过坡度和缓的沉积表面时,侧向扩建或前积作用而成。前积结构往往存在于三角洲前缘或碳酸岩盐向盆地方向迁移的沉积地层中,主要表现特征是反射层依次向盆地方向前积。按照内部特征的差异,前积结构又可分为5种类型(叠瓦状前积结构、S形前积结构、S形与斜交复合型前积结构、前积-退积结构、斜交前积结构)。

叠瓦状前积结构与上下界面平行或近似平行,但在地震单元内部呈现平缓的叠覆或斜交。这种地层被解释为一种受短期强水流控制的浅水环境。

S形前积结构是由相互叠置的S形地层组成的。具有倾角较小的顶积层、底积层和倾角较大的前积层三层结构。反射地层为梭形、透镜状形态。在沉积过程中,后形成的地层在下倾沉积方向横向外推形成前积斜坡模式,反映一种低能沉积环境,反射交角较小,在沉积剖面上地层内部呈现整一的接触关系,与地震单元的下界面呈现整一或下超的关系。

S形与斜交复合型前积结构是指两种反射结构在地层中交错出现,地震地层中可见一部分顶积层或者S形的加积层,反映的是一种高能环境。

前积-退积结构表现为下部"S"形前积,上部退覆反射。出现以砂岩为主的近岸水下扇堆积环境,从下到上粒度变化为细—粗—细,反映扇进扇退的旋回。

斜交前积结构分为水平斜交和切线斜交。具有明显的顶超终止特征且缺乏顶积层和前积层。水平斜交解释为上倾地层对上界面顶超或削蚀,下部地层与底界面具有较高角度的下超;切线斜交解释为地震反射以下超的方式与底界面相交。反映一种高能沉积环境,出现于沉积动力强的河口三角洲。

4)乱岗状结构

乱岗状结构的反射波呈连续性差、不规则的特征,伴有非系统性反射终止或同相轴分叉现象,多存在于扇形三角洲、三角洲间湾的弱水流沉积环境。

5)杂乱结构

杂乱结构内部为无规律、不连续且十分杂乱的反射,其形成原因是内部高能不稳定沉积环境的快速沉积而导致内部成层性差;构造运动导致地层的强烈变形;河流切割和填充、同期滑塌构造、充填河道综合体等。

6)空白或无反射结构

空白或无反射结构是由于地震地层内部为均质体而缺乏反射界面,一般可以表示均一的砂质或者泥质沉积层(杨子赓,2004)。另外大型火成岩、盐丘、泥丘均会产生这种结构。

5.1.2 反射层的划分

5.1.2.1 反射界面的标定

地震反射界面的标定建立在1800km的单道地震资料和同网布设的1800km浅地层剖面资料基础上，地震剖面的解释运用从点到线再到面的原则，对不同地震层位进行标定。在地震剖面解释时，参照了有关钻井（孔）资料给出的地层划分结果，根据钻孔测年数据以及地层发育特征，首先标定出地震剖面上的全新统和第四系（Q_9）的底界面。在研究区很多测线上，新近系的底界面是一个连续强反射界面，并由于以往油气勘探的地震资料也给出了此界面的位置，所以对新近系（T_2）的反射界面进行标定。在已标定界面的基础上，对地层内部的地震层面进行进一步的确认。根据南海等海域新第三系分层情况，将第四系进一步划分出上更新统（Q_5）、中更新统（Q_8）的底界面。其中全新统为黄骅海侵层；新近系分为上新统（T_1）、上中新统（T_1^4）和中中新统（T_1^3）的反射界面。最终的地震剖面解释结果是在仔细推敲、多次反复的基础上最终确定的（图5-1）。最终确定的剖面解释结果满足各剖面地层关系合理，并且交点闭合。

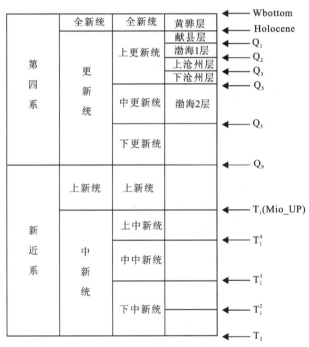

图5-1 研究区地层表（林曼曼，2014）

5.1.2.2 各反射层的层速度确定

对于层速度的确定，本文主要借鉴了大连海域BC-1孔和南黄海北部凹陷石油钻井的速度-深度资料及渤海海区的层速度研究（王衍棠等，2008；贾凌云，2011），拟合出研究区的时空深度转化。在中部隆起，海底面至629m，主要是新近系未固结沉积物，速度1500~2200m/s，密度低（施剑等，2018）。

1) 全新统速度的确定

根据以往研究和浅地层剖面测量的资料对比,浅部地层(海底以下50m)的双程反射时间-深度是按照声波穿过水体和浅层沉积物分别为1500m/s和1550m/s进行转换的。因此全新统地层的层速度确定为1550m/s。

2) 上更新统速度的确定

上更新统包括献县层、渤海Ⅰ层、上沧州层和下沧州层,钻孔揭示的总厚度为169m,在地震剖面上,晚更新统的双程走时为170ms,由此计算出该层的平均地层速度为1985m/s。

3) 根据地震剖面确定的地层速度

在本研究区L3测线SP4430位置,第四系的厚度为600m,地震剖面上的双程走时为624ms,由此计算的第四纪地层的平均层速度为1923m/s。

4) 各反射层层速度的确定

结合上述各层的速度,渤海多条地震剖面所给出的速度以及黄海北部凹陷区时深转换参数,确定了研究区的地层速度(表5-1)。

表5-1 研究区使用的地层速度表

地层	速度(m/s)
全新统	1550
上更新统	1985
中更新统	2115
下更新统	2115
第四纪地层(平均)	2071
上新统	2200
中新统	2300

根据浅剖资料的数据确定全新统的速度为1550m/s。根据BC-1孔的数据,上更新统的速度确定为1985m/s。中更新统的速度用上、下沧州层的平均速度来代替,确定为2115m/s,下更新统的速度同样用上、下沧州层的平均地层速度来代替,确定为2115m/s。第四系的速度用下、中、上更新统3个地层的平均地层速度来代替,确定为2071m/s。

第四系以下的地层使用两个地层速度,上新统的地层速度确定为2200m/s,全部中新统的地层速度确定为2300m/s。这两个速度的确定既考虑了魏忠元总结的渤海多条地震剖面给出的地层速度变化趋势,同时也考虑了黄海地区地层速度变化趋势。

5.1.3 地震剖面反射特征

通过对研究区地震资料的处理,加之以地震地层学中层序识别的方法,通过顶超、上超、下超、削蚀等几种地震单元的接触关系作为划分地层的判断依据,识别出一系列连续可追踪的整合或不整合的地震层序界线,具体划分见表5-2、图5-2、图5-3。

表 5-2　研究区地层划分表

地层年代	地层代号	地层底界面
全新统	Qh	Q_1
上更新统	Qp_3	Q_5
中更新统	Qp_2	Q_8
下更系	Qp_1	Q_9
上新统	N_2	T_1
中新统	N_1	T_2

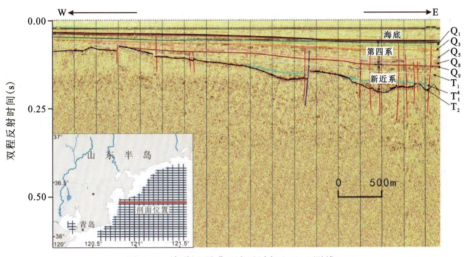

图 5-2　单道地震典型解释剖面（Z16 测线）

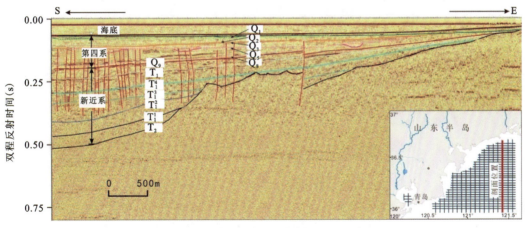

图 5-3　单道地震典型解释剖面（L2 测线）

海底面的反射特征表现为高振幅高连续相，其起伏较小，表现为向东南缓倾的形态。

5.1.3.1　全新统底界面反射特征（Q_1）

全新统底界面振幅强连续性高，位于地震反射界面 H_1 之上，全新统受海侵的影响，下伏地层的顶界面不断被海相地层超覆，在地震相上底部表现为加积或者上超的接触关系，地震相的内部结构呈水平或亚水平的平行反射层理,从整体来看为向南向东方向进积楔形沉积体形态。此时的地层被解释为末次冰期冰后期的最大海泛面的沉积地层,记录着海侵体系与上部及高位体系域沉积物。

5.1.3.2 上更新统底界面反射特征(Q_5)

上更新统底界面地层中存在多条古河道,地震界面为高振幅、低—中连续性的侵蚀面,河道沉积与围岩波阻抗差较大,形成连续的强反射。地震相的内部结构呈交错、波状、倾斜发育、杂乱反射的特征。晚更新世时期受海进海退影响大,在低海平面时期,古河道削蚀下部地层,导致与下伏地层有明显角度不整合,属于埋藏古河道沉积相。主要分为河道充填沉积和滞留沉积两种沉积类型,河道内部呈透镜状或微小的扇形填充。总体来看,西北部地层较浅,东南部区地层较深。

5.1.3.3 中更新统底界面反射特征(Q_8)

中更新统地层中也发育有多条古河道,地震反射波组振幅能量强,较连续,且与上下地层差异明显,内部反射结构表现为杂乱-波状反射、亚平行反射特征。地层厚度总体较薄,西北-东南逐渐增厚,东南部为沉积较厚区。

5.1.3.4 下更新统底界面反射特征(Q_9)

下更新统底界面为低连续、中—强振幅反射相。地震内部呈水平或亚水平的平行反射层理。内部断层较为发育,受断层的影响连续性较差,断层数量多,大多分布在研究区东南深海区,地层厚度南北差异大,由西北向东南埋深加大。

5.1.3.5 中新统底界面反射特征(T_2)

中新统底界面为断续—较连续中振幅反射相,在地震剖面上底界面地震内部反射形成无结构、杂乱弱反射地震相。新近系的地层埋藏较深,厚度较大,研究区有多条贯穿新近系的断层,产状竖直,由于断层断距较小,不影响本地区地层的总体分布。从整体而言,新近系底界面滨岸区向南东方向缓倾,逐渐转为向南南东缓倾。

5.2 浅剖地震资料解释

本书根据 2009 年青岛海洋地质所采集的 1800km 浅地层剖面资料,将浅剖资料与研究区一根全取芯钻孔(QDZ01)资料进行比对,将地震地层学与年代地层学相结合,地震层序与年代层序相比较分析,对青岛近岸海域氧同位素 6 期(MIS6)以来的浅剖资料进行详细的研究(图 5-4)。

5.2.1 地震反射界面

由于研究区内无大型入海河流且基岩埋深比较浅,因此基岩面上因物源不足造成沉积地层厚度较薄且不同区域内沉积物分布不均,通过浅剖地震的分析,主要揭示了研究区晚更新世以来主要沉积地层

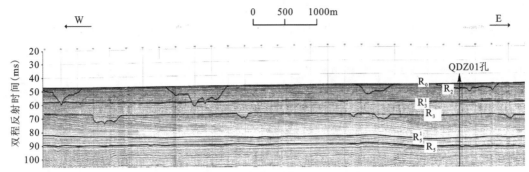

图 5-4　研究区内东西向典型剖面（修改自仇建东，2012）

的分布特征。

本文通过对 QDZ01 孔的比对，结合地震层学原理和反射结构和反射界面特征等，追踪了从上至下依次为 R_0、R_1、R_2、R_3^1、R_3、R_4、R_5^1、R_5 几个层序。

R_0：强振幅、高连续性、高能量特征的能反映海底地形变化的海底反射面；

R_1：中强振幅、高连续性的反射界面，可追踪性强的界面，构成了全新世软泥的底界；

R_2：高振幅、中连续性的界面，表现为具有明显起伏、侵蚀严重下切河道；

R_3^1：中强振幅、中连续性界面，有被侵蚀特征，界面常被 R_2 切割且较为平坦，起伏微弱；

R_3：中强振幅、中连续性界面，有顶超并削截、侵蚀下部地层，因常与 R_2 界面下切造成不连续；

R_4：高振幅、低连续性界面，有侵蚀存在，常被 R_2 切割或合并；

R_5^1：中强振幅、中连续性界面，深水区基本可连续追踪，偶尔因 T_2 界面的下切造成断续，于近岸因覆盖地层的侵蚀而尖灭；

R_5：强振幅，高连续性的界面，随基岩面上升而出现抬高。

5.2.2　主要地震单元特征

本书运用地震地层学的方法对地震资料进行解释，追踪识别主要的反射界面，结合前人之研究，在浅地层剖面资料中识别出了 6 个主要的地震单元——SU1～SU6。SU3 和 SU5 可进一步分为 SU5.1 和 SU5.2，SU5-1 和 SU5-2。QDZ01 岩芯的单元层与该地震相单元有良好的对应关系。

5.2.2.1　地震单元 SU1

地震单元 SU1 位于反射界面 R_0 和 R_1 之间，为研究区最晚形成的地层。地震内部表现为平行到发散反射结构。上覆地层加积到下伏地层之上，表明处于平面相对上升，沉积地层中存在高水位体系沉积，为冰后期形成最大海泛面的滨岸沉积过程中形成。底面为平缓的下超，界面连续性较好，内部可见加积单元。该地层是末次冰期结束之后形成的海相沉积。

5.2.2.2　地震单元 SU2

SU2 是位于界面 R_1 和 R_2 之间的地震单元，地震内部反射表现为杂乱相，不规则反射。该时期海平面下降，沉积物向海方向进积，形成海退地层，陆架区裸露在外，遭受剥蚀，发育河流等陆相沉积，埋藏古河道呈"U"形或者"V"形下切到下伏地层中。埋藏古河道规模大，下切深度大。

岩芯 QDZ01 的 DU2(0~2.20m)为反射界面 R_2 和海底面之间沉积地层。对应于地震界面 SU1~SU2。根据 QDZ01 岩芯 AMS^{14}C 测年结果，该地层为氧同位素 2 期(MIS2)的陆相沉积，或保留部分冰后期早期海相沉积。R_2 为全新世的底界面，本单元为全新统单元。

沉积物以黄褐色黏土质粉砂和灰褐色粉砂为主，含有粉砂质线理、黏土条带和砂质、粉砂质透镜体，夹杂大量灰色、棕色斑点。粒度较粗且上下明显差异，往下粒度加粗。岩性均一，以粉砂为主，粒度总体较细，表明该地层沉积水动力环境较弱。

5.2.2.3 地震单元 SU3

地震单元 SU3 位于反射界面 R_2 和 R_3 之间，近岸浅海相沉积。根据地震界面的整合与不整合关系，对 SU3 内部的反射界面进一步划分为 SU5.1 和 SU5.2。SU5.1 位于反射界面 R_2 和 R_3^1 之间，地震内部反射多为平行或亚平形状反射特征，上部地层的切割导致厚度不均；SU5.2 位于反射界面 R_3^1 和 R_3 之间，界面之间是杂乱-波状反射特征，既是一个顶超面又为夷平面，局部起伏较小，随着下伏地层的抬升而与 SU5.1 的底界面相交。

SU3 对应 QDZ01 岩芯的 DU3(2.20~17.70m)沉积单元，沉积物以深灰色黏土质粉砂和灰褐色粉砂为主，含有粉砂质线理、黏土条带，水平层理，可见较多贝壳碎片，具有生物扰动构造。细粒度组分多，水动力条件弱。该单元有 3 个 AMS^{14}C 测年和 5 个光释光(OSL)测年数据，表明本地层是为氧同位素 3 时期(MIS3)的沉积地层。

5.2.2.4 地震单元 SU4

SU4 位于界面 R_3 和 R_4 之间的地震单元，地震内部反射杂乱无章，具有下切形态，为河流或湖泊相沉积。沉积厚度较薄，连续性差，研究区仅有部分地层中保留此期沉积。QDZ03 岩芯沉积物显示为深灰色黏土质粉砂，夹杂黏土条带。光释光(OSL)测年数据表明此地层为氧同位素 4 期(MIS4)的地层(仇建东,2012)。

5.2.2.5 地震单元 SU5

SU5-1 位于反射界面 R_3 和 R_5^1 之间，是一个向东倾斜的前积层，反射界面 R_5^1 为一个下超面，上覆地层呈低角度的向海进积，在近岸方向呈现抬升，地层逐渐减薄。地震内部反射表现为前积反射和平行或亚平形状反射特征。浅地层剖面上显示北东向倾斜的水下三角洲。SU5-2 是位于界面 R_5^1 和 R_5 之间，地震内部反射多为平行或亚平行反射层，层内反射结构清晰，局部形成不规则侵蚀洼地，为海侵沉积侵蚀面。

SU5 对应 QDZ01 岩芯的 DU5(17.70~36.40m)沉积单元，沉积物主要为深灰色黏土质粉砂和黏土互层或混杂互层，交错层理，在中部垂直方向上见生物潜穴，生物扰动弱到较强。本地层顶部的光释光(OSL)测年年龄为 89.4±9ka，其他两个测年年龄为>73ka 和>120ka，表明为地层位 MIS5 时期形成。地震界面 R_5 的连续性较好，是晚更新世的底界面。在 QC2 孔中，该时期内形成了 HⅣ海侵层，主要表现为浅海相沉积和潮间带沉积(郑光膺,1988；郑光膺,1991)。

5.2.2.6 地震单元 SU6

SU6 为基岩之上反射界面 R_5 之下的沉积单元，内部表现为杂乱-波状反射、亚平行反射，为不连续的充填状结构。该地层为低海平面时期形成的河流相沉积。

SU6 对应 QDZ01 岩芯的 DU6(36.40～40.70m)沉积单元,主要为黄绿色、褐黄色黏土质粉砂和粉砂层。该单元有释光(OSL)测年年龄为 83.6±8ka,根据钻孔年龄上下对比,认为其年龄偏小,中下部的两个光释光(OSL)测年年龄也偏小,通过与南黄海其他钻孔的对比,推测该单元形成于氧同位素 6 期(MIS6)。对应的地层年代为中更新世。

5.2.3 特殊地质体识别

5.2.3.1 古河道

地质历史时期,随着全球冷暖交替变化,海进海退的影响,南黄海陆架海曾是陆地,在漫长的地质演化中,发育出各种大小不一、形态各异的古河道。通过对其的研究,有助于恢复当时地理特征,再现古沉积环境。在冰期鼎盛期,我国东部海平面下降至现在水深 140～160m(秦蕴珊等,1987)处此时研究区包括黄渤海、东海地区都为陆架平原,地势平坦,降水充足,水系发育。

浅层地震剖面记录揭示了,青岛近岸海域浅层发育有 2～3 期埋藏古河道(图 5-5、图 5-6),其中上层古河道发育于上更新统末次冰期晚期,下层古河道发育于中更新统时期。

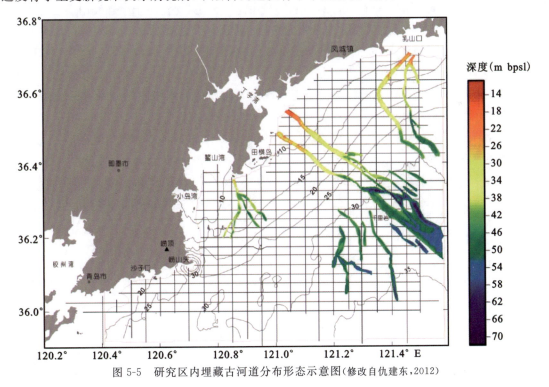

图 5-5　研究区内埋藏古河道分布形态示意图(修改自仇建东,2012)

根据浅地层剖面资料,绘制浅地层剖面航迹图,运用地震地层的识别标志(削截、上超、下超等)和反射类型(即地震相),识别出古河道边界并进行统计,利用 surfer11 进行投影,继而得到古河道的具体位置。得到的古河道投影长度即为河道断面的宽度,河道断面的深度则是通过对单道地震解释资料图的测量得出,并在 surfer11 中自动插值成图。然后,将古河道位置的投影图进行连接,勾勒成古河道体系,

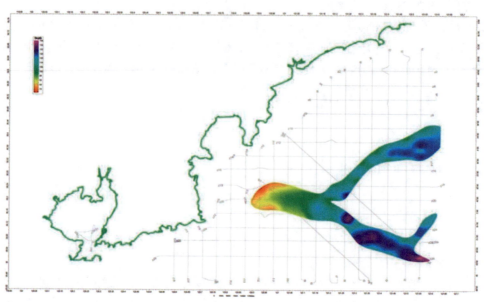

图 5-6 中更新统古河道分布图

进而获得相对真实的古河道体系分布图。

从图 5-5 中可见,研究区内上更新统主要存在三条较大的古河道,自南向北依次为鳌山湾、丁字湾及乳山口,分布形态各异。埋藏最大深度可达 50m 以上,最小深度约为 10m,下切谷最大部分可至 35m 或更多,宽度多数在 0.5~2km,最宽可达到 4km。鳌山湾古河道,河流主干道自北向南延伸,宽度均匀,发育规模较小。丁字湾古河道在研究区内最为发育,河流的主干道呈西北-东南走向,具有顺直河和辫状河的特征,滨岸区为两支顺直(或微弯)型河道,向海逐渐形成分汊河道,两条主分支河道又交汇合一,河宽加大,并发育心滩。其余河道发育在主干河道的周围,形成大小不一、独立发育的分支汊道。乳山口古河道的特征为顺直河,整体上看河道主干道表现为先向西南方向平直延伸后弯曲最终向东南方向延伸的曲流河形态。

中更新统河道(图 5-6)分布于崂山东部海域,在近岸处南东向的主河道,被逐渐分为两支,分别为北东向和南东向,呈绕过千里岩分流的形态,南东向古河道进一步分流,形成分汊河道。古河道的最大埋深约 140m,由于千里岩岛上有榴辉岩(200Ma 左右)存在,其形成于印支期,因此千里岩岛是一个长期存在于本海域的古隆起。本次所解译的河道恰好绕千里岩岛分布,也是千里岩岛长期存在的证据之一。

5.2.3.2 浅层气

海底浅层气在当今海洋沉积地层中非常常见,来自于海底有机物的分解,主要成因类型有两类,包括生物成因和化学成因(叶银灿等,2003)。生物成因浅层气是海底沉积物质中大量生物残骸和有机物在甲烷菌的分解下转化为气体形成浅层气藏;化学成因浅层气是有机物在高温高压环境的作用下由干酪根裂解而形成的碳氢化合物,之后沿岩层孔隙、裂隙、断层面上升聚集而成。研究表明,海底浅层气在我国河口和浅海陆架分布广泛(叶银灿等,1984,2003;李凡等,1998;顾兆峰等,2009;尚久靖等,2013)。

目前,主要通过声学原理进行浅层气的识别。由于浅层气对声波的吸收和散射,在浅地层剖面中留下特殊形态,主要识别标志为"麻坑"群、洼坑及气道、亮点、泥底辟、气烟囱、声空白带、云状混浊、声学羽状流等。由于研究区处于地层埋深浅,缺乏上升聚集浅层气,因此地震剖面资料上仅识别出少量的浅层气,如气烟囱、底辟、亮点等。

气烟囱是由热流体活动形成的一种特殊的伴生构造(张为民等,2000)。主要存在于凹陷中心或者凹陷凸起转换带、海底断层中,与底辟活动通常相伴而生。泥底辟及气烟囱由于强度的不同,幅度大小也会有明显差异(张伟等,2017)。气烟囱的地震反射形态多变,呈现内部形态各异的模糊带(孙启良等,2014)。在青岛近岸海域浅地层剖面上,气烟囱与底辟作用呈伴生或者单独发育,内部地震反射通常杂乱模糊或空白反射(图5-7)。从图5-7可以看出,在断层的周围,存在多个气烟囱,气烟囱内部反射杂乱模糊,发育宽度不大,沿断层上下发育,对断层位置的研究具有良好的指示意义。气烟囱虽使两侧同相轴发生中断,但并未改变同相轴代表的地层产状。

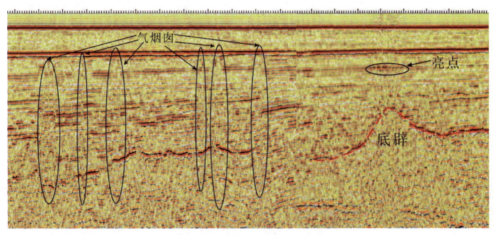

图5-7 气烟囱、底辟和亮点

泥底辟是泥质流体侵入上覆地层中形成的一种侵入构造现象(孙启良等,2014)。泥底辟在沉积地层中呈侵入状形态,围岩及上覆地层的地震反射形态因上侵作用表现为被动褶皱。沉积物及流体混合物在泥底辟上侵过程中也会一同向上侵入,从而压迫上覆地层因张力过大而形成断层,这些断层是气体上升的良好通道,从而使泥底辟带来的气体进一步向上迁移。从图5-7(右)可以看出,由于底辟作用使地层上拱,上部地层周围发育多条断层。底辟构造内部,气体对地震反射的吸收,使形成低速含气带,在地震上主要表现为弱振幅反射带,因此呈现下拉的地震反射特征。其内部气体沿底辟发育出上升,并通过断层向上迁移,形成气烟囱。

亮点异常是不连续和颜色加深的反射信号,其产生的原因为高振幅和负相位的信号叠加。从图5-7可以看出,气烟囱上部,亮点异常现象明显。

5.2.3.3 不规则基岩面

浅地层剖面探测时,若出现强反射或侧反射,则可判定是基岩反射。当探测图像为高低起伏的不规则图案时,基岩表面多为锥形和齿形;探测图像为混乱或者模糊的图案时,内部表现为不规则基岩面,因为不规则基岩面内部多为突起或陡降从而影响反射波的形态。因此,根据反射出来的图像,不仅可以确定基岩的大致形状和埋藏深度,并且可确定不规则基岩的大致范围。浅地层剖面资料显示,将研究区百米范围内的基岩区确定为浅埋不规则基岩面。此范围内的陆架基岩海岸多为不规则基岩,埋深向海方向变深。青岛市拥有其中315km为基岩的总长863.64km海岸线,包含有近海岛屿69个共120个岛屿。区域内基岩组成多有原基岩海岸线和岛屿水下深埋向海方向延伸的突出部分。

研究区内的不规则基岩多集中在海岸附近和岛屿环圈。浅地层剖面资料显示,不规则基岩多集中在青岛的南岛区域、胶州湾、千里岩、丁字湾和崂山东南部和南南部岛屿。海岸附近及其附属礁石多为不规则基岩分布区,其在岛屿区域分布在海底覆盖指向海岸加深,岛屿的不规则基岩为水下主体向海延伸。研究区内有不同于其他区域的暴露于海底的基岩如田横岛千里岩等海岛区域的无沉积物覆盖基岩。

5.3 沉积地层分布与沉积模式的建立

5.3.1 新近系以来沉积地层埋深

5.3.1.1 新近系底界面

研究区新近系底界面深度图(图 5-8)表明,新近系底界面埋深 75~550 m。和第四纪底界面类似,研究区新近系底界西北区埋深浅东南区埋深大,最浅处出现在靠近海阳—乳山近岸一线,最深处出现在研究区东南角靠近黄海海槽处,等值线为北东—北东东向,表明新近系底界面在近岸区为南东向缓倾,逐渐过渡为南南东缓倾。切过本界面的断层和切过第四系底界的断裂相同,各断层断距极小,对本界面的等值线分布无影响。

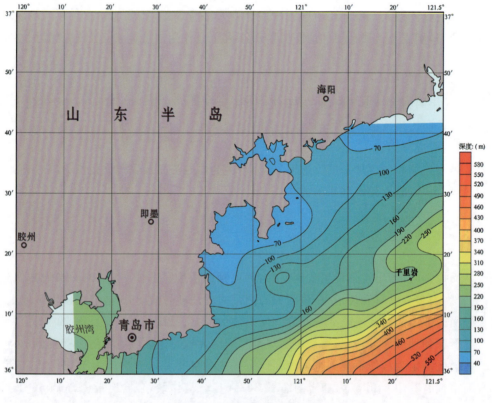

图 5-8 新近系底界面深度图

5.3.1.2 第四系底界面

第四系底界面埋深为70~200m，西北区埋深浅东南区埋深大，最浅处出现在靠近海阳一线，最深处则在东南角靠近黄海海槽处，等值线为北东走向，表明第四系底界面为一向东南缓倾的平缓界面。切过本界面的较大断层有3条起走向均为北东向，延伸长度各异，区内最长一条断层延伸约70km，另两条分别为10km、15km，区内各断层由于断距极小，其对深度图的等值线延伸几乎无影响(图5-9)。

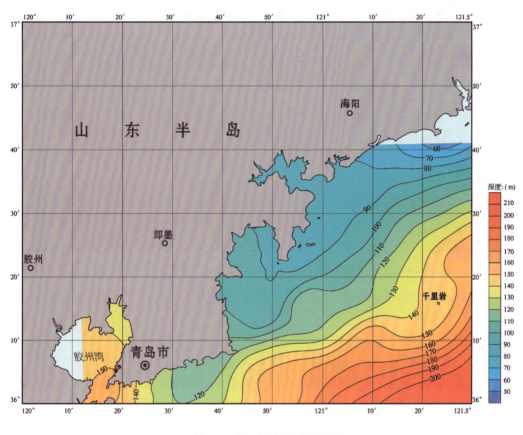

图 5-9 第四系底界面深度图

5.3.1.3 上更新统底界面

从研究区上更新统(MIS5)底界埋深图上(图5-10)可以看出，上更新统底界面的埋深范围为70~130m。研究区海阳-乳山近岸区、沙子口近岸区域埋深浅，地层埋深变化在70~94m之间，而两者之间的鳌山湾以南、丁字湾以北的中部地区，地层埋深较大。形成这种现象的原因可能与晚更新世频繁的海平面升降有关。

晚更新世以来的地层，主要是海水进退所形成的地层。所以地层的埋深和范围与海进海退的时间和范围具有一致性。研究区内独特的沉积特征与晚更新世期间的频繁海侵有关。在经历频繁的海进海退过程中，东南部为最低洼部分，每当一次冰期到来，海平面下降，海水仅局限在东南部残留。此时，研究区西北部出露地表，遭受剥蚀，东南部成为唯一接受沉积区，沉积形成海相地层。当冰期结束，全区海平面上升，全区同时接受沉积，从而形成了西北部埋深较浅、东南部区埋深较大的上更新统。

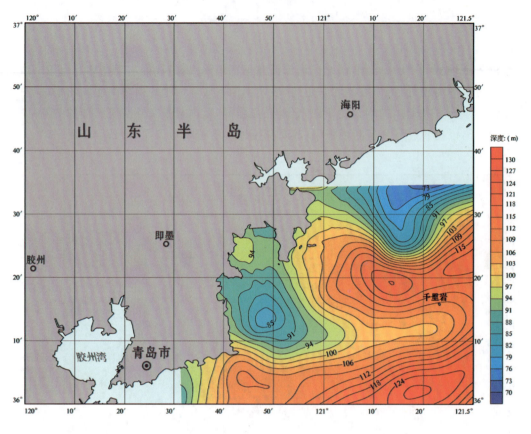

图 5-10 上更新统底界面深度图

5.3.1.4 全新统底界面

全新统的识别主要依据全新统呈楔状体沉积的特殊形态,以及相关的 QDZ03 孔进行标定的。研究区内全新统底界最深 53m,最浅 32m。其中最深处位于研究区东南角。总体来看,全新统在全区均有分布,近岸到远海埋深逐渐增加。

从图 5-11 可以看出,当时的地势由西北向东南降低,在现代海岸线的近岸地区是一个陡坡,向东南方向逐渐变缓。与以往资料的对比显示,水下岸坡呈带状分布于山东半岛南部分布在 25m 的深度范围的区域(侯方辉,2006)。另外,在崂山头附近有一个小洼地,阻断了沿岸陡坡的连续性,可能是在全新世海侵过程中海面快速上升,山地岬角使潮流流速增大,加强了侵蚀作用所致。

5.3.1.5 海底面

研究区海底面从西北向东南方向缓倾,西北海域最小水深不到 10m,东南海域最大水深 60m,水深向东南方向逐渐加深过渡到黄海中央海槽深水区(图 5-12)。水深线大致沿北东方向延伸,本区的水深分布特征也反映了千里岩隆起区的构造背景,第四系和新近系直接覆盖于印支期变质岩系上。由于印支期变质岩系顶界面为向东南缓倾的构造形态,故新近纪以来的海侵层不断向北西超覆,海底向下各期地层底界面图上均表现为向东南缓倾的形态。

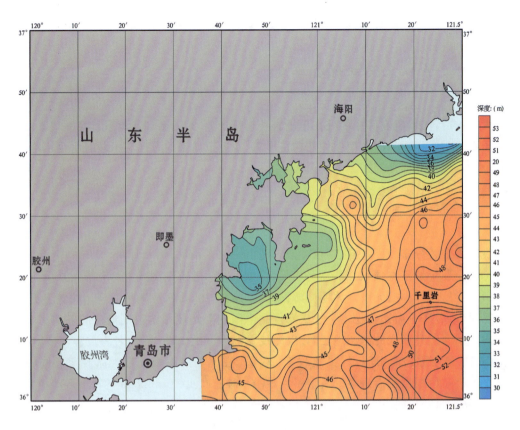

图 5-11　全新统底界面深度图

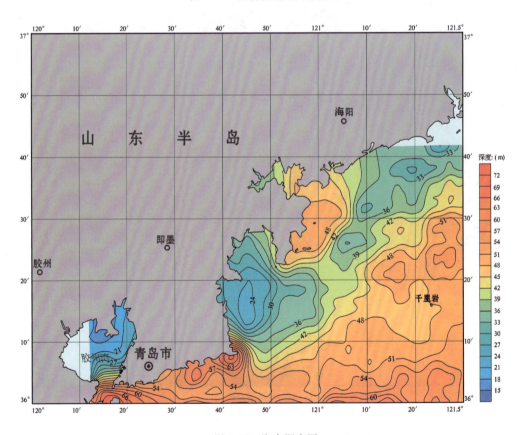

图 5-12　海水深度图

5.3.2 新近系以来沉积地层厚度

受控于大地构造背景,研究区主要处在千里岩隆起背景上,第四系和新近系直接覆盖于印支期变质岩系上。由于新近系底界面为向东南缓倾的构造形态,新近纪以来的海侵层不断向北西超覆,故各期地层在厚度图上均表现为北西薄南东厚的楔形体。

5.3.2.1 全新统厚度

全新统表现为全区分布,最厚处出现在海阳—乳山一线东南海域,最厚处 17m,向南黄海中部逐渐减薄(图 5-13)。全新统厚度在测线上表现为楔形体,该沉积体形态在测线上均有清晰显示,本书将该楔形体命名为山东半岛南部小型泥楔。冰期低海面之后,从约 18kaBP 是海平面开始快速上升,6ka 左右时为最高海泛面,之后海平面比较稳定。这次海侵是中国东部海域影响范围最广的一次。全新统是距今最近一次的海平面上升形成的海相地层,该次海侵在渤中区的 BC-1 孔命名为黄骅海侵,在辽东湾北部的 LD01 孔该次海侵称为盘山海侵(吴建政等,2005),在北黄海海域统称为冰后期海侵(刘敏厚等,1987),汪品先等(1981)根据在沿海各处发现了大量浅水种有孔虫-Anunnoai(卷转虫),遂将其定名为卷转虫海侵(汪品先等,1981)。

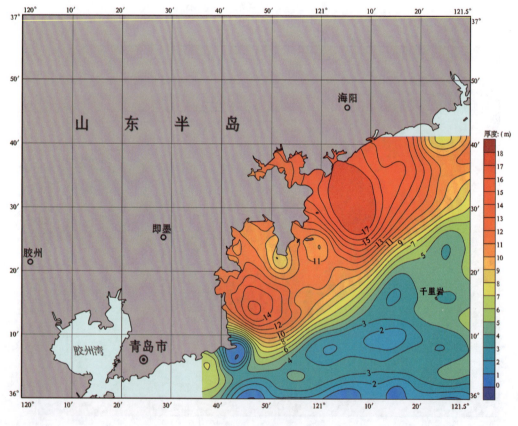

图 5-13 全新统厚度图

5.3.2.2 上更新统厚度

区内晚更新世以来的地层暂时没有钻孔揭示,本文根据渤中地区 BC-1 孔沧州海侵的底作为上更新统的底,对应于氧同位素曲线的布莱克事件。根据晚更新世海平面变化,自下而上,将上更新统细分为沧州海侵层、渤海Ⅰ海侵层、献县海侵层。研究区内上更新统厚度最大约为 80m,位于东南部,全区上更新统平均厚度约 60m,小于 60m 的沉积区主要分布于近岸一侧。此外在乳山以东海域缺失上更新统。从分布特征看,上更新统仍然受到下部构造形态的较大影响(图 5-14)。

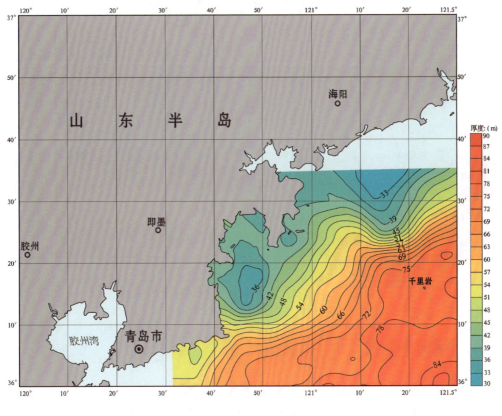

图 5-14 上更新统厚度图

晚更新世以来的地层,主要是海水进退所形成的地层。研究区内独特的沉积特征与晚更新世期间的频繁海侵有关。在经历频繁的海进海退过程中,研究区东南部为最低洼部分,每当一次冰期到来,海平面下降,海水仅局限在东南部残留。此时,研究区西北部遭受剥蚀,东南部成为唯一接受沉积区,沉积形成海相地层中夹杂的陆相地层。当冰期结束,全区海平面上升,全区同时接受沉积,从而形成了东南部区较厚的上更新统。

5.3.2.3 中更新统厚度

由于研究区内至今未有揭示中更新统底界的钻孔,本书根据测线地震相特征研究,对中更新统的厚度进行划分。从图 5-15 可以看出,研究区内中更新统厚度最大超过 60m,平均厚度 30m,但大部分地区厚度较薄。根据中更新统厚度分布可将研究区大体分为 3 个区域:一是海阳-乳山近岸剥蚀区,缺失中更新统(图 5-15);二是位于剥蚀区东南-千里岩岛西北的沉积较薄区,只是较薄区内有零星区域厚度在

4～30m之间；三是千里岩岛东南部的沉积较厚区。中更新世沉积仍受到区域构造背景的控制，越靠近南黄海盆地北部凹陷其沉积越厚，反之越薄直至尖灭消失。

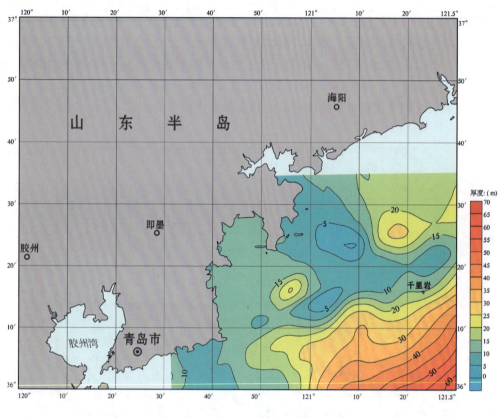

图 5-15 中更新统厚度图

5.3.2.4 下更新统厚度

同样由于研究区内无揭示下更新统底界的钻孔，根据测线地震相特征研究，对下更新统的厚度进行划分。从下更新统厚度图（图 5-16）上可以看出，下更新统的分布范围较中更新统更小且更局限。研究区内中更新统厚度 2～20m，平均厚度 10m，但大部分地区厚度较薄，表现为由近岸向外海增厚的特点。根据下更新统厚度分布可将研究区大体分为 3 个区域：一是海阳-乳山近岸剥蚀区，缺失下更新统，其面积较中更新统剥蚀区更大；二是位于剥蚀区东南-千里岩岛西北的沉积较薄区，只是较薄区内有零星区域厚度在 0～10m 之间，且其中存在两个局部高点，其上无沉积；三是千里岩岛东南部的沉积较厚区。同样，早更新世沉积仍受到区域构造背景的控制，越靠近南黄海盆地北部凹陷其沉积越厚，反之越薄直至尖灭消失。

5.3.2.5 上新统厚度

上新世时期，黄海海域为构造稳定区，只是发生小幅度的水平沉降。在此期间沉积了一套平坦且厚度分布均匀的上新统。从研究区上新统等厚图上可以看到（图 5-17），黄海海域经历了中新世时期的"削高填平"阶段，全区地层厚度大体呈向北西减薄的楔形，等值线变化相对比较平缓。总体来看上新统仍存在西北薄东南厚的现象，西北部可减薄至尖灭，东南区最厚达 55m，和更新统厚度一样受断层控制不明显。

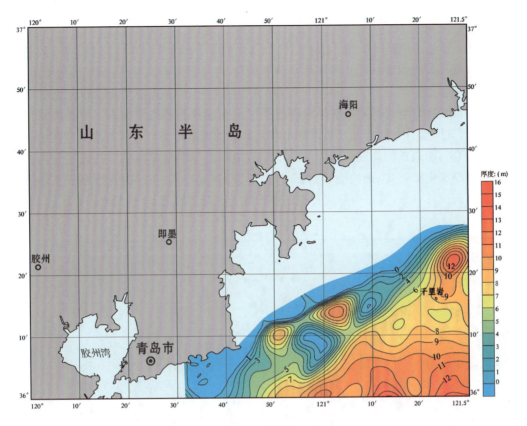

图 5-16 下更新统厚度图

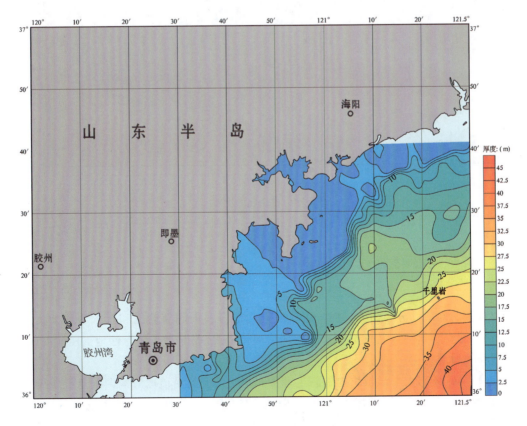

图 5-17 上新统厚度图

5.3.2.6 中新统厚度

渐新世末期,喜马拉雅构造运动Ⅱ幕使地壳整体抬升,地层遭受剥蚀夷平,形成了重要的 T_2 不整合界面,成为古近系与新近系的分界面。中新世时期,南黄海盆地由断陷发育阶段转到裂后坳陷发育阶段,千里岩隆起和南黄海盆地北部凹陷整体沉降接受了水平层状的坳陷型沉积。中新统是首套坳陷后沉积的地层,因此,其厚度分布特征很好地体现出坳陷基底的构造形态。从青岛幅研究区中新统等厚图上可以看出(图5-18),中新统的厚度一般为40~300m,中新统厚度分布特征与新近系底界面埋深基本一致,表明中新统厚度主要受 T_2 面构造形态影响,受断层影响相对较小。中新统在研究区的东南部厚度最大,向西北逐渐尖灭消失,且在中新统分布区存在数个小的古隆起,这些隆起上也不存在中新统。

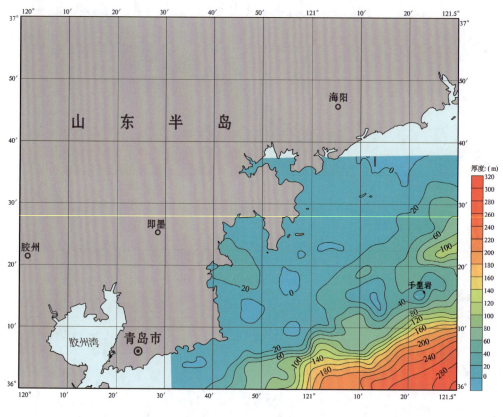

图5-18 中新统厚度图

5.3.3 沉积地层结构模式的建立

根据地震资料的地层划分与研究,结合QDZ01孔岩芯资料的测年数据和沉积特征分析,并结合文献资料对比研究,建立了研究区新近纪以来沉积地层演化模式(图5-19),概念性地揭示研究区新近系以来的沉积作用和地层结构。

中新世末(17Ma BP),太平洋板块内的新生菲律宾海板块开始沿琉球海沟向欧亚板块俯冲,大陆边缘发育形成琉球海沟-琉球岛弧-冲绳海槽(弧后盆地)的沟-弧-盆构造体系,黄海陆架的剧烈构造运动时期几乎结束,南黄海盆地大量接受毗邻隆起区和盆内凸起区的削蚀物质,形成海陆相巨厚堆积。本研

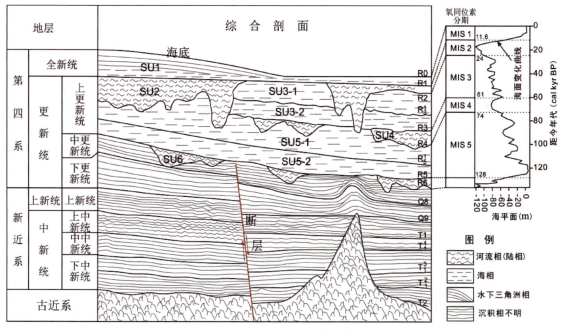

图 5-19 研究区沉积地层结构模式图

究区位于崂山山系南侧低地斜坡地带,在继承古近纪构造格局的基础上,沉积了大量的陆源碎屑物质。上新世以来,菲律宾海板块俯冲、挤压作用仍影响着欧亚大陆边缘,但陆架区开始形成以垂直运动为主的沉降地层,大量的陆源物质开始加入,研究区进入以外力作用为主的沉积地层发育过程,逐渐形成由西北向东南徐徐倾斜统一的陆架平原堆积。

第四纪以来,研究区主要受海平面升降变化和海、陆外营力控制。冰期—间冰期旋回导致的海平面波动控制着我国东部边缘海陆源物质的入海通量与沉积格局(Berné et al.,2002;Liu et al.,2007;Li et al.,2014;Chen et al.,2018;Liu et al.,2018),研究区也经历了多次沧海桑田的变化。

更新世早期到中期,海水逐渐从东、东南部侵入,南黄海盆地广泛沉积了一套水平、以灰色黏土为主的海相地层(侯方辉等,2008)。到了中更新世末期(MIS6,全球氧同位素 6 期),海平面下降,曾经低于现代海平面 120m 左右,研究区出露地表,形成很多古河道、古河谷等,模式图中 SU6 就是这一时期形成的河流沉积。

晚更新世早期,即末次间冰期(MIS5),是全球海平面最高时期,研究区在此时期形成两套海侵地层,即模式图中 SU5-2 和 SU5-1。进入末次冰期后,全球气温骤降,海平面出现多次波动,其中 MIS4、MIS2 期为低海面时期,当时发育很多古河道、古湖沼洼地等,形成两套河流相沉积,即模式图中 SU4、SU2。在 MIS4 和 MIS2 之间的 MIS3 时期,海平面相对较高,形成了一套海相地层(其间由于海平面波动,又细分为两个亚层 SU5.2、SU5.1)。

末次冰期结束后进入全新世,海面迅速上升,重新接受陆源物质沉积,形成全新世海相层 SU1,并在近岸区发育了向东南方向缓倾的楔形水下泥质沉积体,沉积物以黏土质粉砂为主。

5.4 新近纪以来沉积环境演化特征

研究区浅地层剖面较为详细地划分晚更新世以来的地层单元及反射特征,单道地震较为清楚地识别出青岛近岸海域新近系以来的地层层序及反射特征,在地震层序分析后,对研究区不同年代厚度、深度进行进一步的研究,更准确地揭示研究新近系以来的地层情况,在综合分析的基础上,建立了青岛近岸海域新近纪以来的地层结构模式图,并对山东半岛南部陆架区新近纪以来的沉积地层规律和环境演化机制进行了探讨。

5.4.1 新近纪沉积环境演化特征分析

黄海是西太边缘岛弧与欧亚大陆板块的边缘海,南黄海则是位于欧亚大陆内的陆架海。新近纪以来,受板块构造运动的影响,南黄海盆地开始发生拗陷沉降。以往研究显示,上新世以前,海水尚未进入黄海,研究区主要以陆相湖泊向为主。中新世初期,浙闽-岭南隆起带阻挡了海水的入侵,在一些丘陵间或平原区的低洼处发育了大小不等的三角洲、河流相的陆上沉积。中新世末—上新世初期,发育小规模海侵。上新世末期,随着浙闽-岭南隆起带的下沉,海水得以大面积入侵黄海地区,南黄海由此开始了海进海退的旋回沉积。研究区北部凹陷区和千里岩隆升区。新近系的底界面喜马拉雅构造运动Ⅱ幕形成了T_2不整合界面。中新世时期,南黄海盆地由断陷发育阶段转到裂后坳陷发育阶段,千里岩隆起和南黄海盆地北部凹陷整体沉降接受了水平层状的拗陷型沉积。上新世时期,为稳定沉降阶段,形成一套平稳的沉积地层。新近系整体表现为西北区埋深浅东南区埋深大,最浅处只有75m。出现在靠近海阳—乳山近岸一线,最深处出现在研究区东南角靠近黄海海槽处,深度超过500m。

5.4.2 第四纪沉积环境演化特征分析

南黄海陆架在第四纪时期是海水进退反应灵敏区(杨子赓,1985;Chappell et al.,1996)。海水在第四纪松山极性时期因浙闽隆起带的下沉随之进入黄海,南黄海东部首次海侵时间2.0Ma左右,西部为1.66Ma左右。第四纪以来,由于冰期、间冰期更迭交替,海面频繁升降,中国陆架区经历"由海到陆""由陆到海"的周期性变化,并对沉积地层的发育以及沉积和环境的演化产生了极大的影响。青岛近岸海域地壳运动主要为间歇性波动上升。研究区海平面经历了多次升降变化,形成了多期海陆交互地层。Chappell等(1996)通过对珊瑚礁阶地的研究,结合相应钻孔,绘制出140ka以来氧同位素时期所对应的海面变化曲线。全球氧同位素6期以来主要冰期分为MIS6冰期和末次冰期(MIS2~4)。研究区西北区埋深浅东南区埋深大。最深处位于东南角靠近黄海海槽处,深度可达200m;最浅处出现在靠近海阳一线,深度为70m。

5.4.2.1 早更新世沉积环境演化特征分析

南黄海陆架在早更新世时期的大部分为陆相沉积环境,古地磁资料显示,此次海侵时海水可能高于现在海平面50m水深的位置,以滨岸相沉积为主。早更新世末期的海侵结束后,海水退出南黄海。陆相河流相沉积主要集中在中部隆起区和南部盆地两个区域内,其内不规则剥蚀面为海侵地层遭到侵蚀所致。北部盆地的低洼处则以湖泊相沉积为主。总体来说,地层埋深表现为东南深西北浅,厚度最深可达80m。

5.4.2.2 中更新世沉积环境演化特征分析

早中更新世时期是海退强烈期,海面呈现大规模裸露,发育广泛的陆相沉积地层。受河流侵蚀或各种剥蚀作用的影响,中更新世早期地层较薄,缺失地层较多,主要分为三大主要剥蚀区。大约460ka B.P.,全球气温开始回升,受气温回升而导致海平面上升,此次南黄海开始进入持续海侵阶段。浅剖资料显示,研究区的水深较浅,以滨岸沉积为主,发育浅海相地层。约180ka B.P.的中更新世末期,全球气候变冷,海平面逐渐下降,研究区重新暴露于地表,遭受侵蚀,发育广泛的河流、湖泊等陆相沉积。

5.4.2.3 晚更新世沉积环境演化特征分析

晚更新世是中国海陆架发生频繁变迁,在全球范围内该时期有三高、两低共计五次海面变化时期。晚更新世早期(128～75ka B.P.)即末次间冰期(MIS5,125～75ka B.P.),是全球海平面最高时期,南黄海陆架区全部覆盖于海水之下,形成广泛的海相沉积地层。研究区以海相沉积环境为主,如形成河口三角洲等沉积环境。晚更新世初的古地形较为平坦,并且向东南微倾,使海水得以大面积入侵。进入末次冰期后,全球气温骤降,MIS4海平面下降至低于现在海平面−90m。氧同位素2期(MIS2)的早、中期时期,此时为末次盛冰期,全球海平面大规模下降,研究区暴露成陆,在继承了之前的下切地层的基础上,形成剥蚀严重下切谷;而当氧同位素2期(20～10ka B.P.,MIS2)晚期,末次冰期最盛期,全球气温降低,东海海平面持续波动下降(蓝先洪等,1995)海水逐渐退出南黄海陆架,海平面发生大幅度下降,低于现在海底−150～−130m(Liu et al.,2004)。南黄海陆架此时全部裸露成陆,研究区大部分地区遭到剥蚀,形成一个区域性的剥蚀面。末次冰期极盛时期18ka B.P.。18ka B.P.之后,全球气温回升导致海平面上升,末冰期结束进入全新世。

5.4.2.4 全新世沉积环境演化特征分析

进入全新世(MIS1),全球气温上升,海水入侵,沉积物也重新开始沉积。黄海QC2孔显示全新世底部AMS^{14}C年龄为10ka B.P.。全新世以来海平面变化极为复杂经过多次持续性的冰融上升(Bard et al.,1990;Yao et al.,1997;Haneburth et al.,2000)。随着海水的持续入侵,研究区形成海陆相互交错的浅海相沉积,直到研究区被海水覆盖,逐渐发育为海相沉积,形成冰后期最大海泛面。之后海水开始下降,海退过程中,在山东半岛东北部近岸陆架区形成楔形水下三角洲体系。全新世地层总体趋势为向东南方向缓倾,近岸处沉积层较厚,最厚可达15.5m。我国东部地区第四纪海侵层分布最广的是全新世海侵层。本次海侵层的最大特点是区域内岩芯钻孔可分为特征明显的三部分,从下到上分别为海陆过渡相—浅海相—海陆过渡相(汪品先等,1981;张军强等,2012)。

第6章 海域灾害地质

6.1 国内外研究现状

6.1.1 国外研究现状

灾害地质是指对人类生命财产可能造成危害的地质因素,也就是产生直接危害或潜在影响的地质条件或地质现象(包括某些地质体、地质作用、地质环境等)。其研究对象是地质类致灾因子及其发生、发展机制、分布规律等。国外对海洋灾害地质方面的相关研究工作起步较早,欧洲、美国、加拿大等发达国家自60年代末已经开始了灾害地质的相关研究,这些发达国家小比例尺的近海海底地质调查基本已经完成。现阶段已经开始对特定地区(多为工程不稳定地区)灾害地质进行预警、灾害评估等,并向深海与半深海进行海底地质调查研究。

欧洲国家在海洋灾害地质方面的理论和实践已经相当成熟,现已完成了针对特定地区滑坡稳定性相关的灾害评估工作(Canals,2004)。他们选择10个典型研究区进行调查,并通过室内试验以及物理力学分析和数学模拟等手段研究滑坡体的起因,并建立了关于已经发生滑坡的特定地区的滑坡体的沉积物物理力学数据库,来评价大陆边缘、河口三角洲和海湾在自然和人类活动作用下的海底斜坡的稳定性。1963年Off首次提出了潮流沙脊的概念并建立了潮流沙脊和水动力之间的联系,第一次提出潮流沙脊是由水动力形成的。Lewis(1971)认为,在开阔海区,坡度为1°~4°的水下斜坡上便可能产生诱发性地层滑塌。Prior(1978)利用侧扫声呐资料发现密西西比三角洲地区曾经发生过海底滑坡,导致海底管线及海上平台的破坏。海底滑坡是海底沉积物形成的边坡发生剪切的过程,其中增加上覆沉积物的质量、下部气体流动、地震等都可以导致海底滑坡的发生。天然气水合物是重要的有机燃料,同时又是斜坡失稳的影响因素之一。Taylor(1992)通过高分辨率的地震反射剖面资料对大不列颠岛近海海域的海底沉积物中有机物的降解形成的浅层气进行了研究,发现基岩地形也是浅层气形成的一个条件从而为其他地区预测浅层气的存在提供依据。McAdoo(2000)利用多波束测深和侧扫声呐资料对美国俄勒冈、加利福尼亚、德克萨斯和新泽西4个典型地区的滑坡进行了统计,分析得出地震和斜坡的坡度并不是影响滑坡灾害的重要因素,滑坡灾害更加取决于当地海底沉积物的沉积模式以及当地地质条件。Ferry(2005)利用三维地震资料指出水下地形受到构造的影响,沉积物的形态特征也因此受到影响从而影响海底地形地貌。Vanneste(2006)利用测深数据资料在北冰洋斯瓦尔巴特德群岛北部发现一个大型海底滑坡,滑坡面积达到2200km^2,高450m,宽约5km,是世界上最大的滑坡之一,这样的大型滑坡可能引发海啸,在此区域进行海上建筑物应采取相应的措施。Kown(2012)在研究海底浅层气对海底滑坡的影响中指出,全球变暖导致海底温度增加,使天然气水合物分解导致的海底滑坡发生概率增加。海平面变化、地震、海啸、环流异常造成的温度和含盐量的变化等都可以使水合物分解而导致滑坡产生的概率增大。

随着高新技术的发展与普及,海洋灾害地质的相关研究在观测手段和方法上也有了很大的提升,原位实时监测技术也开始进入新阶段。21世纪初美、日、加、法、意大利等国家提出了一系列的海底观测网建设计划,如美国的 ESONET(European Seafloor Observatory Network)、加拿大的 NEPTUNE(North-East Pacific Undersea Networked Experiments)意大利的 EMSO(European Multidisciplinary Seafloor Observation)海底观测网计划在国际上得到了广泛的关注。海底观测网络系统是由海岸基站和海底观测节点组成,它通过海岸基站向海底观测节点提供电力并接收由海底观测节点所提供的观测数据和图像等信息。它能有效且连续地观测大洋底层细微的变化,从而实现对地震、滑坡、海啸等灾害的预测预报。世界上第一个海底观测系统的目的是观测海底地震,1964 年由日本和美国联合建立了国际上第一个海底电缆 TPG-1 用来观测海底地震,成为海底观测系统的良好的开端。目前现代海洋观测技术的方向是深海定点长期观测,2009 年世界上最大的深海海底观测系统"加拿大海王星"(NEPTUNE-Canada)正式启动,它用了 2000 多千米的光纤电缆将上千个海底观测设备连网,形成一个回路,覆盖了整个东北太平洋胡安·德富板块,并通过强大的数据管理和存档系统实时将观测数据传输到陆地实验室,对海底地震、火山等灾害地质进行直观的实时监测。关于海底观测美国展开两项计划即 OOI 大洋观测计划(Ocean Observation Initiative)和 IOOS 全球海洋观测系统计划(The Global Ocean Observing System,GOOS)。其中 OOI 计划是由美国负责的"海王星计划"。它包括三大部分,即区域网、近海网和全球网,将使用水下滑翔机和 AUV 等活动装置对水层从海面到海底进行全面观测,其中包括对海洋地质的观测部分。海底观测网的出现,将实现海洋灾害地质观测从海面观测、空间观测发展到海底观测的第三次大跨越。

6.1.2 国内研究现状

20 世纪 80 年代初随着海洋油气资源的勘探与开采,国内学者开始关注海洋灾害地质,大量关于灾害地质相关的研究也开始不断涌现。其中不少学者对海洋灾害地质的类型分类、分布规律、成因机制、预防措施等方面做过详细的探讨。

我国海洋地质工作者曾从不同角度对海洋灾害地质因素类型进行划分,对于海洋灾害地质类型分类目前尚无统一方法。国内学者进行灾害地质类型分类时主要考虑灾害地质因素的成因动力、灾害地质因素存在的空间部位、灾害地质因素的危险性等。刘守全等(2000)在研究南海灾害地质时根据灾害地质动力性质及灾害地质环境区域所在位置提出将灾害地质划分为构造的、海岸的、海底的和浅层的四类。李西双(2001)在研究黄东海灾害地质时根据灾害存在的位置将其划分为两类,海底表层灾害地质和海底浅层(自海底面 1000m 以下)灾害地质。冯志强等(1996)在对南海北部进行研究时,将灾害地质分为两类,一类是具有活动能力的破坏性灾害地质,另一类是不具活动能力的限制性灾害地质。其中:具有活动能力的灾害地质活动性强对工程破坏性比较大包括地震、浅层气、底辟等;不具活动能力的地质灾害属于潜在的不稳定因素可能会对海上工程及其施工产生威胁,包括埋藏古河道和不规则基岩面等。陈俊仁等(1993)在研究南海灾害地质时根据灾害地质作用的动力提出将灾害地质分为五类,即水动力型灾害地质、气体动力型灾害地质、土力型灾害地质、重力型灾害地质和内动力型灾害地质。王红霞(1997)曾指出按灾害地质的发育特点和形成机制可将灾害地质分为地震、地面变形、边坡灾害、流体灾害、气象灾害、不稳定沉积、火山活动等。李凡等(1991)在研究南黄海灾害地质因素的时候曾提出将灾害地质因素分为直接危险因素、潜在危险因素、直接障碍性因素三类。其中直接危险性因素包括,活动性潮流沙脊群、强潮流侵蚀沟壑、泥流、浅层气等。潜在危险因素包括,泥丘、陡坡、次表层沙土液化层、活动性断层及深部断层、坡度较大的古三角洲等。直接障碍性因素包括,海底沟坎坷不平的海底地貌、海底沙丘、埋藏古湖泊、埋藏古三角洲、底辟等。李绍全(1996)基于致灾动力的研究则指出将灾害地质分为三类:第一类为内动力灾害地质,包括地震、新构造运动和火山;第二类是外动力灾害地质,包括海面上升、海岸侵蚀、海水入侵、地面下沉、土地盐碱化、软土层、近岸海底的不稳定性等;第三类为人为灾害地质,主要包括不合理开发造成的灾害地质。戴亚南等(2007)在研究江苏沿海地区海洋灾害地质时根据地质地貌及气候提到,主要有海洋灾害地质、气候灾害地质和生物灾害地质3种类型。

在海洋灾害地质的分布规律、成因机制方面,也有不少前人做过相应的研究。自20世纪80年代以来,不少学者对黄河三角洲做过大量不稳定地质调查研究,发现三角洲广泛分布着海底滑坡、浅层气、微地貌等不稳定地质因素,并发现该海区含沙量大,指出不稳定形态区的存在主要与高浓度巨量黄河泥沙高速度沉积以及复杂的动力条件等有关。1985—1986年,中美对黄河口进行了联合调查,就已经发现黄河三角洲广泛分布着海底滑坡及海底刺穿等灾害地质现象。我国学者对南黄海灾害地质研究开展较早,如对南黄海古河道和埋藏古三角洲的研究,对南黄海其他灾害地质类型及分布规律的研究,都取得了卓有成效的进展。也有不少学者对南海海域的海洋灾害地质做过大量的研究工作,对各种灾害地质的类型、基本特征和分布规律作了详细的阐述,发现南海灾害地质因素类型很多,其中活断层、滑坡、沙丘、浅层气和古河道的分布较广且危险性较大。张树林等(1999)在综合分析国内外流力破裂研究成果的基础上,论述了流体底辟的特点,形成的机制和地质背景。叶银灿等(2003)利用调查资料和侧扫声呐及浅地层剖面对珠江口海底浅层气的成因和赋存特征作了相关分析,发现浅层气主要分布在河口与陆架地区,以层状、团状、高压气囊和底辟4种形态赋存在海底。马胜中(2006)对珠江口近岸进行研究,分析了主要灾害因素为浅层气、断层、沙波、陡坎、浅埋基岩、埋藏古河道等,其中海底浅层气以生物成因为主,分布在河口与陆架海区的沉积层中。孙杰等(2010)通过收集资料和野外调查,对珠江口海域灾害地质类型及其分布进行了研究,并编制了灾害地质示意图,指出珠江口海域灾害地质类型并提出灾害地质因素主要受到晚更新世以来海平面"海侵—海退—海侵—高水位"的变化及新构造运动的控制。李晶(2011)对南海古地貌做过相应调查发现南海浅部存在埋藏古河道、埋藏古三角洲、埋藏古湖泊和埋藏古潮流沙脊等,黄南海陆架区古长江、古黄河两大水系的沉积作用提供物源和水动力,第四纪历次海进海退使得这些古地貌形成。周波等(2012)曾根据南海荔湾深水海域建立浅层灾害地质预测模板,主要针对海洋灾害地质中的浅层气建立了一套检测方法。

随着科学技术的发展,国内学者在监测技术方面也作出了不少努力,获得了不小进步。在20世纪早期,人类用绳子系上重锤来测量海底地貌,此时期测量的地貌只能是零星分布,只能测量某点的水深值,不能整体准确地描绘出海底地形地貌。20世纪中期有了声波探测仪,它利用换能器向海底发射声波脉冲,然后接受来自海底的回波,通过时间函数转换,将测线上连续起伏的海底地形在记录纸上显示出来,并结合计算机进行处理后得到所测海区的三维地形图,将海底表面的凹凸性质、高差大小和延伸范围很好反映出来。随着科技的发展,新的技术方法开始投入到海洋地质调查中来,目前我国海洋科研人员应用各种先进的科学手段来进行灾害地质的调查,例如卫星遥感技术、GPS定位技术、综合物理调查技术、海水取样和海流观测技术、海底取样和钻探技术、海洋环境多参量测量技术等,应用海底地形地貌资料结合多波束水深测量和地震数据分析等手段来进行海洋灾害地质调查研究。利用的勘察设备主要有多波束测深、单波束测深、浅地层剖面、旁侧声呐、水下摄像及地震等传统仪器。随着新世纪的到来,海洋灾害地质的诸多学者也面临着严峻的挑战,随着最受世界瞩目的海底观测系统"海王星"的成功启动,将海洋观测带进了一个新的时代。2009年同济大学汪品先院士领衔建立了我国第一个海底综合观测试验与示范系统——东海海底观测小衢山试验站,实现了我国对海底的连续的实时原位监测。小衢山试验站主要研究长江口泥沙输运和港口安全,观测海洋生态环境等。

随着研究区内海洋经济的发展开发活动增多,海洋灾害地质日益引起人们的关注。测区范围内前人对灾害地质的致灾因子及发生、发展机制、分布规律等方面做过大量的相关研究。边淑华等(2006)对胶州湾海底沙波进行了探讨,采用多波束资料发现胶州湾口的海底沙波主要有线性沙波、沙丘两种类型,主要分布在胶州湾潮汐汊道口,并指出水流速度、沉积物多少和粒度影响着沙波的发育。支鹏遥(2008)对胶州湾湾口区地质特征进行了描述,湾口地区发育有海底沙波、潮成沙体深水洼地等地貌形态,断裂构造则以北东、北西向为主,潮流作用使得大面积基岩裸露。王伟等(2006)通过胶州湾从秦代到现代的海域变化资料以及对影响岸线变化的各种因素和条件,从而推测海岸线的演化趋势,指出胶州湾在历史时期主要受海平面变化、气候和区域地质的影响,总体变化不大,现代以来受人类活动影响导致海岸侵蚀现象加重。陈正新等(2009)对青岛近海古河道进行研究,根据高分辨率地层测量剖面和钻孔资料对青岛近海古河流底界埋深、基本断面特征、河流分布、形成机理、古地理特征及年代属性进行了初步探讨。郭玉贵(2005)通过地震产生的机制对山东沿海及近海地区70年以来的破坏性地震进行了统计,并通过数理统计方法论述了地震和活动断裂有密切的联系,建议通过地壳活动的动力机制进行地震短临预报。王红霞等(2005)通过野外调查、统计分析,总结了山东半岛近海海域各种灾害地质的空间发育特点,指出山东半岛近海地区限制性灾害因素包括古河道、古潮沟、海底隆起、底辟和浅层不整合面,各种灾害地质在分布和成因上有联系。赵铁虎(2005)依据实测数字声呐资料,对青岛近岸海区海底地貌形态进行了描述。他指出胶州湾前海区由于海流强、波浪弱,该处地貌类型主要为冲刷槽、潮流沙脊、侵蚀洼地、水下岸坡和潮滩;而胶州湾口至崂山头则主要为冲刷槽和水下岸坡。仇建东等(2012)根据浅层剖面调查资料对山东半岛南部主要灾害地质的分布特征及形成原因作了较为详细的描述,并编制了灾害地质图。张永明等(2012)对青岛崂山头海域海底滑坡的形态、成因进行了描述,通过多波束测深、浅地层剖面和侧扫声呐资料,发现滑坡体及其剪切面和拖拽层理等滑坡要素,提出崂山头海域海底滑坡主要由地形影响引起。他们认为主要灾害地质类型有浅埋不规则基岩面、埋藏古河道、浅层气和断层等,并发现在丁字湾、乳山湾和鳌山湾湾口外有埋藏古河道分布,浅层气则主要分布在丁字湾外埋古河道周围。

青岛市地处我国东中部沿海,具有丰富的海洋资源。青岛市是山东省对外开放的龙头也是我国重要的沿海经济中心城市。青岛是我国五大外贸口岸之一,跻身于世界16个现代化亿吨大港行列。青岛也是中国重要的生产基地之一,青岛正在努力构筑大工业体系,包括港口、海洋和旅游三大特色经济。海洋为青岛市经济发展提供丰富的资源和广阔的空间。近年来随着青岛市沿海经济区的发展,海洋工程项目也开始日益增多,跨海桥梁、海底隧道以及港口码头的建设等都在日益增多,对海洋灾害地质研究的重要性也日益凸显出来。为保证海上工程作业的安全性需要,查明海洋不稳定灾害地质因素的位置,为防止灾害的发生,减少海洋地质灾害带来的经济和人类生命的损失,保障沿海地区城市的安全稳定和经济发展,保障资源开发利用的合理性和安全性,实现人类活动与环境相协调发展,进行海洋灾害地质研究工作显得尤为重要。

6.2 灾害分类

本书参照以往的灾害地质分类,并结合研究区灾害地质因素种类,考虑到灾害地质因素成因,潜在灾害地质的分类参考刘锡清的分类方案,以灾害地质因素的成因和地质体状态为主导因素,将本区灾害地质因素分为构造作用、水动力作用、特殊相态沉积、承载力差异等四大类(表6-1)。

表 6-1　潜在灾害地质分类

成因类型	灾害地质因素
构造作用	活断层、地震
水动力作用	侵蚀海岸、淤涨海岸、水下沙坡、潮流沙脊、潮流冲刷槽、海底侵蚀沟、水下三角洲、潮流三角洲
特殊相态沉积	底辟、浅层气
承载力差异	埋藏古河道、浅埋基岩

6.3　主要灾害分布特征

研究区地形复杂，孕育着大量的灾害地质因素，主要有断层、埋藏古河道、不规则基岩、潮沟、潮流沙脊、侵蚀沟槽、河口三角洲等。具体的分布特征详见图 6-1。

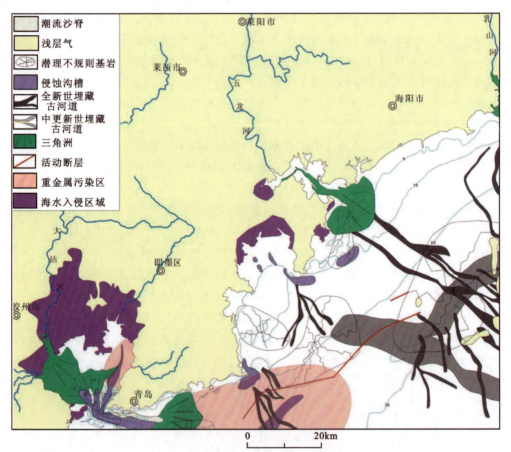

图 6-1　青岛近海海域灾害地质分布图

1）构造特征

研究区处于胶辽朝隆褶带（中朝地块的南部）和胶南临津江隆褶带（扬子地块的北部）的结合部位。该区内先后经历了武陵运动、晋宁运动、加里东运动、印支运动、燕山运动和喜马拉雅运动等多期不同次的构造运动，形成一系列的断裂构造。在断裂构造的作用下，盆地内产生各种构造现象，如断阶、凸起和断陷等。尤其是深大断裂可以控制两侧的构造活动,使其形成不同的构造格局,并且时常伴随着岩浆活动,使得原来的地质体的连续性遭到破坏。

研究区内分布着大量的断裂构造,以北东向、北北东向、东西向、北西向4组不同方位的断裂为主。其中,以北东向和东西向断裂构成基本构造格架。尤其北东向的牟(平)-即(墨)断裂带对区内陆域构造格局有分化性意义,大致以朱吴断裂为界,将调查区划分为两个Ⅰ级大地构造单元,西北部属华北地块构造单元,东南部属苏鲁造山带构造单元。其他较大规模的断裂构造分别构成次一级单元的边界。调查区主要断裂及特征(图6-2)。

图6-2 构造纲要图

朱吴断裂:由破碎带、碎裂岩、中酸性岩脉组成,沿走向规模变化较大,局部岩脉宽上百米,裂隙发育,错断中生代地层及岩体。构造形迹显示左旋张扭性质,断层整体走向为北东向。

郝官庄断裂:断层整体走向为北东向,为胶南隆起与胶莱盆地的分界断裂,区内隐伏未见,邻区发育良好。断层切割古老韧性剪切带,发育碎裂岩化、劈理化带、硅化带,擦痕产状指示左旋扭动,至少有三期活动:第一期在莱阳群沉积之前或同时,控制了其物源区;第二期在莱阳群沉积后;第三期在新生代早期。

千里岩北缘断裂:是千里岩隆起区北缘发育的断裂带,也是控制南黄海北部盆地形成与发展的主要断层,断层整体走向为北东向—北北东向。前人在南黄海北部海域千里岩附近进行了声波探测,结果显示该断裂经江苏泗阳、韩山、海州、由赣榆东侧入海州湾、北东向延伸到灵山岛、长门岩岛、千里岩岛附近、向北达荣成以东海域,距海岸线一般只有20~30km,活动断裂长度大于100km。但由于资料解释深度的局限性,部分深部断裂只能推测其走向及延伸。该断裂对两侧地层与岩性具有重要的控制作用,部分学者认为该断裂切割莫霍面。

2)活动断层

第四纪以来至今连续或断续活动并潜藏着未来活动的可能性的断层称为活动断层。活动断层因其不稳定性,在一定的外界应力条件下可诱发海底地震等灾害。利用单道地震资料揭示的地层大于

300m，能够揭示新近纪以来的地层，通过单道地震剖面能够清晰地反映活动断裂的情况。当地震波反射波组发生错断、反射波组下拉(图6-3)、断层绕射波的出现都可以作为断层识别标志。通过对测区单道地震测量资料分析，对测区内活动断层进行了详细的解释。

单道资料显示该区存在3条北东向的活动断层，延伸长度各异，最长一条达到70km。另外两条分别为10km和15km。3条断层断距均不大。其他断层大都为高角度的直立断层，似乎都具有走滑成因。绝大多数的断层是从剖面的底部起始的。断层由底向上穿过中更新统底界面构造层和第四纪地层的底界面，再向上穿过中更新统。多数断层中止于中更新统(图6-4)，少数断层由中更新统继续向上穿透晚更新统和全新统到达海底。

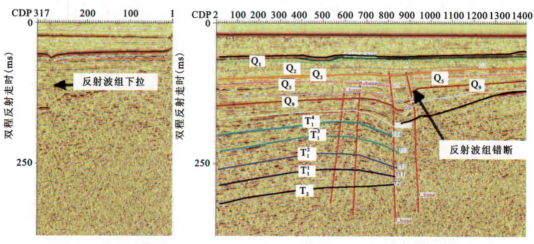

图6-3 L17反射波组下拉　　　　图6-4 L11反射波组错断

Q_1.第四系上更新统献县层底界面；Q_2.第四系上更新统渤海1层底界面；Q_3.第四系上更新统上沧州层底界面；Q_5.第四系上更新统下沧州层底界面；Q_9.第四系下更新统底界面；T_1^4.新近系上中新统底界面；T_1^2.新近系中新统界面；T_2.新近系下中新统底界面

根据断裂分布的垂向特征和分布位置，单道推断的断层具有继承性，主要表现在两个方面。一是断层位置的继承性，所解释出的断层都是根于剖面的最下部，或者是T_2构造界面。因此认为T_2以上的断层都是由先期存在的断层再活动引起的。二是断层方向的继承性，是指解释出的断层主要方向为北东向。这条断裂都是T_2以前本区的主要断裂方向，新的断裂是在老断裂的基础上继承老断裂发育起来的，或者是老断裂再活动诱发产生的次级小断裂。T_2以后没有产生新的大断裂，推测可能是千里岩断裂带北段的部分断裂活动造成的。

断层的活动往往会引起地震的发生，且断层的存在往往会引起地层的错动，使上层沉积物分布的厚度存在差异，建筑物易产生不均匀沉降，对工程建设非常不利，应选择避让措施。

6.3.1　潮流沙脊

潮流沙脊是发育在海底的一种潮流沉积作用形成的脊状分布的沙体，常发于在河口、三角洲前缘和海峡等环境。研究区内的潮流沙脊主要分布在胶州湾内涨潮水道落潮水道之间和湾口落潮水道两侧及崂山西南方向。

研究区内大部分潮流沙脊分布在胶州湾湾内和湾口附近，胶州湾内的潮流沙脊南北延伸，沙脊和沙脊之间被潮道分开，形成沟-脊相间地形分布在涨潮三角洲上。胶州湾内的潮流沙脊主要以中粗砂为主,最长达到 16km。胶州湾口附近崂山西南方向,在水深 10~15m 的范围内有两条较大的潮流沙脊呈近东西延伸,分布在落潮水道北侧和南侧,分别称为南沙和北沙。

在胶州湾涨潮水道分布有 3 条潮流沙脊大沽沙脊、中央沙脊和沧口沙脊(图 6-5)。①大沽沙脊长约 3km,宽约 1km,厚 5~8m。主要以中粗砂为主,有大量的贝壳碎片,分选性良好。②中央沙脊长约 6km,宽约 1km。岩性在平面上变化较大。中央沙脊中间发育较好,向两侧逐渐尖灭并被泥覆盖,反映了现代水动力条件较以前变弱。③沧口沙脊是湾内最大的沙脊,南北长约 16km。主要组成物质为粗砂,从南向北粒径逐渐变细。沙脊上部为含贝壳碎片的浅黄色黏土质粉砂和灰黄色含黏土砾砂。下部为黄色含砾中粗砂,质地纯净,分选良好,该层为河床相沉积。

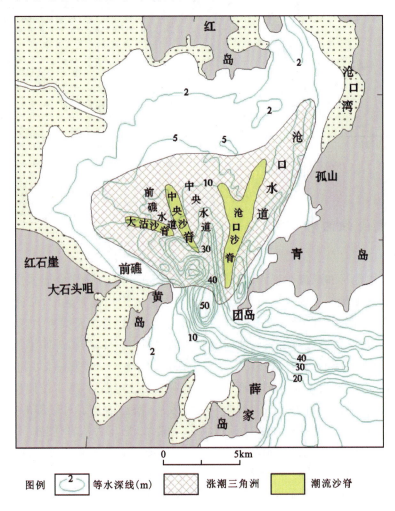

图 6-5 胶州湾内潮流沙脊分布示意图

在胶州湾湾口外主潮道的两侧发育了两个潮流沙脊(图 6-6)。分别称之"南沙"和"北沙"。南沙呈橘瓣状,长 5km,最大宽度 600m,成分多为中砂和粗中砂(部分区域含较多的粉砂和黏土),分选较好,砾石含量占 0.44%,砂含量占 93.59%,粉砂含量占 3%。北沙长 6km,宽 500m,波浪对北沙的影响较大,以泥沙的运动方向为主潮道向岸边运动。

在水动力的作用及外力的影响下,潮流沙脊的形态和位置都可能发生改变。这种不稳定性因素会对工程建筑产生一定的危害。潮流沙脊的高低起伏对海洋石油平台、管线铺设等工程的进行带来很大的困难。沙体的频繁移动性将会对工程带来更大的威胁。

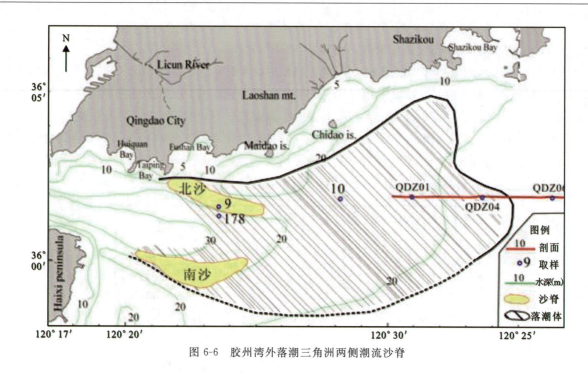

图 6-6　胶州湾外落潮三角洲两侧潮流沙脊

6.3.2　海底侵蚀沟槽

海底侵蚀沟槽是由地形和潮流相互作用形成的，常出现在水动力强烈地形多变的地区。黄海沿岸流的作用为本区海底侵蚀槽的形成提供了水动力条件。本区内侧扫资料显示，研究区内的侵蚀槽分布在青岛近岸附近海地，南部多于北部。在胶州湾湾口和崂山头南岸近岸及大桥湾湾口附近广泛分布。

胶州湾主潮道是由涨、落潮流对海底侵蚀而形成的潮汐通道。涨潮时，外海潮流通过胶州湾口进入湾内，受湾内岸线和海底地形的影响出现分叉：一支沿西偏北沿岸流动，另一支沿北偏西方向向胶州湾湾顶大沽河口流动，还有一支沿东北方向向沧口水道方向流动。落潮时，基本按照反方向流动并在湾口中央水道汇集，通过湾口流出。由于胶州湾口的"狭管"效应，潮流加强了对底部的冲刷，使得湾口被侵蚀成沟槽。胶州湾口主潮道内的侵蚀坑深达 64m，两边为陡坡，底床为基岩（图 6-7），这是由于主潮道在湾口附近发生转向，潮流强烈侵蚀海底形成的。在湾口内侧潮流转向点形成了深度达 64m 的侵蚀深坑。潮道内沉积层的厚度很小，甚至是基岩裸露。

崂山头近海的潮流方向大致为北东-南西，在崂山湾潮流从湾口右侧进入，由东向西的潮流受崂山头地形影响，潮流在崂山头汇集加强了向北侧切作用，形成一个北东-南西向侵蚀沟，侵蚀沟发育方向为由南向北加深加宽（图 6-8）。崂山头地区的侵蚀沟长约 7km，最大宽度约 2km，最大水深 53m，围绕崂山头呈北东-南西方向延伸，呈反"L"形，大致与崂山南部海岸平行。海底堆积石块、砂砾、贝壳等，局部海底基岩裸露。由于侵蚀沟的坡降较大，侵蚀沟边缘地区形成滑坡或塌落。对崂山头侵蚀沟滑坡进行声呐测量，可清晰辨别冲蚀痕迹。从浅地层剖面结果看侵蚀沟的边坡陡峭，侵蚀最深处达到 54m。在崂山头东南向分布一个大型侵蚀沟槽向北东向呈条带状延伸。

大桥湾湾口较大，涨潮时海水从东南口流入，逆时针从西南口流出，最大流速达 85cm/s。强潮流经过的地方经水流冲刷而形成沟槽，由于鳌山湾水动力条件较弱，仅在湾口处潮流冲刷形成 3 个较小的侵蚀坑，东南向平行分布。在鳌山湾东南口附近有一个北西向转为近东西向的近"L"形的侵蚀沟，大致与湾口海岸平行。此外在田横岛附近还存在一个北东向的侵蚀沟。

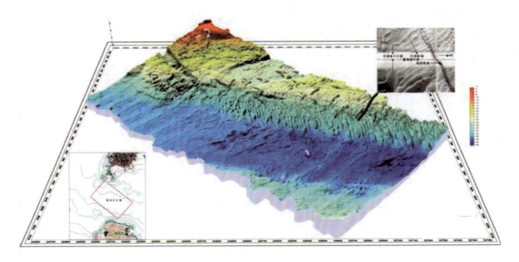

图 6-7　胶州湾口主潮道及潮道北侧斜坡上的梳状沙波

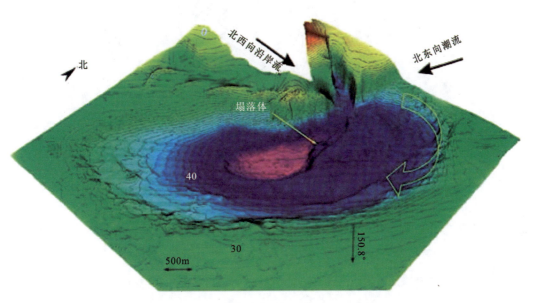

图 6-8　崂山头侵蚀沟多波束测深立体（修改自张永明，2012）

由于侵蚀沟槽出现的位置地形较为复杂，水动力强烈，且侵蚀沟槽边坡较陡易发生边坡坍塌现象，对工程建筑有一定的危害性。坎坷不平的海底，可能给海底油气管线的敷设带来一定的障碍，但是对于管线和石油平台的安全则不会产生很大的威胁。

6.3.3　水下三角洲

三角洲地区堆积作用大于侵蚀作用，由于河流入海时在入海口水流分散，动能减小，将所携带的泥沙沉积下来，形成一个尖顶朝向内陆的三角形地貌现象。研究区内主要分布 3 个三角洲，大沽河-洋河复合三角洲、丁字湾河口三角洲、乳山湾河口三角洲。此外由于潮流作用，在胶州湾潮道附近发育一个涨潮三角洲和一个落潮三角洲。

大沽河-洋河复合三角洲发育在大沽河和洋河河口附近。胶州湾内大沽河为主要的入海河流,其次为洋河,其中大沽河每年向研究区输入的泥砂量达到959 200t,洋河每年向研究区输入的泥砂量达到258 100t。由于入海河流在入海口水流分散,动能减少,这些沉积物大部分在河口发生沉积现象。根据调查,现代发育的水下三角洲大沽河洋河潮控三角洲发育三角洲平原潮滩、三角洲前缘河口沙坝、分流间湾、远沙坝及前三角洲等沉积亚相(图6-9)。受到潮汐作用的分流河道具有低的弯曲度和高的宽深比,三角洲发育成似漏斗状的形态,滨线为潮坪,其上分布小潮沟,河流携带物质在河口堆积并受潮流的冲刷形成以分岔的河口沙坝为主的沙体,沙体的长轴方向与潮流的方向基本平行,沙脊间的潮道内有小片的砂质沉积体,其上发育涨落潮流形成的底形特征。

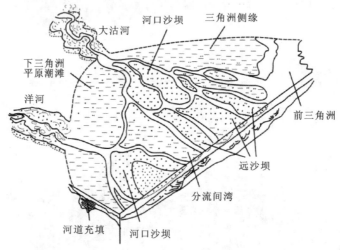

图6-9　大沽河-洋河三角洲沉积相

在丁字湾口发育着五龙河口三角洲,该三角洲位于丁字湾湾口呈扇形向东南方向延伸,分布面积较大,表面较平坦。由于该地的潮流作用不是特别强烈,五龙河携带的大量泥沙在河口迅速堆积。乳山湾河口三角洲较小由乳山湾向南延伸。

三角洲沉积物内常含有有机质,因此常聚集天然气且前缘沉积物颗粒细且坡度大,河口水动力活跃,易产生滑坡和泥流等地质灾害。同时,由于三角洲区沉积速度快,上层软,抗剪强度小,在海底坡度为0.01°时便有可能产生滑坡。

6.3.4　浅层气和底辟

海底浅层气是在海床下1000m以浅积聚的有机气体,主要为生物成因和热成因两类,两者都来源于有机质。生物成因的浅层气是来源于陆源的碎屑物质在海底沉积时带来了丰富的有机质和生物碎屑,经有机质分解转化成气体形成浅层气藏。主要的浅层气藏成分为甲烷气体。热成因浅层气生成须具备一定的温度和压力条件,由埋深超过1000m地层中的有机质在高温、高压条件下生成,之后向上运移并在浅部地层中聚集而成。一般沉积物中由于浅层气的存在,土体膨胀不能固结而具有高压缩性,从而降低沉积物的抗剪强度,这是海底潜在的不稳定性因素。在浅层气区进行工程活动,尤其是钻井工作,易出现井喷发生火灾或孔壁坍塌造成施工平台倾覆等现象,不易做平台桩基的持力层。

研究区内浅层气在垂向上分布很浅,在浅层气分布区,由于浅层气浓度和运移形式的差异,在地震声学剖面上可以形成不同的反射特征。在浅地层剖面上的状态主要表现为声学幕、声学空白、声学扰动、不规则强反射顶界面和两侧相位下拉等。在浅层气浓度较大的区域，往往形成声学空白区，其上部连续或者间断的较强反射界面会完全屏蔽下部地层地震信号。声学幕是由水平伸展宽度有限的强反射完全屏蔽下伏地层反射信号而形成的，在其两侧有明显的垂向边界，竖向穿过并屏蔽了下部地层连续层理。

研究区内利用浅地层剖面获得的浅层气在垂向上分布很浅，其顶界深度距海底10m左右的位置，它们主要分布在埋藏古河道附近区域，且集中在5个区域，基本处于同一层位上呈大面积层状分布（图6-10）。大部分浅层气分布在丁字湾河口形成的古河道周围且与该期古河道沉积物处于同一层位（图6-11），推测为海底古河道沉积物，以富含有机质的陆源碎屑为主，含有以腐殖型为主的有机质，通过生物降解作用而形成的浅层气藏。

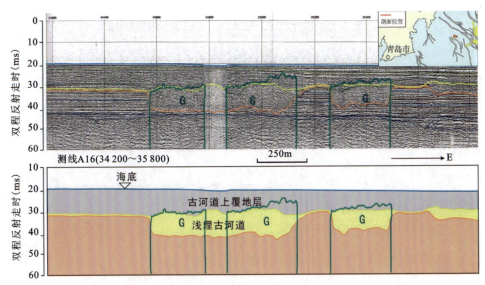

图 6-10　测线 A16 埋藏古河道内浅层气分布图

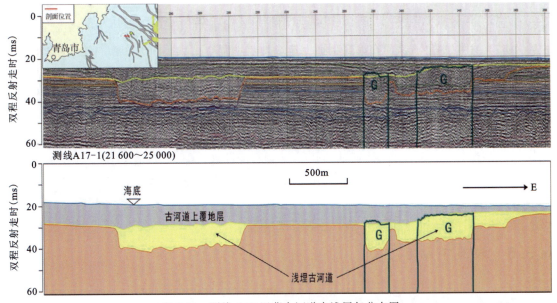

图 6-11　测线 A17 埋藏古河道内浅层气分布图

浅层气在地球物理图像上表现为幕式反射、帘式反射、浊反射、白噪声、"亮点"、泥底辟、气烟囱、海底火焰。本区沉积地层直接覆盖在中生代变质岩系和白垩纪花岗岩之上，缺乏深部气源供给，部分浅层气形成时期较早,表现为穿透的地层较深。在单道地震剖面上识别出气烟囱、底辟、亮点等少量的浅层气标志。

气烟囱是浅部地层中的气体沿着断层通道向上迁移在地震剖面上出现的反射效果。下图显示的L2测线(图6-12),在浅部地层中发育多个气烟囱。浅层气沿着断层向上延伸,气烟囱发育的地方,地层反射中段、模糊、凌乱。这种异常反射发育的宽度不大,但上下相连,能很好地指示断层的位置。在最右侧气烟囱的位置,地层出现明显下弯,这应该是气体的存在造成的速度降低而产生的效果。由单道揭示的浅层气由底部向上穿过下中新统和第四系的底界面,再向上穿过中更新统,继续向上穿透晚更新统到达全新统。

底辟构造通常是由于岩体或沉积体向上刺穿沉积体形成的。在刺穿过程中顶部通常发育众多的横张断裂,这些断裂可以成为气体向上运移的有利通道。浅层气的存在通常会在地震剖面上形成亮点异常(图6-13)。亮点异常反射是地震剖面上强振幅、负相位反射引起的不连续、颜色加深了的反射信号。已经证实,亮点的形成也是由于地层含气的原因。

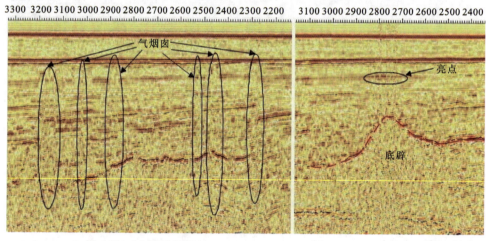

图6-12 L2测线气烟囱　　　　图6-13 测线L4上底辟与亮点

底辟构造造成明显的地层上拱,并发育多条伴生断层。底辟构造的中央部位,由于流体或者气体的存在使得地层速度明显降低,从而在地震剖面上造成地层明显下弯,是含气的底辟构造的明显的特征。其中的气体沿着底辟的中心和其他的断层向上迁移,并在底辟的上部聚集,从而在地震剖面上形成一个明显的白噪声区。图中亮点出现在杂乱反射和弱反射的反射区域内。周围区域由于反射信号弱,反射凌乱不能形成同相轴,整个区域反射模糊。亮点反射出现在cdp2700～2900之间,双程走时150ms上下,反射振幅比周围的反射强很多,孤立存在,并且相位反转。

浅层气的存在对于桩基工程,特别是钻孔桩施工危害极大,浅层气的存在使得海底土层膨胀,增大了土层的压缩性,使其抗剪强度降低,钻孔桩施工时压力足够大时会造成井喷,往往不利于工程建设。

6.3.5 埋藏下切谷

埋藏古河道主要受控于全球气候变化引起的海平面变化,第四纪以来,气候冷暖交替变化导致海平面多次变化,黄海陆架海曾发生多次陆海变迁。冰期与间冰期的海平面升降交替使得南黄海处于频繁的海陆交互变化中,在冰期海平面普遍下降,我国海平面曾下降130～160m。研究表明,晚更新世以来全球范围内出现了三次高海面时期和两次低海面时期。Chappell等(1996)根据巴布亚-新几内亚半岛上的钻孔中氧同位素和珊瑚礁阶地绘制了140ka以来的海面变化曲线(图6-14)。通过对研究区内获得的浅地层剖面资料以及钻孔资料分析,发现黄海陆架海海面在晚更新世以来也出现过同样的波动。由于地区不同,可能时间和海面升降幅度与其他地区存在差异。

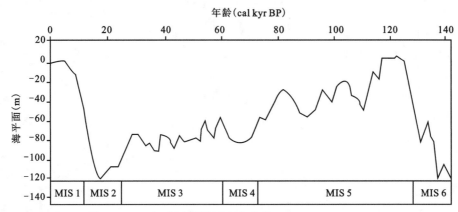

图6-14　140ka以来海平面变化曲线(修改自Chappell,1996)

末次间冰期(MIS5)是晚第四纪以来全球海面最高的时期,并在此期高海面时期存在三次波动。有学者认为在这次海侵时期中国东部最高的海面达到了现代海面以上5～7m。海侵初期,海面升高,海水淹没近海平原,此时形成海侵地层,在渤海湾西岸、苏北平原、华北等地区都有该海侵的记录。

进入末次冰期以后,全球气候处于寒冷阶段,使得南极等地大陆冰盖面积增大,海平面下降。MIS4时期海平面下降到了现海平面80m以下,在末次冰期(60～35ka)出现了两次间冰阶温暖期,出现了两次小幅度的海平面升高。但此次小温暖阶段在南海并没有明显的记录,推测是受到构造活动的影响。

晚更新世晚期(25～15ka B.P.),气候急剧变冷,黄海陆架海海面大幅度下降,黄海陆架海逐渐裸露成陆。在盛冰期,海平面降到最低点,有研究表明当时海面处于现海平面以下120～135m。胶州湾内发育的大沽河、白沙河、墨水河,以及丁字湾、乳山湾和鳌山湾周围陆上发育的五龙河、乳山河顺势向湾中心及海面汇集,形成各种规模的河道。

末次盛冰期过后,全球气候开始变暖,海面上升,至8500a BP海侵达到最大范围,与现今的海平面位置接近。海水入侵后,先期形成的河道有些继承性地成为潮道,一些地方形成潮沟充填。浅地层剖面资料及单道地震资料显示(图6-15),研究区内分布全新世和中更新世两期埋藏古河道。

埋藏古河道的底部和两侧有较强的反射界面能很好分辨出古河道的轮廓。由于埋藏古河道的沉积层较复杂,常在古河道内部形成平行层理、低角度交错层理、波状层理底部和侧面形成不整合接触。沉积物常在河道内部向漫滩方向水平堆积侧向迁移,由于河流的这种侧向加积作用,在河漫滩缓坡内部常形成向河床倾斜的斜层系。

浅地层剖面资料显示在本区域内全新世主要形成四条较大的埋藏下切谷,分别位于丁字湾、乳山湾和鳌山湾湾口外及崂山东南向海域附近,并且分布形态各不相同。全新世古河道在下切深度和宽度上变化很大,最大的下切谷可达到35m以上,宽度多数在0.5～2km之间,最宽可达到4km。

丁字湾口外的古河道在本区最为发育,具有直流河和网状河的特征,向东南向延伸。在丁字湾出口处两条直流河平行流出,向海逐渐汇成一支河流,河流的分支逐渐增多,使得沉积不断加大,多条河道宽窄相间的平行构成一个大的河系,并发育有辫状河的典型产物透镜状的心滩(图6-16)。这种现象能够很明显的在浅地层剖面上显示出来,古河道中间为心滩分布(图6-17)。根据对丁字湾河口埋藏古河道浅地层剖面B24测线上古河道所在位置(图6-18)研究显示,该地古河道呈多期分布,河道有过摆动的迹象。此外埋藏下切谷内部充填物因动力条件的变化而变化,充填沉积物层具有沉积构造复杂,结构多变的性质,因而古河道内部的地震波反射多呈现出复杂的波状杂乱反射,高角度倾斜交错反射,少数出

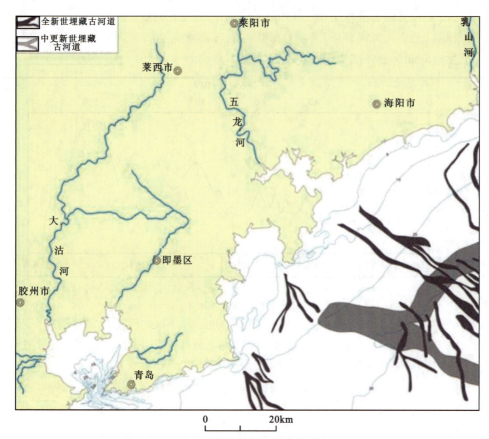

图 6-15 研究区内埋藏古河道分布形态示意图

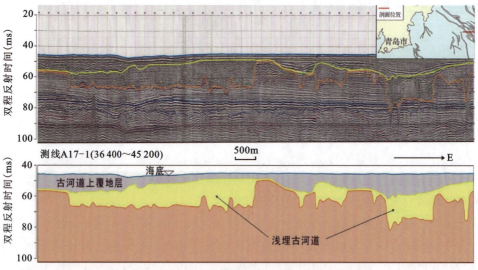

图 6-16 丁字湾口古河道测线 A17 浅地层剖面示意图

现连续层理,且呈"U"字形几何对称或不对称分布(图 6-19),部分地区呈"V"字形。古河道底部呈起伏不平的强反射侵蚀面,古河道下切深度约 35m,局部分布浅层气。

乳山湾口外的埋藏古河道主要表现为直流河和弯曲河的特点。河道在湾口外两条河道首先向西南几乎平直延伸,而后经历一个大的弯曲段,转向东南方向延伸。河道宽度约为 1500m,下切深度 15～27m,从南到北逐渐加深。

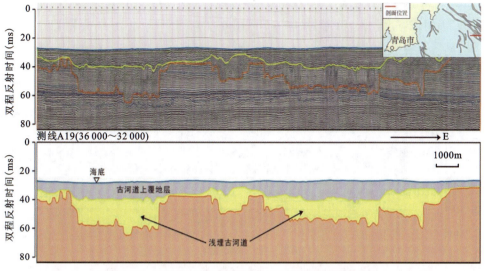

图 6-17　丁字湾口古河道测线 A19 浅地层剖面示意图

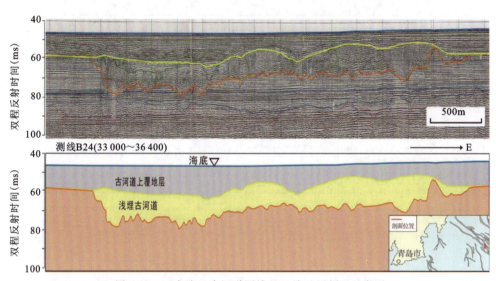

图 6-18　丁字湾口古河道测线 B24 浅地层剖面示意图

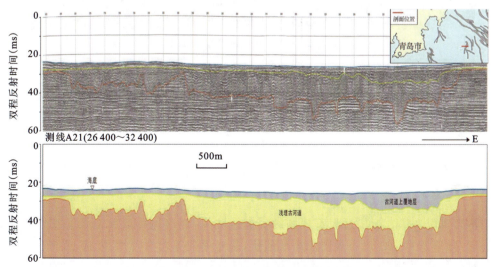

图 6-19　丁字湾测线 A21 浅地层剖面典型埋藏古河道示意图

鳌山湾口外和崂山附近海域的侵蚀沟槽充填发育规模较小,基本呈扇形排列。位于鳌山湾口的埋藏古河道呈"U"形河道宽度较大,河道宽约3500m(图6-20)。

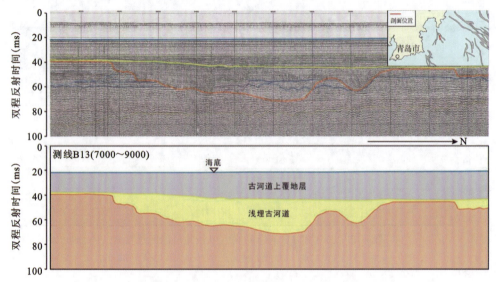

图6-20 鳌山湾口B13测线上浅地层剖面图

单道地震揭示的古河道形成时期较早,揭示的古河道是中更新世古河道,主要分布在崂山以东海域,宽度较大。主河道走向南东东,随后分为两支,一支折向北东,另一支折向南东,两河道表现为绕千里岩岛分流而去的形态,南东一支又分叉为两支。

根据单道地震L5测线资料,推测中更新世埋藏古潮沟的最大埋深约140m,宽度较大(图6-21)。图中的下切谷最大宽度约13km,最小的下切宽度约7km,在古河道发育的地方断层较发育。

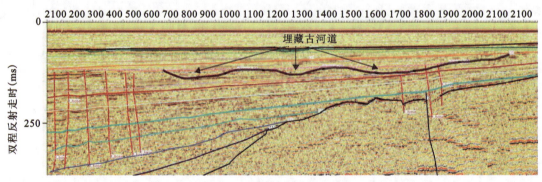

图6-21 L5测线古河道示意图

古河道内沉积物较疏松多较复杂,孔隙度大,粒度组分、分选度、抗压抗剪强度在水平方向上变化较大,在上覆荷载下容易引起局部塌陷或不均匀沉降造成地基不稳,工程设计时需对古河道进行避让或采取地基加固等措施。

6.3.6 浅埋不规则基岩

不规则基岩表现为基岩起伏过大不规则的突起或陡降,在浅地层剖面记录上基岩往往表现出强反射或侧反射,地震资料显示出不规则的高低起伏,基岩面的突起为尖状、齿状、或冒顶状。不规则基岩的内部反射杂乱模糊无层次。根据浅地层剖面强反射界面的追踪很容易确定基岩面的形态和埋深

(图 6-22),并圈定出不规则基岩的范围。我们将研究区内 100m 以内的不规则基岩确定为浅埋不规则基岩。

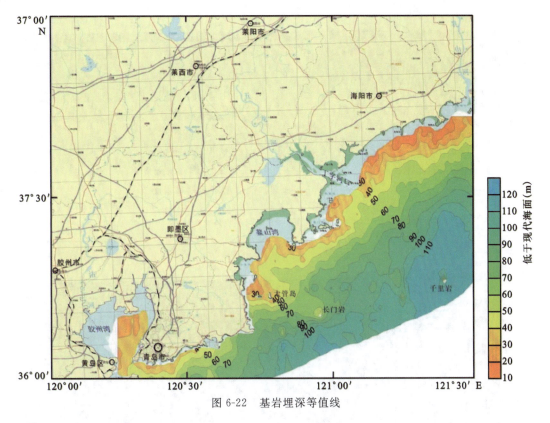

图 6-22 基岩埋深等值线

研究区内基岩埋深一般从海岸到浅海方向逐渐变深,陆架海浅埋基岩常出现在陆架边缘隆起带或基岩海岸、岛屿附近。研究区的基岩大多为基岩海岸和岛屿岩体的水下部分和海底面以下延伸部分。

浅埋不规则基岩在研究区内主要集中在滨岸区和各海岛附近,埋深变化在 0～100m 之间变幅较大。从浅地层剖面的资料来看,青岛幅内不规则基岩主要集中在 6 个区域,即千里岩附近,丁字湾河口附近,崂山东部及南部靠近岛屿,南岛附近,胶州湾。其中,胶州湾内基岩主要分布在红岛附近及湾口附近区域。总体来看,基岩面从滨岸向浅海方向逐渐变深,不规则基岩面主要分布在近岸或靠近礁石、岛屿的地方。部分不规则基岩为海岛岩体向海延伸的部分。研究区内海岛(田横岛、千里岩等)及胶州湾出口的潮汐通道处的基岩无沉积物覆盖,基岩裸露于海底。

根据 A17 测线上的浅地层剖面追踪到的不规则基岩来看(图 6-23),在千里岩西侧地区不规则基岩面附近起伏较大,基岩在西侧埋深从 65m 向东向有一个尖状突起距海底埋深仅 23m 到其东侧迅速下降到 83m。基岩下部地层为鱼刺状侧向反射。

长门岩附近的不规则基岩面区域上测线 A21 显示的基岩面来看(图 6-24),在测线西侧基岩面埋深为 36m 左右,较为规则到长门岩附近海域基岩面出现了几个不规则齿状起伏,最浅埋深仅有 15m 左右,再向东侧逐渐埋深变大,且基岩面呈现出不规则的延伸。

对于工程建筑来说,基岩因其坚硬是很好的持力层,但不规则的基岩会造成海底建筑物持力不均,且会造成沉积厚度差异产生不均匀沉降,从而引起建筑物的倾斜,此外,表面起伏剧烈的基岩面可能会导致滑坡等地质灾害的发生。因此对于不规则基岩面埋藏较浅的地方应谨慎对待,避免灾害的发生。

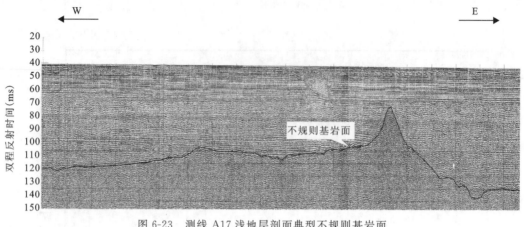

图 6-23 测线 A17 浅地层剖面典型不规则基岩面

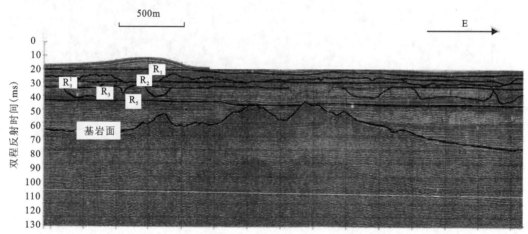

图 6-24 长门岩附近测线 A21 浅地层剖面典型不规则基岩面

第7章 胶州湾沉积动力特征

7.1 以往研究程度

7.1.1 胶州湾海域沉积动力过程研究现状

胶州湾是我国研究最深入的海湾之一。基于海岸工程建设、资源开发及环境保护等方面的需要,不同部门和专业机构对胶州湾进行了多次全面系统的调查和研究(中国海湾志编委会,1993),其中较大规模的有:①1957—1961年第一次全国海洋普查期间,中国科学院海洋研究所对胶州湾的海流、沉积物、地貌及周边地质等进行过调查研究;②1981年全国海岸带调查以及1980—1983年生态学和生物资源调查的青岛地区部分;③1976—1980年山东海洋学院(现中国海洋大学)进行了胶州湾的地球化学和潮流数值模拟的研究;④1980—1982年,国家海洋局第一海洋研究所为黄岛前湾港址选择作可行性研究,对胶州湾的气象、水文、地质地貌、沉积等进行了系统的调查与研究,获得了大量的实测资料;⑤1989年青岛市对胶州湾海域及其东岸河口滩涂进行了综合调查,取得了水文气象、化学、底质、潮间带生物和河口入海污染源的大量资料;⑥1994—1995年由多个海洋研究机构进行的胶州湾及邻近海岸带功能区划;⑦2002—2004年和2003—2005年,青岛海洋地质研究所分别进行了青岛市1∶5万环境地质调查与评价和岛市海岸带工程地质特征与海岸工程布局调查与评价。

7.1.2 水动力环境的数值模拟研究现状

从1957年以来,胶州湾积累多个站次的实测数据,成果主要集中在山东近海水文状况和中国海湾志内。近年来,随着计算机技术的发展,很多学者利用数值模拟和实测资料相结合的手段来进行研究胶州湾水动力环境。孙英兰等(1987)对胶州湾的二维潮流进行了研究。闫菊等(2001)分别使用ECOM模型对胶州湾的三维流场进行了模拟,得到了胶州湾流场的垂向分布规律。孙英兰等(2001)在ECOM模型的基础上引入干湿网格变动边界处理技术,建立了胶州湾三维变动边界潮流数值模型。王学昌(2000)以不同的填海方案论证了填海对胶州湾水动力条件造成的影响,得出填海面积越大对水动力条件影响越大的规律,并指出这种影响与填海区域所处的流场位置也是有关的。贾怡然(2006)利用数值模型,定量研究了填海造地对胶州湾水动力和环境容量的影响。高大鲁等(2007)利用POM模式对胶州湾进行的多个分潮的潮位和潮流模拟，讨论了胶州湾的潮位、水平流速和垂直流速的性质。吕新刚等(2008)基于POM模式，考虑6个主要分潮，建立了胶州湾潮汐潮流动边界数值预报模型，认为漫滩过程对胶州湾潮流模拟的影响显著。王翠等(2008)建立了胶州湾三维变边界潮流模型，研究海域水平流速从表层到底层逐渐衰减，最大流速出现在胶州湾湾口；垂向流速则表现出底层大、表层小的特点。陈金瑞等(2011)采用无结构网格和有限体积方法的FVCOM陆架模式，考虑8个主要的天文分潮，建立胶州湾三维高分辨率数值模型，认为潮流能通量在胶州湾内外湾口呈"左进右出"的结构，胶州湾的平均纳潮量为8.31亿m^3。

7.1.3 沉积物及底床冲淤研究现状

胶州湾泥沙运动和底床冲淤演变的研究主要是通过实测资料来进行的。王文海等(1986)研究了胶州湾的沉积物来源，表明主要来源是河流输沙、海底与海岸侵蚀供沙、城市垃圾等；据河流输沙量与岩芯^{14}C测年估算的沉积速率分别为1.4mm/a、0.7～0.9mm/a。李乃胜等(2006)对胶州湾内重矿物的分布和海底泥沙运移进行了分析，对胶州湾潮汐通道海底沉积物的整体运移和交换情况进行分析。张铭汉(2000)通过实测资料给出了胶州湾海水中悬浮体的分布及其季节变化。汪亚平等(2000)通过分析胶州湾泥沙粒径变化趋势来确定泥沙净运移趋势分析。魏建伟等(2006)对胶州湾悬浮颗粒现场剖面测量结果进行了分析。边淑华等(2006)和赵月霞等(2006)利用多波束、侧扫声呐以及单道地震资料对胶州湾湾口潮流作用下形成的典型海底沙波地貌的平面形态、剖面特征和分布特点进行了分析研究。近年来，部分学者也借助数值模拟手段对胶州湾泥沙运动和海床变化进行了探讨。孔令双等(2004)通过建立平面二维泥沙数学模型，模拟了胶州湾海域一年及四季的冲淤量。韩树宗等(2007)利用ECOMSED三维数值模型研究了正常径流条件下环胶州湾河对胶州湾输沙的影响，此外，还对洪水期间的大沽河进行三维水沙数值模拟。王玉海等(2009)对胶州湾内外沙脊-水道体系的格局、形成及演变进行研究，认为现代胶州湾沙脊-水道体系的演变具有明显的继承性特征。叶小敏等(2009)利用线性回归模型进行水深遥感反演，多波段组合模型在2～10m深的水域反演效果最好。

7.1.4 胶州湾海岸线变化研究现状

刘学先等(1986)通过对比胶州湾零米线以下面积和总面积的变化及湾口泄潮量变化规律，预测未来的变化趋势；郑全安等(1991)以卫星遥感资料为依据，研究了1928年以来，60年间的胶州湾面积变化和不同时段的平均沉积速率。边淑华等(2001)通过不同时代海图对比的方法，研究了胶州湾面积和体积的变化，对海底冲淤演变进行了半定量的分析，表明胶州湾水域面积呈总体缩小趋势，胶州湾总岸线长度呈总体增长的趋势。高俊国等(2004)研究了近50年来胶州湾岸线及其分形维数变化，得出胶州湾岸线分形维数一直处于增加的趋势，表明正朝着与平衡相反的方向发展。王伟等(2006)通过调查环胶州湾地区海岸线的历史变化情况，认为胶州湾海平面的变化在历史时期主要受到全球海平面变化、气候和区域地质运动的影响。刘佳佳等(2007)利用遥感数据分析了胶州湾海岸线的变化和土地利用方式的变革。刘红玲(2008)通过历史海图、地形图和遥感影像研究了胶州湾海岸带空间资源利用时空演变。

7.2 数据处理

7.2.1 站位布设与观测内容

2011年6—7月,青岛海洋地质研究所在胶州湾海域开展了6个站位的定点26小时连续观测(观测站位如图7-1所示),观测内容包括CTD剖面观测(深度、温度、盐度、浊度)、海流观测(ADCP剖面)和分层水体取样。

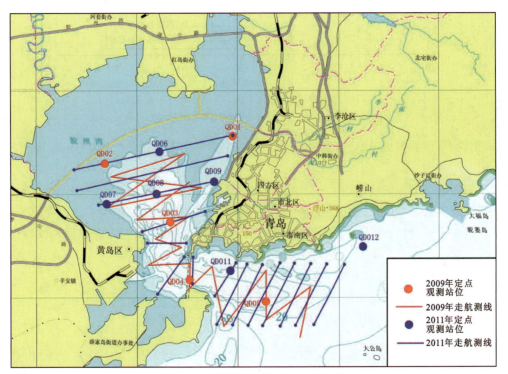

图7-1　胶州湾海域定点观测站位图

中国海洋大学对数据资料进行了处理分析,进行了悬浮体抽滤测试,获取了水体悬浮泥沙浓度和悬浮泥沙粒度的测试数据。依据上述资料,对胶州湾海域动力环境及悬浮泥沙分布进行分析和研究。

7.2.2 资料处理

7.2.2.1 CTD资料处理

CTD的原始记录包含了传感器入水感应至稳定时段的数据、CTD下降和回收出水面的观测数据,因此原始数据中存在不稳定的信号,需要将其中无效的数据进行剔除,并在标准层插值处理。后处理数据可清晰地反映水体参数的垂向结构(图7-2)。

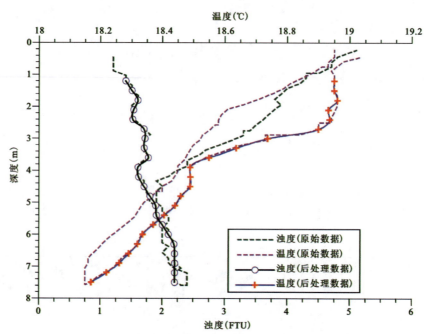

图 7-2 CTD 观测的温度和浊度剖面:原始记录与后处理数据对比

(QD06 站 2011 年 6 月 19 日 10:00 剖面数据,站位如图 7-1 所示)

根据采集的 CTD 数据记录格式,编制 FORTRAN 程序对 CTD 原始数据进行后处理。后处理流程如下:

(1)读取剖面数据文件头信息;

(2)根据文件信息,设置动态数组,分配内存空间;

(3)读取剖面记录,判断有效记录的最大和最小水深,剔除感温时段的无效数据和仪器回收时段的不稳定记录;

(4)采用距离反比加权法,将有效记录在标准层位上进行插值;

(5)输出标准层数据至指定文件,释放动态数组内存;

(6)读取下一个剖面数据文件头信息,并重复(2)~(5)的处理流程。

7.2.2.2 ADCP 海流观测数据处理

根据现场调查的 ADCP 数据记录格式,编写 FORTRAN 程序,读取原始记录,并对原始记录中的异常数据进行过滤,输出有效数据,并编写绘图程序,输出定点站位不同水深层位的水流信息和观测期间的流速剖面。具体处理流程如下:

(1)初始数组清零;

(2)读取文件头信息,根据 ADCP 采样频率,确定数据采集时间信息;

(3)读取对应文件的流速、流向数据,确定数据采集层位;

(4)对异常数据进行过滤,输出有效数据至指定文件,关闭文件输出;

(5)读取有效数据文件,分解流速分量;

(6)运用 Golden Surfer Plotcall 指令,将流速、流向信息沿时间轴转化成图形文件信息,输出至 *.plt 文件。

ADCP 海流观测数据处理结果如图 7-3 所示。

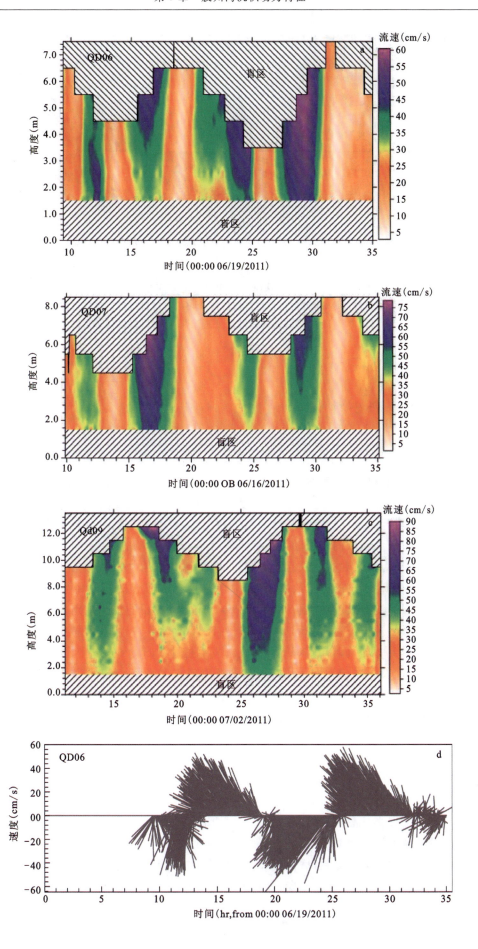

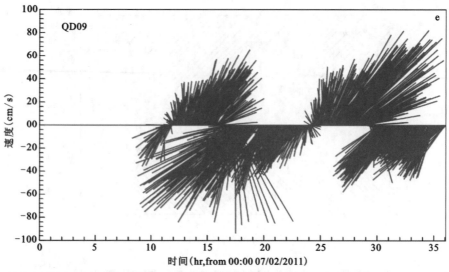

a. QD06 站流速剖面；b. QD07 站流速剖面；c. QD09 站流速剖面；d. QD06 站表层海流矢量；e. QD09 站表层海流矢量

图 7-3　ADCP 海流观测数据处理结果（站位如图 7-1 所示）

7.2.3　观测资料分析

7.2.3.1　2009 年观测资料分析

通过对胶州湾及附近海域选择有代表性的站位和走航路线，对流场和悬浮体含量分布规律进行现场测量，可初步查明胶州湾海域的沉积动力与悬浮体时空分布规律；通过重点海域的断面观测，对胶州湾及附近海域的沉积动力体系和演化进行研究，进一步了解调查区内的潮流沉积体系的动力因素。

将实测海流资料进行滤波修正后，绘制了表、中、底 3 层经过滤波处理后每小时平均的流速、流向过程曲线图，还包括底层的流速玫瑰图（图 7-4～图 7-8）。胶州湾内不同流速差别较大，湾口（QD04 站）处由于地形束窄流速较大，最大可达 150cm/s；由湾口向湾外（QD05 站）水流发散，流速逐渐减小；湾内中部水域（QD02 站）及沧口水道海域（QD01 站）一般流速不超过 50cm/s；黄岛和团岛之间海域（QD03 站）流速超过 80cm/s。5 个测站的流速在单周日内基本都出现 4 次峰值，为正规半日潮流性质。各站流速随水深的增加有所衰减，但衰减的速度不大，只有在接近底层时衰减得较快些。从表、中、底 3 层流速玫瑰图中可以看出，涨潮流流向偏西，落潮流流向偏东。最大涨潮流一般出现在高潮前 1h，最大落潮流出现在低潮前 1h，转流发生在高低潮后 2h，在近岸和湾口区为往复流，各小湾内为旋转流。湾内的涨潮流旋转方向为顺时针，落潮流为逆时针方向。

应用短期资料的潮流准调和分析方法，对胶州湾定点测站获得的 25h 连续海流资料进行了分析，计算了 5 个观测站位 O_1、K_1、M_2、S_2、M_4、MS_4 6 个主要分潮潮流调和常数及椭圆要素，分析计算结果发现：该海区潮流属于正规半日潮流性质，各站潮流系数均小于 0.5。大部分海区略呈旋转流形式的往复流，胶州湾大部分水域的海流为往复流，外湾口西侧和海西湾中部个别站位为旋转流。根据各站实测海流流向，海水由外海东侧向湾口聚敛，后由湾口向湾内发散，形成双向射流体系。胶州湾仔涨潮期间，海水由外海沿偏西向进入外湾口后开始分向：一股由偏西南向进入黄岛前湾和海西湾；另一股为主流，绕过团岛嘴，偏西北向进入内湾湾口后发散分成几股向湾顶深入。落潮期间，海水的流动方向与涨潮期间

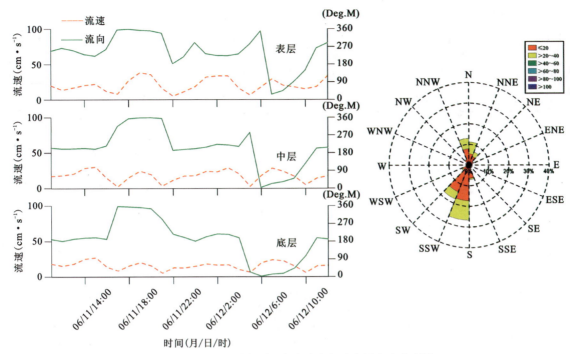

图 7-4　QD01 测站表、中、底流速流向及底层流速玫瑰图

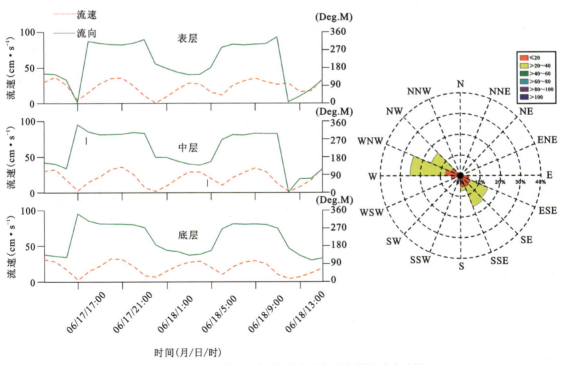

图 7-5　QD02 测站表、中、底流速流向及底层流速玫瑰图

相反,湾内的几股水流汇合到内湾口,绕过团岛嘴向东南与由黄岛前湾和海西湾而来的北偏东流汇合,一道从外湾口流出胶州湾。胶州湾的涨潮流速一般大于落潮流速 11cm/s,涨潮历时比落潮历时短约 1h。最大涨(落)流出现在涨(落)潮的中间时刻,即高(低)潮前 3h,高(低)潮时刻的流速最小。如图 7-6 所示,半日 M_2 分潮流的椭圆长轴方向在湾外,基本在西向;外湾口为东西向;内湾为南北向;湾内海湾东侧为北东-南西或南北向;西侧为北西-南东向;湾顶流速多呈北东-南西向,并且由西向东逐渐东偏。强潮流区位于胶州湾口附近,最大流速超过 150cm/s。由于涨潮流速大,在涨潮过程中细颗粒沉积物向湾

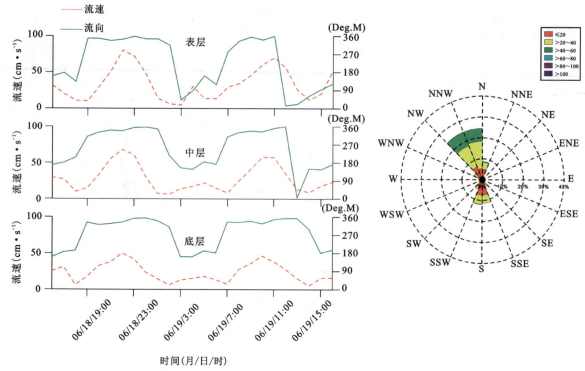

图 7-6 QD03 测站表、中、底流速流向及底层流速玫瑰图

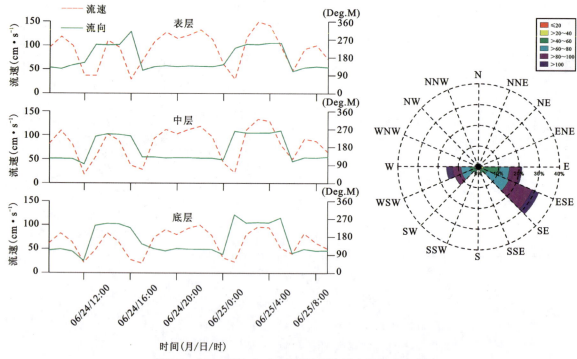

图 7-7 QD04 测站表、中、底流速流向及底层流速玫瑰图

顶输送,并在转流期沉积在潮坪和潮间带内;落潮流速小,对浅水区沉积物的保存有利,而不利于胶州湾西北部入海泥沙的扩散。

2009 年在胶州湾海域进行了 5 个观测站位连续 26h 定点观测,获取了水体样品和 CTD 剖面观测记录。依据 CTD 数据处理流程与方法,对 5 个观测站位的 CTD 原始数据进行了后处理(图 7-9)。根据

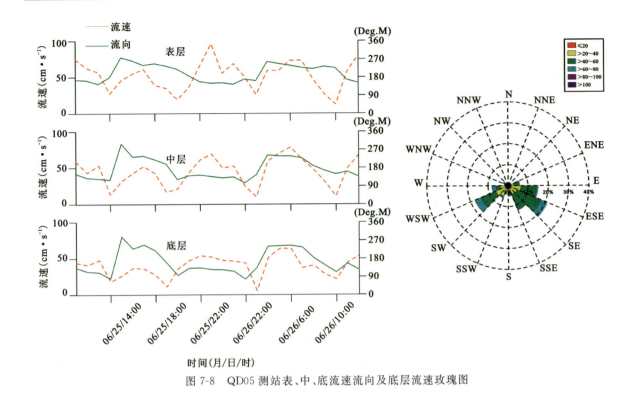

图 7-8 QD05 测站表、中、底流速流向及底层流速玫瑰图

悬浮泥沙浓度测试结果和对应层位的 CTD 浊度记录,建立了水体悬浮泥沙浓度和 CTD 浊度传感器散射强度信号之间的关系(图 7-10)。总计 459 个记录中,QD04 站在 6 月 24 日 15:00 无观测记录(4 个层位数据缺失),另有 8 个显著的数据异常点,主要出现在 QD01 站的底层,实测悬浮体浓度与浊度差异显著。如果剔除这 8 个异常数据点,水体悬浮泥沙浓度与浊度的统计关系亦不显著,数据点分布散乱,确定系数仅为 0.207(图 7-10),残差均方为 19.64。与 2011 年的悬浮体浓度-浊度标定曲线相比,差异较大,具体原因不明。

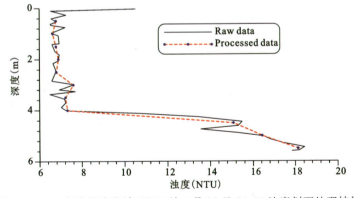

图 7-9 2009 年胶州湾海域 QD02 站 6 月 17 日 14:30 浊度剖面处理结果

7.2.3.2 2011 年观测资料分析

1) 潮流特征

从海域 6 个观测站位的 26h 潮流观测结果看(图 7-11),胶州湾海域的潮流以往复流为主,具有规则的半日潮流性质。涨潮时,外海潮流通过胶州湾口进入湾内,受湾内岸线和海底地形的影响出现分叉:一支沿西偏北(QD07)沿岸流动,中间一支沿北偏西方向向胶州湾湾顶大沽河口流动(QD08),还有一支

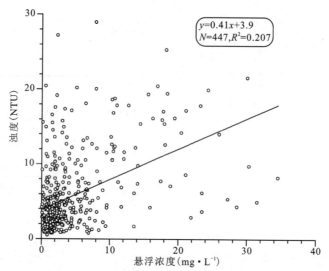

图 7-10 2009 年胶州湾海域实测悬浮浓度与 CTD 浊度关系标定

沿东北方向向沧口水道方向流动(QD09)。落潮时,基本按照反方向通过湾口流出。

湾内的最大潮流流速出现在 QD08 和 QD07 站,涨潮时最大流速可达 60cm/s 以上,胶州湾湾口由于束水效应,潮流流速最高,涨潮流速高达 90cm/s。从总体的平面分布看,涨潮流在湾口区域最大,向湾内略有减小,达到湾顶区域,潮流流向发散,流速快速降低。

从实测结果看,胶州湾潮流场的分布主要受控于海底地形和岸线边界。随着胶州湾的开发利用,人工岸线比例增大,可以预见湾内的潮流场会产生快速的响应,进一步影响胶州湾的纳潮量和水交换过程。

2) 悬浮泥沙浓度分布

选取 6 个站位的连续悬浮体取样(26h)测试分析,可以看出胶州湾区域的悬浮体在时间上随局地的涨落潮流而发生周期变化;在空间上,受局地动力环境和泥沙来源不同而产生较大的空间差异,因而其时空变化过程比较复杂。

(1) 胶州湾内。胶州湾内共有 4 个观测站位,其中,QD07 站位于胶州湾内西岸,QD09 位于胶州湾内东岸。QD08 站位于胶州湾口的水道上端,QD06 接近于胶州湾的湾顶。

QD07 站的悬浮泥沙浓度平均约 2mg/L,表中底层的差异不大,基本上显示在涨潮时段表中底层悬浮泥沙浓度有抬升,最高可达 10mg/L,在落潮时段维持在 2~3mg/L 的水平。该站位的落潮流速较低,约为 40cm/s,而涨潮流速较高,为 65~70cm/s(图 7-11),因此可以推断悬浮泥沙浓度的高值是涨潮流导致的局地再悬浮所致。而在落潮时段,流速减弱,悬浮泥沙颗粒随之沉降落淤,导致表中底层的悬浮泥沙浓度快速回落(图 7-12)。

QD09 站则显示在落潮时段水体悬浮泥沙浓度增大,且表层悬浮泥沙浓度大于中层和底层(图 7-13)。该站位的潮流为典型往复流,涨潮流速高达 50cm/s,流向东北,落潮流速减弱,约为 40cm/s(图 7-11),因此落潮时段出现的悬浮泥沙高值主要是由胶州湾湾顶尤其是东北部区域的再悬浮泥沙经过平流输送在落潮时段到达该站位,同时涨潮时段涨潮流也可引起底层部分底质再悬浮,导致底层悬浮泥沙浓度有升高(约 10mg/L),其余时段基本维持在 3~6mg/L 的水平。

QD06 站位接近胶州湾湾顶,水体表中底层的悬浮泥沙浓度基本在 2~5mg/L 的水平,但是底层在落潮时出现高值,分别高达 53mg/L 和 71mg/L,比水体平均悬浮泥沙浓度高出一个量级(图 7-14),从该站位的落潮流向和流速量值(约 40cm/s,小于涨潮流速,图 7-11)看,推测亦为湾顶潜水区域再悬浮泥沙经平流输送在落潮时段到达该站,引起底层悬浮泥沙浓度急剧增大。

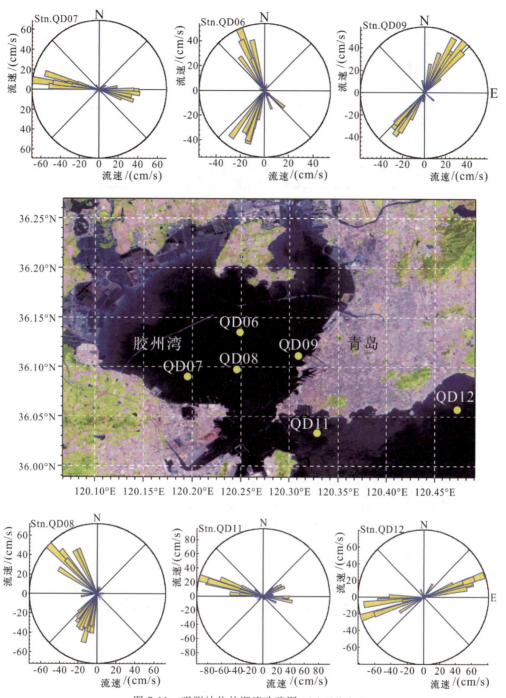

图 7-11 观测站位的潮流玫瑰图(垂向平均流速)

QD08 站的表层悬浮泥沙浓度较低,大致在 3~5mg/L 之间,且随涨落潮变化不明显;5m、10m 和底层悬沙浓度在涨潮期间增大至 7~14mg/L 左右(图 7-15),该站位位于胶州湾湾口水道的顶端,涨潮流速急(可达 70cm/s 左右,图 7-11),近底层泥沙颗粒运动活跃,同时该站位附近的地形起伏变化大,导致水流的空间变化速率大,引起水体和底床泥沙的剧烈交换。

从总体分布情况来看,胶州湾湾内的悬浮泥沙浓度分布具有湾顶高、中心低、岸边高、中间低的分布特征,在靠近湾口位置,受涨潮急流的影响,涨潮时段近底再悬浮增强,导致悬沙浓度有增高趋势;在远离湾口的位置,悬浮泥沙浓度在落潮时段增高,主要是湾顶浅水区再悬浮泥沙经落潮流的平流输送导致。

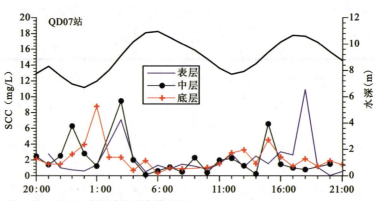

图 7-12　QD07 站悬浮泥沙变化过程(2011 年 6 月 16 日 20:00—17 日 21:00)

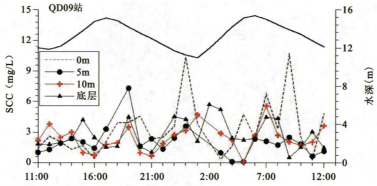

图 7-13　QD09 站悬浮泥沙变化过程(2011 年 7 月 2 日 11:00—3 日 12:00)

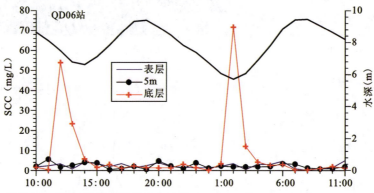

图 7-14　QD06 站悬浮泥沙变化过程(2011 年 6 月 19 日 10:00—20 日 11:00)

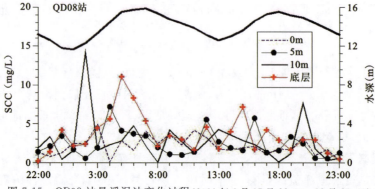

图 7-15　QD08 站悬浮泥沙变化过程(2011 年 6 月 17 日 22:00—18 日 23:00)

(2)胶州湾口。QD11 站位于胶州湾的湾口,水深 22m 左右,涨潮流流速高达 90cm/s 左右(图 7-11),因此底层悬浮泥沙浓度在涨潮时段有增高,主要是涨潮流导致的近底再悬浮所致,涨潮时的底层悬浮体浓度高达 20～30mg/L,但是持续时间相当短暂(图 7-16)。0m 和 5m 层的悬沙浓度平均为 4～5mg/L,随潮周期变化不明显。10m 层在落潮时亦有增大的趋势,浓度为 7～10mg/L。与湾内 QD08 站的水体悬沙浓度(图 7-15)相比,QD11 站的悬沙浓度较大。

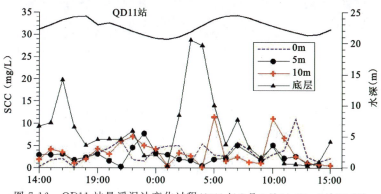

图 7-16　QD11 站悬浮泥沙变化过程(2011 年 7 月 3 日 14:00—3 日 15:00)

(3)胶州湾外。QD12 站位于胶州湾外石老人海域,水深 20m 左右,潮流为沿岸往复流,流速高达 80cm/s(图 7-11),同时悬浮泥沙浓度高,尤其是 10m 层和近底层。该站位海域开阔,涨落潮流流速急,导致近底悬浮泥沙浓度在涨急和落急时刻都有快速上升,近底层悬沙浓度可达 80mg/L,10m 层悬沙浓度可达 20mg/L(图 7-17)。表层和 5m 层悬浮泥沙浓度总体较低,不超过 10mg/L。

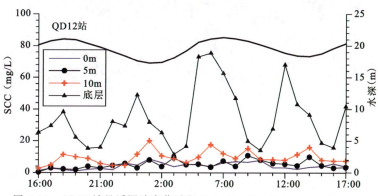

图 7-17　QD12 站悬浮泥沙变化过程(2011 年 7 月 4 日 16:00—5 日 17:00)

由于胶州湾外仅有 QD12 一个测站,因此目前尚难以判断胶州湾外悬浮泥沙分布的总体趋势,不过与湾内各站相比,QD12 站的水体悬沙浓度为最高。

3)悬浮泥沙浓度与水体浊度的关系

(1)CTD 记录的水体浊度剖面结构。CTD 观测能够完整、连续地记录水体的温、盐和浊度参数的连续变化过程,反映出水体中悬浮颗粒浓度的分布结构,为研究海域悬浮泥沙浓度变化提供了重要信息。

QD07 站的浊度数据显示,在涨潮时段底层浊度明显升高,在 6～12NTU 之间变动,其他时段快速降低至 3～4NTU,表明近底泥沙在强涨潮流作用下形成明显的再悬浮(图 7-18),在落潮时亦有部分悬浮泥沙从湾顶浅水区域输送至此,主要集中在表层。这与 QD07 站水样的悬浮泥沙浓度测试分析结果基本一致(图 7-12)。

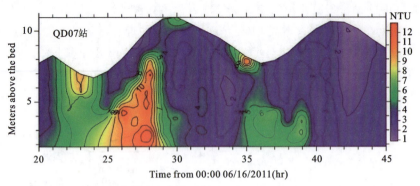

图 7-18　QD07 站水体浊度变化过程(2011 年 6 月 16 日 20:00—17 日 21:00)

QD09 站位于胶州湾内东岸,邻近大港码头。整体悬浮泥沙浓度较低,流速较强,垂向混合明显,仅在个别时段底层悬浮泥沙浓度增大,持续时间很短。在落潮时表层悬浮体浓度增高至 9NTU,表明湾顶尤其是东北部区域的悬浮泥沙在落潮时经平流输送至此,主要集中在水体表层(图 7-19)。与悬浮体浓度测试结果分析基本吻合。

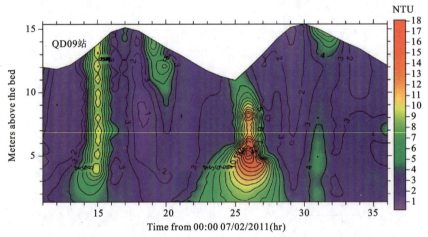

图 7-19　QD09 站水体浊度变化过程(2011 年 7 月 2 日 11:00—3 日 12:00)

QD06 站的高浊度水体出现在水体的表层,达到 6～7NTU,底层比较低(2～3NTU),表明悬浮泥沙主要来自湾顶而非局地再悬浮(图 7-20)。值得说明的是,CTD 在相应时段并未探测到水体底层高浊度水体(如图 7-14 中显示的 6 月 19 日的 12:00 和 20 日的 2:00,悬浮体浓度异常高,可达 50～70mg/L)。导致这种明显不一致的原因可能是高含沙量的底层水体是一个瞬时事件,CTD 观测与水样采集可能不完全同步。

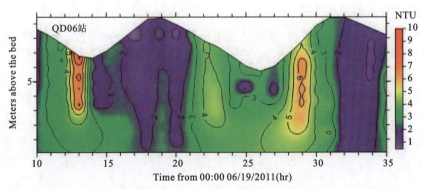

图 7-20　QD06 站水体浊度变化过程(2011 年 6 月 19 日 10:00—20 日 11:00)

QD08 站的表层浊度较低,在 3~5NTU 之间,且随涨落潮变化不明显;中层和底层浊度在涨潮期间明显增大至 9NTU(图 7-21),该站的涨潮流速可达 70cm/s 左右,导致近底层泥沙颗粒运动活跃,同时该站位附近的地形起伏变化大,导致水流的空间变率大,引起水体和底床泥沙的剧烈交换。这与悬浮测试结果分析相一致(图 7-15)。

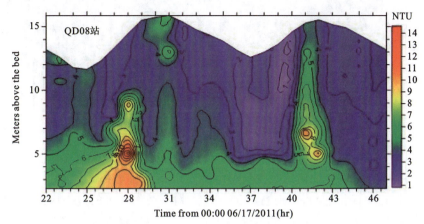

图 7-21　QD08 站水体浊度变化过程(2011 年 6 月 17 日 22:00—18 日 23:00)

QD11 站的浊度数据显示,该站距底 10m 以上的水层混合强烈,水体浊度在 4~8NTU 之间,与该站强潮流动力作用有关(图 7-22)。距底 10m 以内的水层在涨潮时浊度急剧增大,在 20~40NTU 之间,主要由于胶州湾湾口的束水效应,该处流速增强,近底再悬浮强烈,与悬浮体测试结果吻合(图 7-16)。

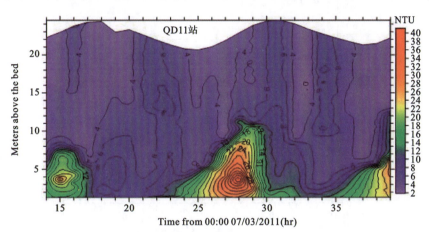

图 7-22　QD11 站水体浊度变化过程(2011 年 7 月 3 日 14:00—4 日 15:00)

与悬浮体测试结果类似,QD12 站的水体浊度最高,主要集中在距底 10m 以内的水层,在 20~60NTU 之间变动,涨潮和落潮时段均出现高值。而距表面 5m 的表层水体浊度很低且相对稳定,基本在 5NTU 左右(图 7-23),与测试结果一致(图 7-17)。

总体来看,CTD 观测的水体浊度数据详细地揭示了水体中悬浮泥沙的分布结构和潮周期变化过程,与悬浮体测试分析结果基本一致。除 QD06 站的底层高含沙水体 CTD 没有记录到之外,其他站位的水体浊度时空变化与悬浮体浓度测试分析结果吻合,所反映的胶州湾海域悬浮体分布及输运格局与悬浮体测试分析得出的结论基本一致。

(2)胶州湾海域水体浊度与悬浮泥沙浓度的标定。OBS 浊度计的核心部件是红外光学传感器。光线在水体中传输,由于介质作用会发生吸收和散射,根据散射信号接收角度的不同可分为透射,前向散射(散射角度小于 90°),90°散射和后向散射(散射角度大于 90°)。受水体中悬浮颗粒物的影响,CTD 的 OBS 光学传感器的光学后散(backscatter)信号响应敏感,因此可以表征水体中悬浮颗粒物的浓度。

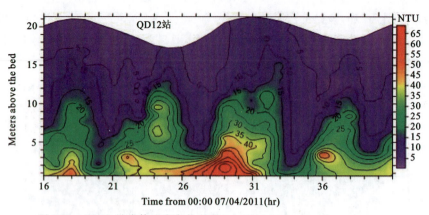

图 7-23　QD12 站水体浊度变化过程(2011 年 7 月 4 日 16:00—5 日 17:00)

根据胶州湾海域悬浮体取样的测试数据与相应层位 OBS 浊度数据的对比分析来看,悬浮体浓度与浊度总体上呈现线性相关(图 7-24),如果剔除 5 个异常数据,数据样本的残差均方(RMS)为 7.58,标准偏差 7.68,统计的确定系数(R^2)达到 0.822,即该线性关系可以解释 82.2% 的数据变化,置信度水平为 0.95,统计关系是显著的。

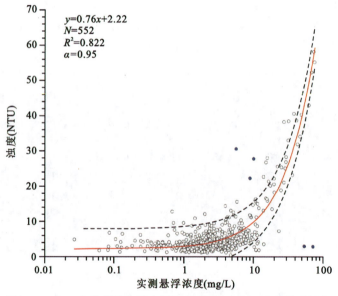

图 7-24　2011 年胶州湾海域实测悬浮浓度与 CTD 浊度关系标定
(图中红色实线为拟合曲线,虚线为 95% 置信度区间)

其中,5 个异常点数据(表 7-1)中有 2 个出现在 QD06 站的中间层位,实测悬沙浓度高,而 OBS 的浊度值很低(图 7-14、图 7-20),这一点在该站位的实测悬浮体浓度变化和水体浊度分布的描述中已经予以说明。导致这一偏差的原因可能是采水的层位与 CTD 观测层位存在偏差或者 CTD 记录与悬浮体采样的时间不完全同步。另外 2 个异常数据出现在 QD07 站的中层和底层,对应了水体浊度高而实测悬沙浓度低的现象,这可能是水体中包含一部分非泥沙颗粒的物质,其密度远小于泥沙颗粒密度,因而导致水体浊度高而实测悬浮体浓度偏低的现象。QD12 站也出现一个异常数据,情况与 QD07 站基本类似。

总计统计数据为 557 个,异常数据 5 个,占总数据的 1% 以下,因而数据整体有效。

表 7-1 2011 年实测悬浮体浓度-浊度对比异常点信息

样品编号	采样深度(m)	采样时间(时:分 月/日/年)	实测悬沙浓度(mg/L)	浊度(NTU)
QD0907030204	11	02:00 07/03/2011	5.70	30.60
QD1107031504	21	15:00 07/03/2011	10.13	27.80
QD1207050803	10	08:00 07/05/2011	7.98	22.30
QD0606191203	6.5	19:00 06/19/2011	53.97	3.00
QD0606200203	5.5	02:00 06/20/2011	71.81	2.90

OBS 的光学传感器接收的散射信号强度,除受水体悬浮颗粒物浓度影响以外,还受颗粒物粒径大小的影响。已有的研究结果也证实了这一问题。一般情况下,颗粒越细,散射信号强度对悬沙浓度的变化越敏感。在悬浮体样品中挑选了 200 个进行粒度测试分析。将 197 个粒度测试有效的样品的悬浮体浓度与对应采样层位的浊度数据进行分析,不同粒级的散点图(图 7-25)显示,当悬浮体中值粒径小于 15μm 时,水体浊度对悬浮体浓度的响应敏感,浊度随悬浮体浓度的增大而明显增大;而当悬浮体中值粒径大于 15μm 时,响应的敏感性降低,对应的水体浊度和悬浮体浓度均较低。这是由于粗颗粒的泥沙起动的动力条件较高,再悬浮概率较低,因此对应的泥沙浓度和水体浊度都相对较低。

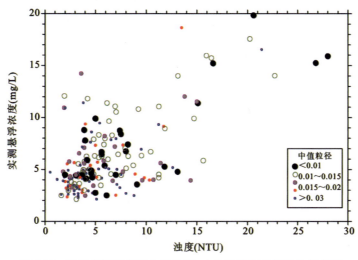

图 7-25 胶州湾海域实测悬浮浓度、水体浊度与悬浮体粒级关系

7.3 胶州湾沉积动力过程数值模拟

7.3.1 数值模型简介

水动力泥沙输运数学模型采用美国佛吉尼亚海洋研究所(VIMS)开发的 HE-3D 模型,是在早期环境流体动力学模型(EFDC)的基础上进一步集成开发的用于研究河流、湖泊、水库、湿地、河口及陆架海区的水动力、物质输运和生物地球化学过程的三维数学模型包。该模型引进了黏性泥沙、非黏

性泥沙运动模型、富营养化过程、污染物的扩散输运过程模型，进一步扩展了植被阻力、岸线边界的干湿判别、波流相互作用边界层以及波浪导致的近岸泥沙输运等，是一个高度集成的河口海岸三维数学模型(模型结构如图5-1、图5-2所示)。该模型在结构上可以分解为水动力模块、泥沙输运模块、毒质污染物输运模块和波浪导致的近岸泥沙输运模块。泥沙输运在海底边界上考虑泥沙的沉降和再悬浮过程、絮凝及悬沙浓度对泥沙沉速的影响，在水平边界上考虑随时间变化的物质输入和输出过程。模型已经在Chesapeake湾、James河、Indian潟湖、Puget海峡等20多个研究项目中得到了广泛的应用和检验。在黄河口多环境动力因子影响下河口泥沙输运的研究中得到了良好的应用。

7.3.1.1 模型方程

1. 潮流场控制方程

HE-3D模型控制方程是基于平面上曲线-正交坐标变换和垂向上Sigma坐标变换而导出。
动量守恒方程：

$$\partial_t(mHu) + \partial_x(m_yHuu) + \partial_y(m_xHvu) + \partial_z(mwu) - (mf_e + v\partial_x m_y - u\partial_y m_x)Hv$$
$$= -m_yH\partial_x(g\zeta + p) - m_y(\partial_x h - z\partial_x H)\partial_z p + \partial_z(mH^{-1}A_v\partial_z u) +$$
$$\partial_x\left(\frac{m_y}{m_x}HA_H\partial_x u\right) + \partial_y\left(\frac{m_x}{m_y}HA_H\partial_y u\right) + Q_u \tag{7-1}$$

$$\partial_t(mHv) + \partial_x(m_yHuv) + \partial_y(m_xHvv) + \partial_z(mwv) - (mf_e + v\partial_x m_y - u\partial_y m_x)Hu$$
$$= -m_xH\partial_y(g\zeta + p) - m_x(\partial_y h - z\partial_y H)\partial_z p + \partial_z(mH^{-1}A_v\partial_z v) +$$
$$\partial_x\left(\frac{m_y}{m_x}HA_H\partial_x v\right) + \partial_y\left(\frac{m_x}{m_y}HA_H\partial_y v\right) + Q_v \tag{7-2}$$

静压方程：
$$\partial_z p = -gH(\rho - \rho_0)\rho_0^{-1} = -gHb \tag{7-3}$$

连续方程：
$$\partial_t(m\zeta) + \partial_x(m_yHu) + \partial_y(m_xHv) + \partial_z(mw) = Q_H \tag{7-4}$$

$$\partial_t(m\zeta) + \partial_x\left(m_yH\int_0^1 udz\right) + \partial_y\left(m_xH\int_0^1 vdz\right) = \bar{Q}_H \tag{7-5}$$

对连续方程式(7-4)在垂向区间(0~1)内积分，并考虑运动学边界条件(在自由表面处和海底边界上的垂向速度分量为0)，于是有：

$$\partial_x\left(m_yH\left(u - \int_0^1 udz\right)\right) + \partial_y\left(m_xH\left(v - \int_0^1 vdz\right)\right) + \partial_z(mw) = Q_H - \bar{Q}_H \tag{7-6}$$

经过坐标变换后的垂向速度分量 w 与坐标变换前的流速分量 w^* 存在如下关系：
$$w = w^* - z(\partial_t\zeta + um_x^{-1}\partial_x\zeta + vm_y^{-1}\partial_y\zeta) + (1-z)(um_x^{-1}\partial_x h + vm_y^{-1}\partial_y h) \tag{7-7}$$

盐度扩散方程：
$$\partial_t(mHS) + \partial_x(m_yHuS) + \partial_y(m_xHvS) + \partial_z(mwS)$$
$$= \partial_x\left(\frac{m_y}{m_x}HK_H\partial_x S\right) + \partial_y\left(\frac{m_x}{m_y}HK_H\partial_y S\right) + \partial_z(mH^{-1}A_b\partial_z S) + Q_S \tag{7-8}$$

上述方程中，u、v 分别为曲线-正交坐标 x、y 方向上的水平流速分量；m_x 和 m_y 分别为 x、y 方向上的尺度变换因子，$m = m_x m_y$；全水深定义为水下深度 h 与自由表面位移 ζ 的代数和，即 $H = h + \zeta$；g 为重力加速度；p 为余压力项。A_v 为垂直方向上的湍流黏性系数；A_H 为水平湍流黏性系数；Q_u、Q_v 为动量的源汇项；Q_H 为体积的源汇项，包括降水、蒸发以及边界的入流和出流等物理过程；$\overline{Q_H}$ 为体积的源汇项沿水深的积分平均。$f_e\left(=f-\dfrac{u}{m}\partial_y m_x+\dfrac{v}{m}\partial_x m_y\right)$ 为有效柯氏力系数；ρ、ρ_0 为水体的实际密度和参考密度，$b\left(=\dfrac{\rho-\rho_0}{\rho_0}\right)$ 为浮力项。

在垂向湍流黏性系数 A_v 和扩散系数 A_b（采用 Mellor&Yamada 提出的湍流封闭模型）以及在源汇项确定的情况下，上述方程构成了一个求解变量 u、v、w、p、ζ、ρ、S 和 T 的封闭方程组。

2. 泥沙输运方程

HEM-3D 模型对输运方程的对流项求解采用了高阶迎风差分格式，尽管对数值耗散问题进行了考虑，但是水平耗散仍然存在。因此在泥沙输运方程中忽略了水平扩散项：

$$\partial_t(mHC)+\partial_x(m_y HuC)+\partial_y(m_x HvC)+\partial_z(mwC)-\partial_z(mw_s C)$$
$$=\partial_z\left(m\dfrac{A_b}{H}\partial_z C\right)+Q_s^E+Q_s^I \tag{7-9}$$

式中：C 为悬沙浓度；泥沙的源汇项分为两个部分，外部源汇项 Q_s^E（包括点源或非点源的泥沙源汇）和内部源汇项 Q_s^I（主要包括有机悬浮物的分解、絮凝或解絮过程）；w_s 为泥沙的沉降速度。

垂直边界条件：

在海底边界 $z=0$ 处：$-\dfrac{A_b}{H}\partial_z C-w_s C=J_o \tag{7-10}$

在自由表面 $z=1$ 处：$-\dfrac{A_b}{H}\partial_z C-w_s C=0 \tag{7-11}$

泥沙沉降速度：

$$w_s=w_{s0}(C/C_f)^\alpha \tag{7-12}$$

式中：w_{s0} 为泥沙颗粒的静水沉降速度，由斯托克斯方程确定；C_f 为参考泥沙浓度；α 为经验常数。

泥沙输运的垂向边界条件定义为：在海底处 $z\to 0$，泥沙净通量为泥沙再悬浮通量和淤积通量的代数和。在海表处 $z\to 1$，没有跨越自由表明的泥沙通量。

$$\begin{aligned}-\dfrac{K_v}{H}\partial_z C-w_s C&=J_0^r-J_0^d \quad (z\to 0)\\ -\dfrac{K_v}{H}\partial_z C-w_s C&=0 \quad\quad\quad (z\to 1)\end{aligned} \tag{7-13}$$

式中：J_0^r 为底床再悬浮通量；J_0^d 为底床沉降通量（$\mathrm{kg/m^{-2}\cdot s^{-1}}$）。

海底底床的净交换通量受控于近底层动力条件和海底底质类型。

当近底层剪切应力 τ_b 小于临界沉降应力 τ_{cd} 时，泥沙颗粒在海底沉降，沉积通量表示为

$$J_0^d=\begin{cases}-w_s C\left(\dfrac{\tau_{cd}-\tau_b}{\tau_{cd}}\right) & (\tau_b\leqslant\tau_{cd})\\ 0 & (\tau_b\geqslant\tau_{cd})\end{cases} \tag{7-14}$$

当近底层剪切应力 τ_b 大于泥沙临界起动应力 τ_{cr} 时，底床泥沙颗粒发生再悬浮进入水体，沉积通量表示为：

$$J_0^r=\begin{cases}\dfrac{\mathrm{d}m_e}{\mathrm{d}t}\left(\dfrac{\tau_b-\tau_{ce}}{\tau_{ce}}\right)^\alpha & (\tau_b\geqslant\tau_{cr})\\ 0 & (\tau_b\leqslant\tau_{cr})\end{cases} \tag{7-15}$$

式中：$\dfrac{\mathrm{d}m_e}{\mathrm{d}t}$ 为单位海床面积上的侵蚀速率；α 为经验参数。临界沉降应力 τ_{cd} 与临界冲刷应力在模型中

预先设定。

近底层剪切应力 τ_b（$\mathrm{kg/m^{-1} \cdot s^{-2}}$）由近底流速确定：

$$\tau_b = \rho C_d |U_b| U_b \tag{7-16}$$

其中，U_b 为底部摩阻流速，C_d 为底摩擦系数：

$$C_d = \left(\frac{K}{\ln(\Delta_l/2z_0)}\right)^2 \tag{7-17}$$

式中：$K = 0.4$，为卡门常数；Δ_l 为混合长度；z_0 为海底粗糙高度。

7.3.1.2 模型求解

模型求解采用了模态分离方法（Mode-splitting procedure），将含自由面的三维流动问题分成表面波的传播问题（外模态）和内波的传播问题（内模态），外模态求解采用半隐式差分格式，而内模态求解采用隐式格式，提高了计算效率。具体的差分格式和计算方法可以参见 Hamrick（1992）。模型计算的初始流场为零，悬沙浓度为零。模型的边界条件设置如下。

1) 外海开边界条件

在开边界上采用 M_2、S_2、K_1、O_1 4 个主要分潮的调和常数来确定水位变化，开边界 4 个主要分潮的调和常数由黄海潮汐模型预测结果插值给出。

$$\zeta = A_{M_2}\sin(\omega_{M_2}t) + A_{S_2}\sin(\omega_{S_2}t) + A_{K_1}\sin(\omega_{K_1}t) + A_{O_1}\sin(\omega_{O_1}t) \tag{7-18}$$

2) 海面边界条件（$z = 1$）

运动学边界条件：$w|_{z=1} = 0$。

动力学边界条件：$\rho \dfrac{A_v}{H} \partial_z u \bigg|_{z=1} = \tau_{sx}$，$\rho \dfrac{A_v}{H} \partial_z v \bigg|_{z=1} = \tau_{sy}$，其中海面风应力项 τ_{sx} 和 τ_{sy} 由下式确定：

$$\left.\begin{array}{l}\tau_{xz} = \tau_{sx} = c_s \sqrt{U_w^2 + V_w^2} U_w \\ \tau_{yz} = \tau_{sy} = c_s \sqrt{U_w^2 + V_w^2} V_w\end{array}\right\} \tag{7-19}$$

式中：U_w 和 V_w 分别为海面 10m 高度上的风速在曲线-正交坐标 x、y 方向上的分量，风应力系数由下式确定：

$$c_s = 0.001 \frac{\rho_a}{\rho_w}(0.8 + 0.065\sqrt{U_w^2 + V_w^2}) \tag{7-20}$$

式中：ρ_a、ρ_w 分别为空气和水体的密度。

3) 海底边界条件（$z = 0$）

运动学边界条件：$w|_{z=0} = 0$。

动力学边界条件：$\rho \dfrac{A_v}{H} \partial_z u \bigg|_{z=0} = \tau_{bx}$，$\rho \dfrac{A_v}{H} \partial_z v \bigg|_{z=0} = \tau_{by}$。

4) 海岸边界条件

在海岸固边界，采用滑动边界条件，边界处的法向流速为零，盐度、泥沙不存在交换通量，即：

$$\left.\begin{array}{l}\vec{V} \cdot \vec{n} = 0 \\ \dfrac{\partial S}{\partial n} = 0 \\ \dfrac{\partial C}{\partial n} = 0\end{array}\right\} \tag{7-21}$$

式中：$\vec{n}$ 为在海岸边界处的外法线方向单位矢量。

7.3.1.3 模型设置

模型计算网格采用了曲线-正交计算网格,共 3855 个计算网格单元,最小网格尺寸为 430m×430m(图 7-26),有效地拟合胶州湾海域复杂多变的岸线地形。

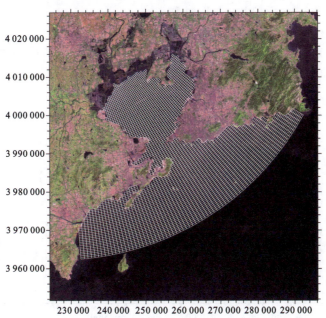

图 7-26 胶州湾海域数值模型计算网格剖分图

在垂直方向采用 Sigma 坐标变换,共平均分成分 8 个 Sigma 层。

计算域的水深部分采用青岛海域地质研究所 2011 年水深测量数据,经潮汐改正后,校正到黄海平均海平面。空白区域的水深数据采用海军航保部海图水深,经数字化后进行处理。以上数据插值到模型各个网格单元的中心点,形成模型计算的水深基础数据(图 7-27)。

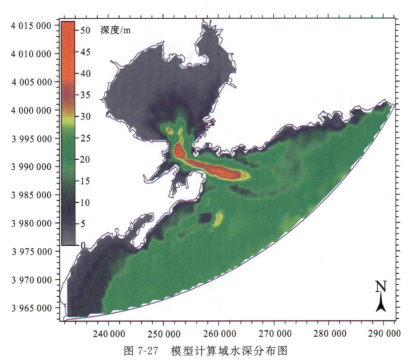

图 7-27 模型计算域水深分布图

7.3.2 数值模型验证

7.3.2.1 潮汐验证

取前湾和大港验潮站 2011 年 9 月 10 日 0:00 时至 10 月 6 日 23 时的逐时观测资料,与模式模拟结果进行对比。观测与模拟结果对比曲线表明(图 7-28),数值模型基本能够反演胶州湾海域的潮汐变化过程。

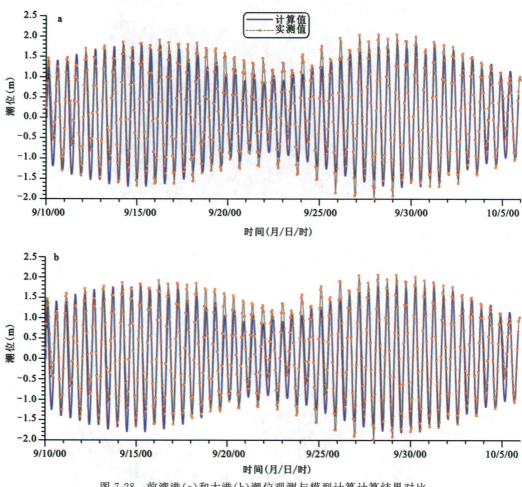

图 7-28　前湾港(a)和大港(b)潮位观测与模型计算计算结果对比

7.3.2.2 潮流计算结果验证

2011 年 6—7 月青岛海洋地质研究所在胶州湾海域开展了 6 个站位的现场连续观测,选取其中 3 个站位的潮流观测资料(QD07、QD11、QD09),对数值模型的潮流计算结果进行对比和验证(图 7-29～图 7-31)。潮流数值模拟能够反映胶州湾海域的潮流场特征及潮周期变化过程。当然,模型计算采用的水深数据可能存在一定误差,同时数值模拟未考虑观测期间的气象条件,这将对数值模拟结果产生影响,导致个别站位的潮流模拟结果存在一定的偏差。

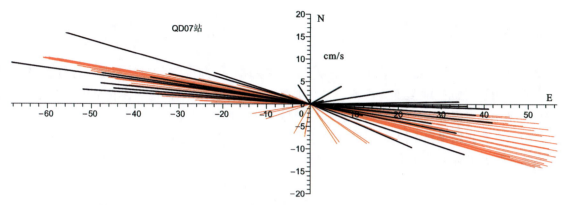

图 7-29　QD07 测站潮流矢量验证结果(黑线表示观测结果;红线表示模拟结果)

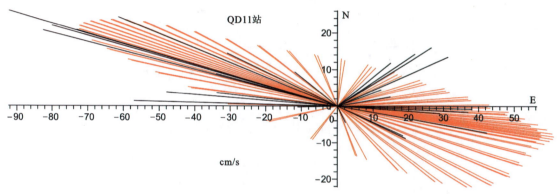

图 7-30　QD11 测站潮流矢量验证结果(黑线表示观测结果;红线表示模拟结果)

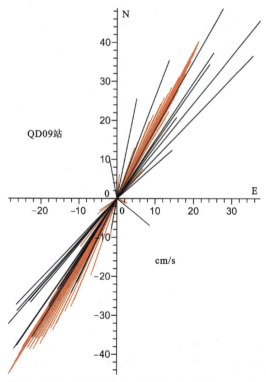

图 7-31　QD09 测站潮流矢量验证结果(黑线表示观测结果;红线表示模拟结果)

7.3.2.3 悬沙浓度验证

选取 QD07 站和 QD06 站的实测悬沙浓度数据与模型输出的垂向平均悬沙浓度进行对比(图 7-32、图 7-33),可以看出,数值模拟结果与实测结果基本在同一数量级,且涨落潮流变化呈现周期性的变化。由于数值模型中未考虑海域底质沉积物类型的空间差异性,起动和沉降条件均采用了统一标准,将导致悬浮泥沙分布的模拟结果存在偏差,但是考虑悬浮泥沙输运及垂向交换主要受动力场控制,因此数值模拟结果基本能够反映海域悬浮体输运的时空过程。

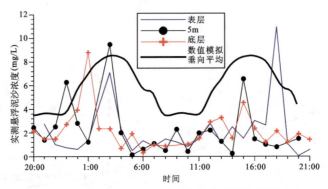

图 7-32 QD07 实测悬浮泥沙浓度与数值模拟结果对比

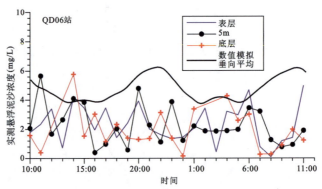

图 7-33 QD06 实测悬浮泥沙浓度与数值模拟结果对比

7.3.3 数值模拟结果分析

7.3.3.1 潮流场的时空变化

胶州湾为半封闭的浅水海湾,涨落潮流通过湾口的水道进出胶州湾,湾口的狭管效应导致湾口区域的涨落潮流速高达 100cm/s 以上。大潮始涨时刻,外海潮流通过湾口水道进入湾内,受地形的影响,出现分叉,一支转向西南,进入前湾,但是流速较弱(约 20cm/s),主流经过湾口以后,沿内湾的东侧向湾顶推进,在黄岛的北侧形成逆时针的流环,流速相对较弱(图 7-34)。大潮涨急时刻,潮流流速明显增大,湾口的潮流流速在 150~200cm/s 之间,在湾口水道的北段形成 3 个主要的分支:一支沿内外的西岸向西北流动,中间一支流向湾顶、大沽河口及其附近海域,另外一支在大港区域沿岸向东北流动,流向沧口水道区域,在大港的南侧形成一个顺时针的流环(图7-35)。在大潮涨平时刻,涨潮流速明显减弱,湾口的内外两侧出现两个方向相反的流环(图7-36)。大潮始落时刻,湾内水流通过湾口向外流出,由于内湾的西侧地势平缓,水深较浅,因而流向发散,水流主要沿内湾的东岸向南流动,在黄岛的南北两侧形成流环(图7-37)。大潮落急时刻,流速加大,湾顶的三个潮流分支在湾口汇集,形成强落潮流通过湾口流向湾外,并沿岸线流动(图7-38)。大潮落平时刻,湾内、湾外流速减弱,在黄岛北侧和薛家岛东侧出现旋转方向相反的流环(图7-39)。

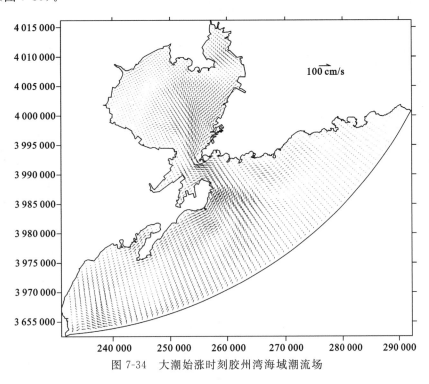

图 7-34　大潮始涨时刻胶州湾海域潮流场

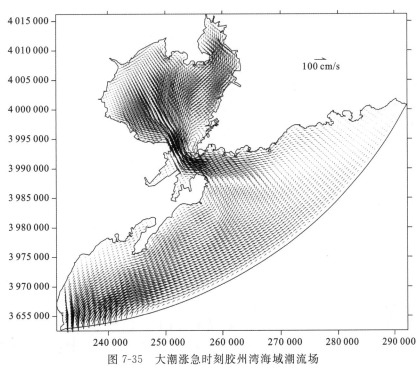

图 7-35　大潮涨急时刻胶州湾海域潮流场

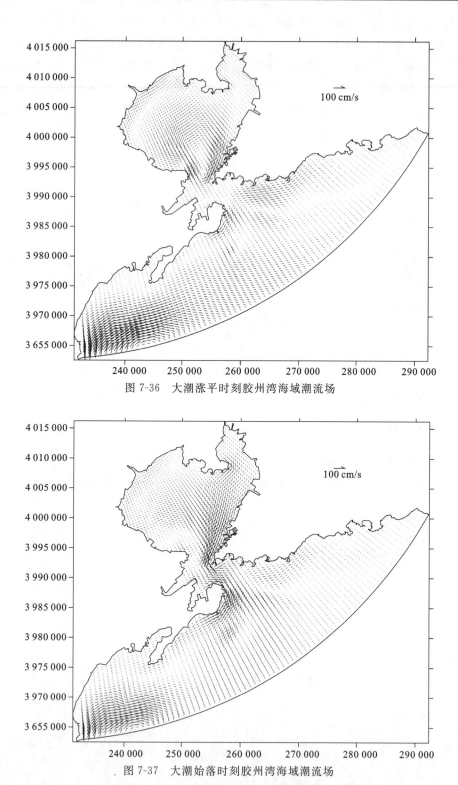

图 7-36 大潮涨平时刻胶州湾海域潮流场

图 7-37 大潮始落时刻胶州湾海域潮流场

小潮期间的流场结构与大潮相类似,只是潮流流速明显减弱(图 7-40、图 7-41),表明小潮期间的水流挟沙能力和污染物扩散能力较大潮明显降低。

潮致欧拉余流为某一固定点在一个潮周期内潮流速度的时间平均值,它表示在该位置上水体周期平均的迁移趋势,因在浅海中潮流的非线性项受到侧向岸线和底摩擦的作用,一部分周期性能量会转变成非周期性能量。数值模拟输出的胶州湾海域潮致欧拉余流场(图 7-42)显示,由于海域岸线

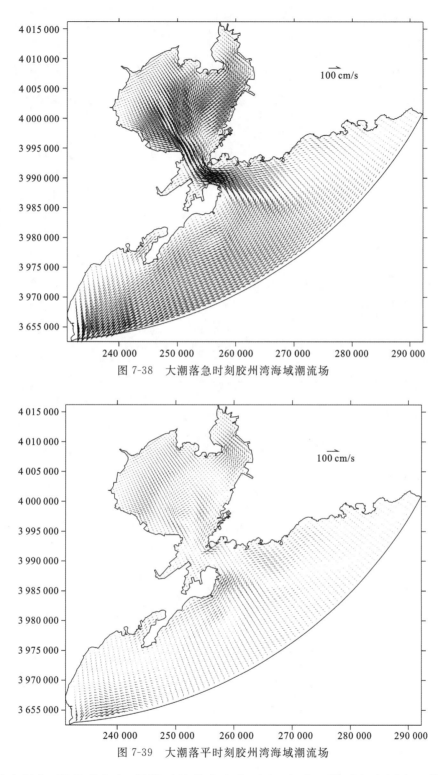

图 7-38 大潮落急时刻胶州湾海域潮流场

图 7-39 大潮落平时刻胶州湾海域潮流场

和海底地形形态复杂,形成了大小、强弱不等的多个余环流,在湾口附近和在团岛咀的岬角处,由于岬角地形和岸线的共同作用,欧拉余流的水平分布显示为"团团转"的多涡结构,形成多个涡旋环流系统,且潮致余流的最大流速出现在团岛西侧,高达 40cm/s,与吕新刚等(2010)的推算结果基本吻合。

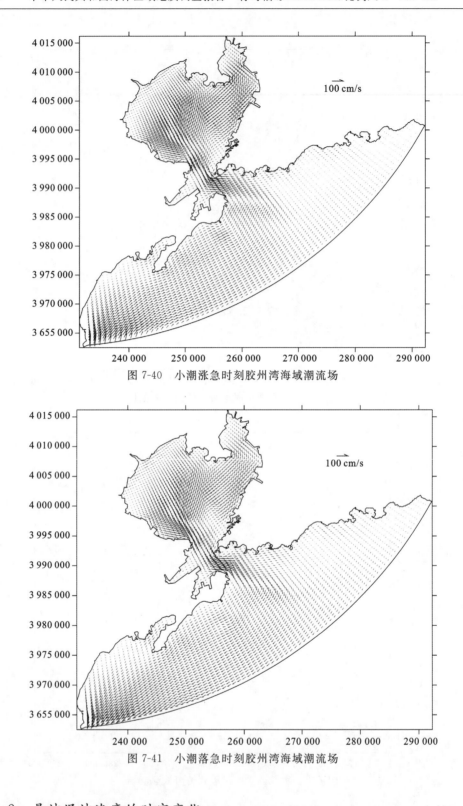

图 7-40　小潮涨急时刻胶州湾海域潮流场

图 7-41　小潮落急时刻胶州湾海域潮流场

7.3.3.2　悬沙泥沙浓度的时空变化

总体而言,胶州湾海域的悬浮泥沙浓度相对较低,悬浮泥沙运动相对不活跃。泥沙主要来自胶州湾湾顶的浅水区域,湾外悬浮泥沙浓度低,通过胶州湾湾口进入湾内的悬浮泥沙通量很低。胶州湾湾内的悬浮泥沙主要是浅水区域海底沉积物在动力作用下再悬浮所致,海湾周边的河流输入量很少,对胶州湾

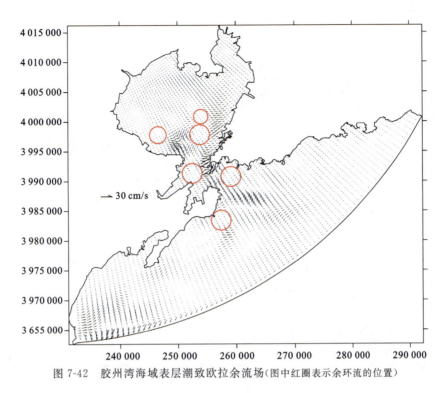

图 7-42　胶州湾海域表层潮致欧拉余流场(图中红圈表示余环流的位置)

整体的悬浮泥沙分布影响甚微。因此,胶州湾悬浮泥沙整体的分布格局为:悬浮泥沙浓度湾内大于湾外,由湾顶向湾口快速降低,受大沽河早先细颗粒入海沉积物堆积的影响,内湾的西北区域泥沙浓度高于东部区域。

从数值模拟结果来看,胶州湾海域无论在涨、落潮期间,最大悬浮泥沙浓度约为 40mg/L,出现在湾顶的西北部区域和沧口水道区域,从胶州湾中部向湾口和湾外的区域,悬浮泥沙浓度在 6~10mg/L 之间,高浓度区域和低浓度区域随涨落潮变化呈现周期性的变动。在胶州湾中形成显著的泥沙浓度锋面,浓度梯度较高。胶州湾湾口区域,尽管潮流流速较高,但是由于水深较大,垂向上流速衰减较快,难以在底部产生有效的剪切应力,从而使得海底泥沙再悬浮通量不高。

在初涨时刻,外海低悬沙浓度的水体通过湾口进入胶州湾,在湾口水道的顶端和内外的中部区域悬浮泥沙浓度由 7~10mg/L 快速增加至湾顶的 20mg/L 以上,形成明显的泥沙浓度锋面(图 7-43),高悬沙浓度主要分布在湾顶的浅水区域。在涨急时刻,低悬沙浓度的外海水体快速向湾内扩展,湾顶区域高悬浮泥沙浓度的分布范围大为缩减,主要集中岸边的区域(图 7-44)。在涨平时刻,外海低悬沙浓度的水体侵入范围最大,红岛北岸的悬浮泥沙浓度甚至降低至 10mg/L 左右,其东西两侧泥沙浓度相对较高,在 20mg/L 左右(图 7-45)。始落时刻,湾顶悬浮泥沙在落潮流作用下开始向湾中部扩散,在落急时刻西北部的悬浮泥沙已经开始扩散至黄岛沿岸区域,同时沧口水道区域的悬浮泥沙也向南扩散(图 7-46、图 7-47)。在落平时刻,西北部近岸的悬浮泥沙扩散范围进一步增大,胶州湾湾口西侧的泥沙浓度也明显增大(图 7-48)。整体来看,整个大潮潮周期内湾顶的悬浮泥沙未能通过胶州湾湾口输出至湾外。湾外的悬浮泥沙浓度较低,仅在落潮时段,唐岛湾悬浮泥沙浓度达 15mg/L 左右(图 7-47、图 7-48)。

小潮期间湾顶的悬浮泥沙浓度依然较高,但是涨潮时外海低浓度水体入侵范围相当有限,落潮时湾内泥沙向湾口扩散有所增强(图 7-49、图 7-50)。

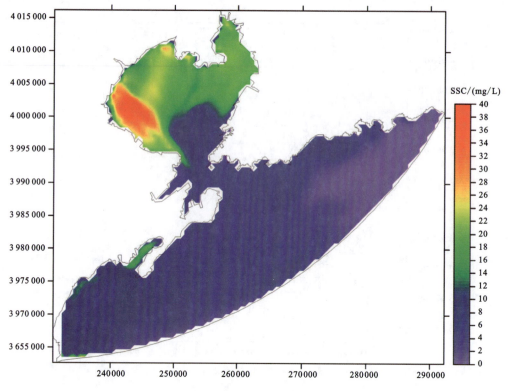

图 7-43 大潮初涨时刻胶州湾海域悬浮泥沙浓度分布

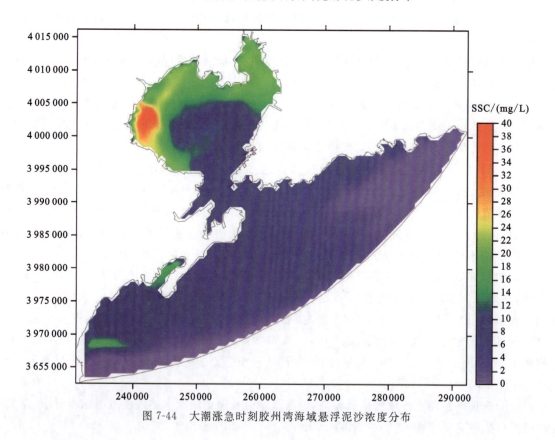

图 7-44 大潮涨急时刻胶州湾海域悬浮泥沙浓度分布

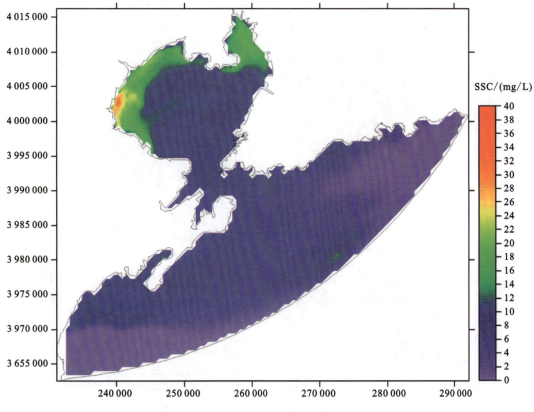

图 7-45 大潮涨平时刻胶州湾海域悬浮泥沙浓度分布

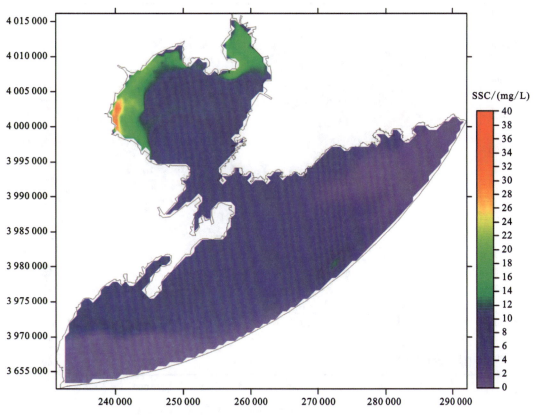

图 7-46 大潮初落时刻胶州湾海域悬浮泥沙浓度分布

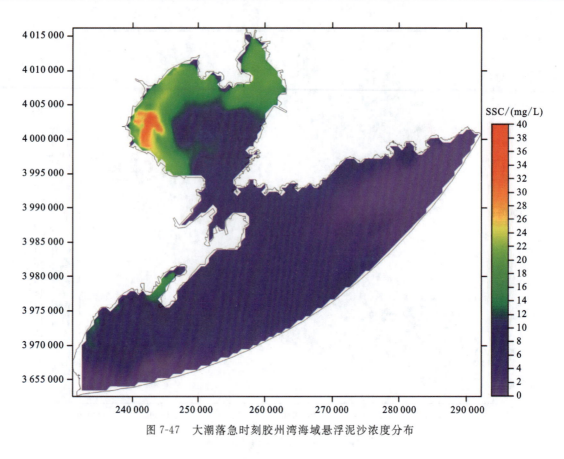

图 7-47 大潮落急时刻胶州湾海域悬浮泥沙浓度分布

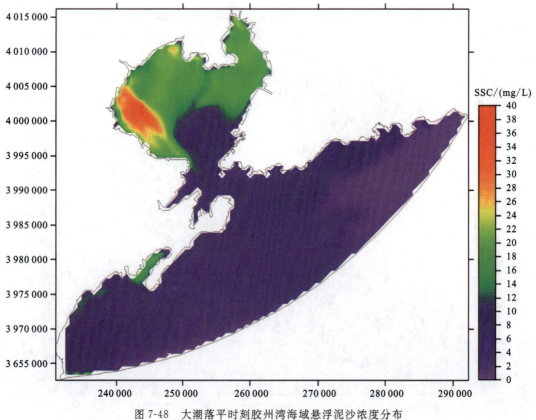

图 7-48 大潮落平时刻胶州湾海域悬浮泥沙浓度分布

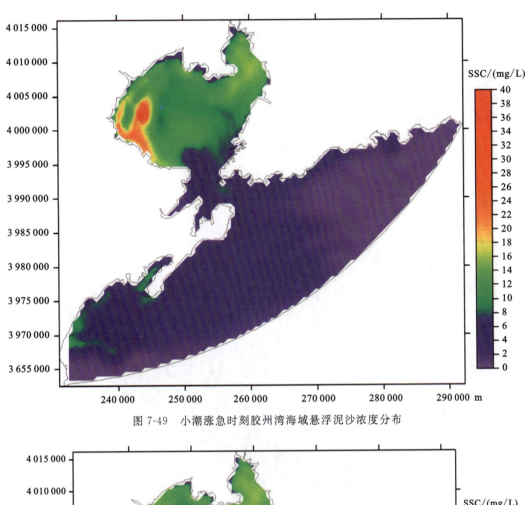

图 7-49　小潮涨急时刻胶州湾海域悬浮泥沙浓度分布

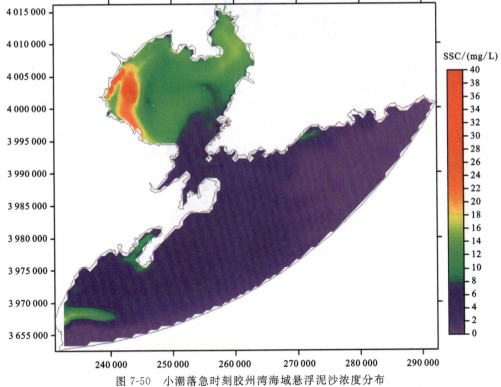

图 7-50　小潮落急时刻胶州湾海域悬浮泥沙浓度分布

7.3.3.3 关键断面上的潮流及悬浮泥沙浓度分布

数值模型设置了两个断面来输出瞬时的流场和悬浮泥沙浓度分布(图7-51)。其中,断面 $A—A'$(简称断面 A)从胶州湾湾顶大沽河口外沿胶州湾中部延伸至薛家岛北端,地形北浅南深,起伏较大,可以整体反映胶州湾中水流的变化以及湾顶悬浮泥沙的扩散行为;断面 $B—B'$(简称断面 B)横跨胶州湾中部,从黄岛北侧向东北延伸,西侧地形坡度大,紧邻中央水道的顶端,东部地形平缓,可以反映湾内涨落潮流的动态及悬浮泥沙分布结构(图7-52)。

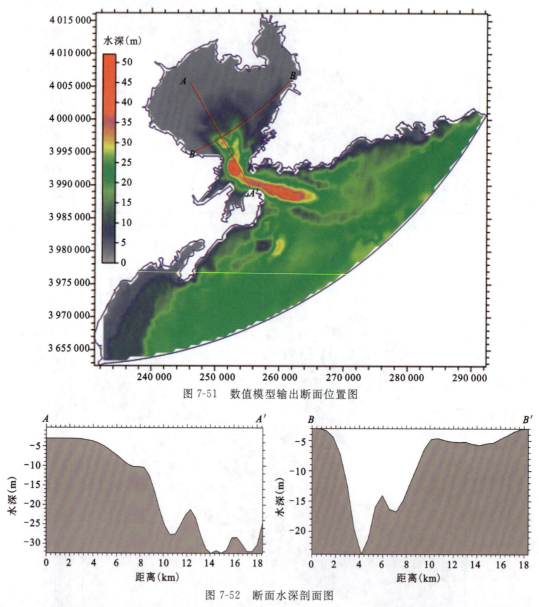

图 7-51 数值模型输出断面位置图

图 7-52 断面水深剖面图

断面 A 从胶州湾湾顶的浅水区域向湾口延伸,在距离湾顶8km处,水深由10m急剧增大至28m,进入湾口的水道(图7-52)。断面的复杂地形对断面流场有非常重要的影响。在始涨时刻,水道内的水平流速较大,可达50cm/s,而在湾顶区域快速减小至10~15cm/s,值得指出的是,受地形剧烈起伏的影响,水道中央以及水道的北段底层垂向流速增大,可达2mm/s,远大于水体表层;而表层水平流速高于底层水平流速(图7-53)。悬浮泥沙主要集中在湾顶区域,悬浮泥沙浓度的水平梯度较高,形成悬沙浓度锋面,水道中央区域悬沙浓度低(图7-54)。在涨急时刻,涨潮流速明显增强,尤其是在湾口水道区域高达100cm/s以上,同时导致水道底层的垂向流速亦显著增强(图7-55)。外海低含沙浓度的水体快速侵入,导致高含沙浓度的水体向湾顶收缩,水道中央区域的悬沙浓度降低(图7-56)。涨平时刻,断面流速减弱,在湾口区域出现旋转流,断面上湾口的潮流流出湾口(图7-57),湾顶高悬沙浓度的水体向南扩展,但是在水道北端依然存在悬沙浓度锋面(图7-58)。始落时刻,断面流场转为落潮流,湾顶流速较小,在水道区域由于湾内三支潮流的汇合,使得该处潮流流速较高,达到60cm/s以上(图7-59、图7-60)。在落急时刻,断面整体落潮流速增强,底层垂向流速加大,地形起伏导致的"跌水效应"显著,落潮流携带悬浮泥沙由湾顶向湾口区域扩散(图7-61、图7-62),导致水道北端的悬浮泥沙浓度增高,同时由于强潮流的垂向混合作用,悬浮泥沙浓度上下分布较为均匀。在落平时刻,流速减弱,湾顶泥沙进一步向水道中心扩散,在水道北端形成明显的悬沙浓度锋面(图7-63、图7-64)。

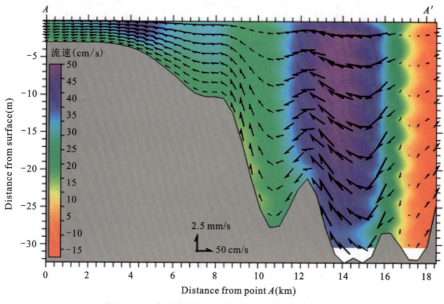

图7-53　大潮始涨时刻断面A切向流速分布图

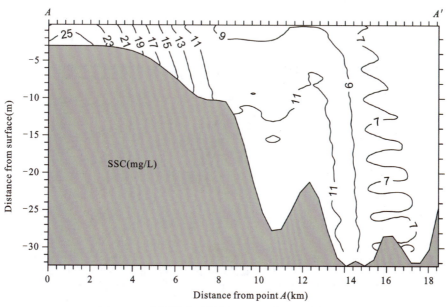

图7-54　大潮始涨时刻断面A悬浮泥沙浓度分布

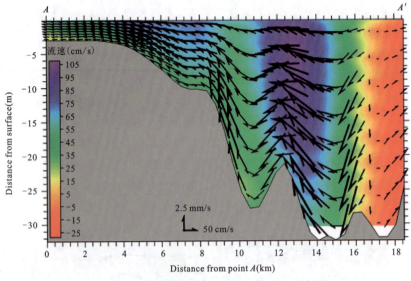

图 7-55 大潮涨急时刻断面 A 切向流速分布图

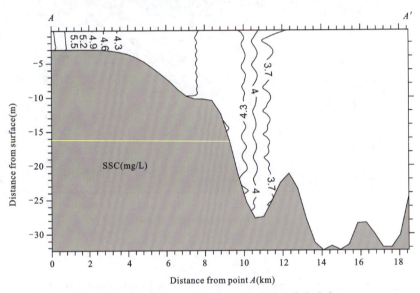

图 7-56 大潮涨急时刻断面 A 悬浮泥沙浓度分布

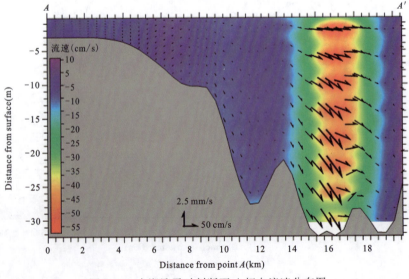

图 7-57 大潮涨平时刻断面 A 切向流速分布图

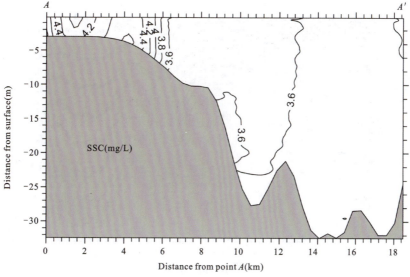

图 7-58 大潮涨平时刻断面 A 悬浮泥沙浓度分布

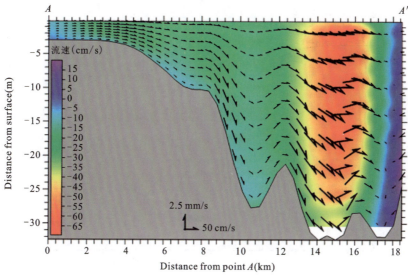

图 7-59 大潮始落时刻断面 A 切向流速分布图

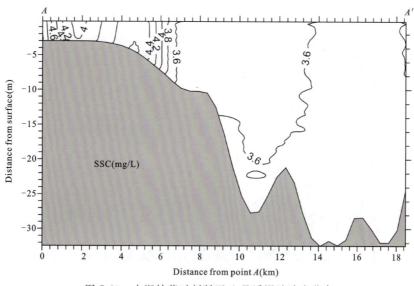

图 7-60 大潮始落时刻断面 A 悬浮泥沙浓度分布

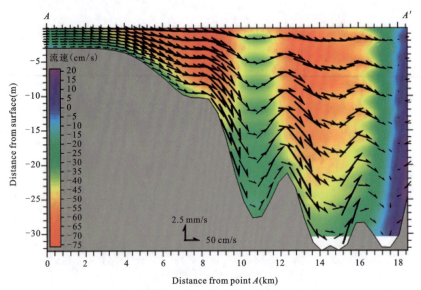

图 7-61　大潮落急时刻断面 A 切向流速分布图

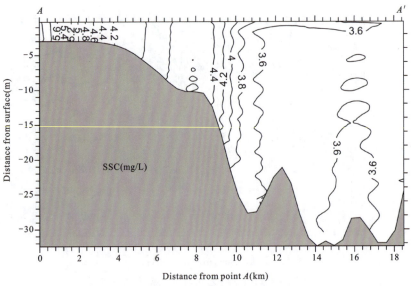

图 7-62　大潮落急时刻断面 A 悬浮泥沙浓度分布

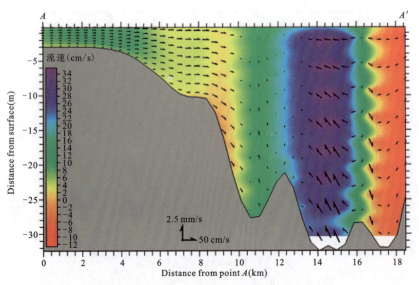

图 7-63　大潮落平时刻断面 A 切向流速分布图

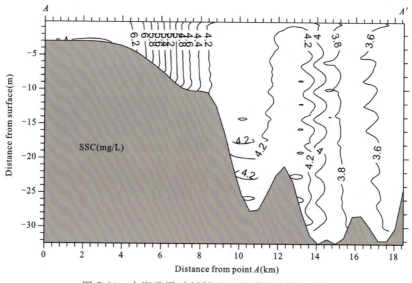

图 7-64　大潮落平时刻断面 A 悬浮泥沙浓度分布

断面 B 横跨胶州湾中央水道,形成两侧浅、中间深的地形特征。该断面上的法向流速占主导,因而分析断面 B 的法向流速和悬沙浓度分布。在始涨时刻,断面整体以涨潮流为主,在断面西侧由于旋转流的影响,流向为南向,同时在断面东侧形成高流速中心,流速高达 50cm/s 左右(图 7-65)。悬浮泥沙浓度呈现两侧高、中间低的格局,尤其在断面西侧,由于坡度较陡,悬沙浓度锋面显著。西侧区域的悬沙浓度高于东侧(图 7-66)。在涨急时刻,断面法向流速明显增强,在水道中央和东侧形成两个高流速中心,这与平面流场显示的潮流进入湾内的分叉有关(图 7-67),同时水道中央的悬沙浓度略有增加,两侧悬沙浓度依然保持较高(图 7-68)。在涨平时刻,断面流速减弱,水道中央的水流向北,同时由于两个旋转流的存在,断面的东西两侧流向为南向,断面流态较为复杂(图 7-69);由于湾外低悬沙浓度的水体侵入,断面悬浮泥沙浓度整体降低(图 7-70)。在始落时刻,断面法向流速以落潮流占主导,东侧流速(高达 40cm/s)高于西侧流速,东侧悬浮泥沙浓度增高,主要是沧口水道区域的悬浮泥沙在落潮流作用下沿东岸向湾口输送(图 7-71、图 7-72)。在落急时刻,落潮流速增强,中央水道和断面东侧形成两个高流速中心,显示分叉潮流在湾口区域汇合,同时整体的悬浮泥沙浓度增大,依然是两侧高、中间低的分布形态,西侧高于东侧(图 7-73、图 7-74)。在落平时刻,断面整体流速减弱,同时由于旋转流的存在,断面中间为落潮流向,而东西两侧流向为北向(图 7-75),断面西侧的悬浮泥沙浓度水平梯度较高,存在明显悬浮泥沙浓度锋面(图 7-76)。

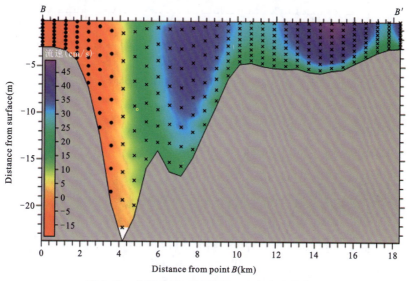

图 7-65　大潮始涨时刻断面 B 法向流速分布图

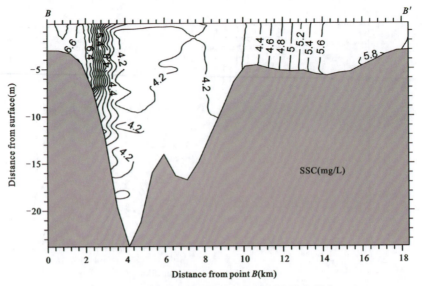

图 7-66　大潮始涨时刻断面 B 悬浮泥沙浓度分布

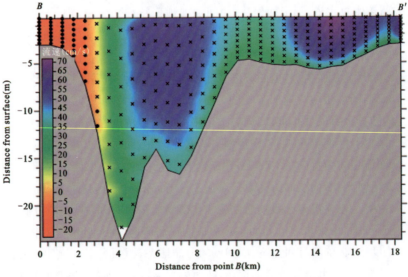

图 7-67　大潮涨急时刻断面 B 法向流速分布图

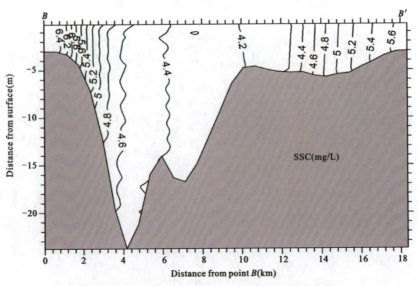

图 7-68　大潮涨急时刻断面 B 悬浮泥沙浓度分布

第 7 章 胶州湾沉积动力特征

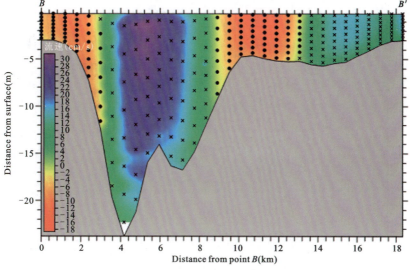

图 7-69 大潮涨平时刻断面 B 法向流速分布图

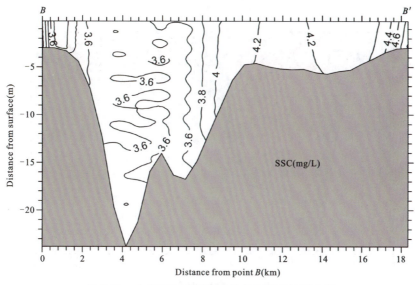

图 7-70 大潮涨平时刻断面 B 悬浮泥沙浓度分布

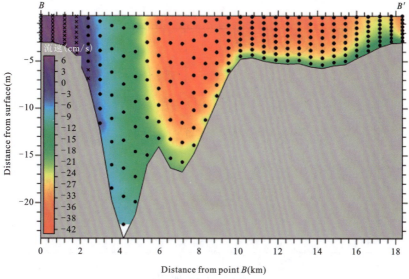

图 7-71 大潮始落时刻断面 B 法向流速分布图

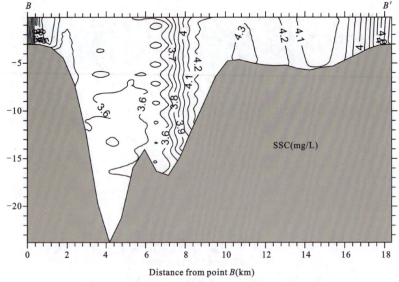

图 7-72　大潮始落时刻断面 B 悬浮泥沙浓度分布

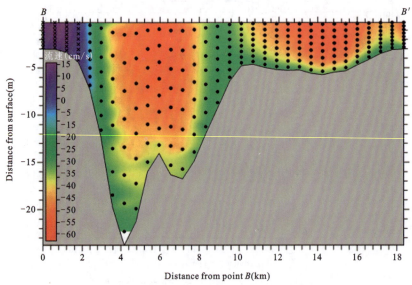

图 7-73　大潮落急时刻断面 B 法向流速分布图

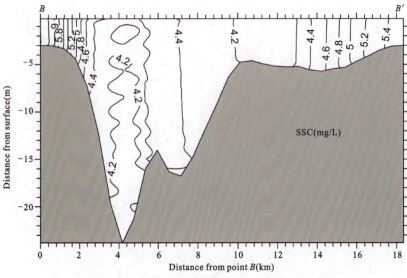

图 7-74　大潮落急时刻断面 B 悬浮泥沙浓度分布

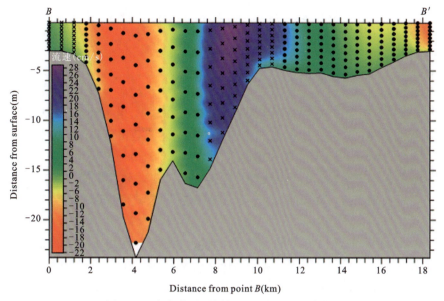

图 7-75　大潮落平时刻断面 B 法向流速分布图

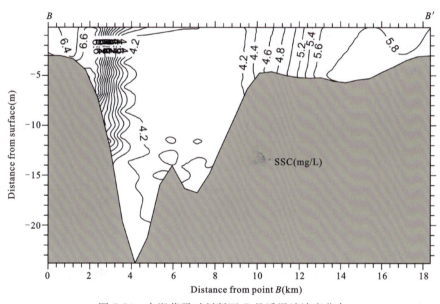

图 7-76　大潮落平时刻断面 B 悬浮泥沙浓度分布

从两个断面的水流及悬浮泥沙分布的时空变化来看，胶州湾湾内的悬浮泥沙主要来自湾顶区域，主要在落潮流的驱动下沿岸向湾口扩散，在水道的北段形成显著的悬浮泥沙浓度锋面，因此胶州湾内等深线的鞍部和湾口水道的北端是主要的泥沙汇聚区，这与汪亚平等(2000)根据海底沉积物粒度分布揭示的泥沙运移趋势是一致的；湾内西岸区域的悬浮泥沙浓度高于东岸，中央水道区域的悬沙浓度最低。在中央水道区域，由于水深较大，底部再悬浮的贡献极小；湾顶及东西两岸的浅水区域可形成明显的泥沙再悬浮，但是难以扩散至湾口和湾外。因此，从这一点来看，胶州湾湾顶西岸存在侵蚀，但是由于悬浮泥沙浓度不高(约30mg/L)，因此相对而言侵蚀也比较微弱。再悬浮的泥沙主要在东岸和中部淤积。因此，胶州湾湾内的冲淤基本维持平衡，湾顶及沿岸可能略有侵蚀，中部和东部以及湾口水道的北端会略有淤积，水道基本保持平衡。

7.3.3.4 沉积动力过程对胶州湾海域地貌演化的影响

1) 胶州湾海域海岸线变化

通过历史海图、水深、遥感资料对近百年来胶州湾海岸线变化的研究表明，1863年到1935年岸线变化不大，仅胶州湾西北侧因盐田修建有少许变化。1935—1966年，由于盐田养殖区扩建，胶州湾西北侧和东北侧岸线有很大变化。1966—1986胶州湾西北侧和东北侧盐田养殖区进一步向海扩建，此期间独立的黄岛并入大陆。1986—1996年在胶州湾的东侧、北侧、和西南侧岸线均有较大变化，岸线普遍向海推进，总体上趋于平直。1996—2000年岸线变化主要在湾的东北和西南侧，2000—2005年黄岛开发区沿岸变化较大。这一时期胶州湾海岸线变化与环胶州湾各区域城市扩展的趋势基本一致，主要是人为力量所致。

因此，胶州湾岸线近年来的变化主要受人类活动影响。随着人类开发活动的加剧，胶州湾经历了20世纪50年代的盐田建设，60年代中期—70年代围垦海涂扩张农业用地和80年代以来的滩涂围垦养殖、开发港口、建设公路和临港工程等填海高潮，自然岸线越来越少，逐渐被人工岸线取代。例如，分布于胶州湾北部的大面积潮滩，已经被养殖区和盐田替代。港口码头、线状坝占用岸线长度越来越多，水域面积急剧减小（表7-2）。

表7-2 胶州湾近百年来面积和岸线变化（据高俊国和边淑华，2004）

年份	总面积（km²）	总岸线长度（km）
1863	587.5	142.8
1935	559.0	157.0
1966	470.3	187.1
1985	403.0	192.0
1992	387.0	194.2

胶州湾海岸线的变化主要是沿海大规模人类活动导致的，与沉积动力过程基本没有直接联系。未来随着环胶州湾人工海岸比例的加大和海岸防护的增强，胶州湾海岸线基本不会发生显著的蚀退。

2) 动力过程对胶州湾海域海底冲淤变化的影响

从沉积动力学和地貌学的观点来看，胶州湾是一个潮汐汊道系统。胶州湾的沉积速率较低，属于缓慢淤积的海湾。根据胶州湾 ^{14}C 测年结果，胶州湾湾顶大沽河口附近沉积速率较大，达到1mm/a以上，在胶州湾中部和东北部，沉积速率为 0.6～0.7mm/a。胶州湾南部和黄岛附近沉积速率较低，为0.25mm/a左右。因此，胶州湾海区的 ^{14}C 沉积速率的量级为 10^{-1}～100mm/a，属低沉积速率区（高抒等，2002）。其主要原因如下。

(1) 环胶州湾海域通过河流输入的陆源沉积物急剧减少，导致近岸海域的物源供应急剧减少。1979年以前，陆地径流输沙量较大，可达 $1.6×10^6$ t/a。1979年后河流上游修建水库和筑坝，河流输沙量急剧减少，甚至出现断流现象，目前这些河流的年输沙量约为 $2.8×10^4$ t/a，仅为1979年前的2%左右。以大沽河为例，多年平均径流量为6.61亿 m³，在20世纪70年代前，径流季节性较强，夏季洪水暴涨，常年有水，而在70年代后期除汛期外，中、下游已断流。

(2) 胶州湾的潮流特征表现为涨潮流历时小于落潮历时、涨潮流速大于落潮流速、净输沙方向与优势流方向不一致；由此导致海域的涨潮流输沙潜力大于落潮流，但是胶州湾口门底部出露的主要是粗颗粒物质或基岩，再悬浮概率小，可供输送的细粒物质很少，因此涨潮流对泥沙的输送通量极少，对胶州湾内的淤积贡献甚微，从而导致胶州湾内尤其是南部及湾口区域的沉积速率很低。

(3) 目前胶州湾泥沙的主要来源为湾顶浅水区域在动力作用下的再悬浮,湾顶的浅水区产生侵蚀,同时再悬浮泥沙在潮流作用下向内湾的中部扩散,形成微弱的淤积,但是淤积速率很低。

因此,胶州湾内泥沙搬运具有以下特征:①来自湾内东北部浅水区的再悬浮泥沙有沿东部水道向南搬运的趋势(图 7-47~图 7-49),主要是随落潮流沿东岸扩散;②在海湾中西部,泥沙有向等深线的鞍部汇聚的趋势,该区为近南北向(略偏西北)延伸、夹于两条水道之间的大型垄脊,在落潮流作用下大沽河口外的再悬浮泥沙经过落潮流的输送达到该区域,受海底地形的剧烈变化,水流流态复杂,形成明显的悬浮泥沙浓度锋面(图 7-58~图 7-63),悬浮泥沙主要集中在中央水道的北端落淤沉积。这与汪亚平等(2000)根据胶州湾底质沉积物粒度分布所揭示的泥沙运移趋势是一致的。

7.3.4 小结

通过收集胶州湾海域的水文、泥沙、地形和遥感等历史资料,对 2011 年在该海域 6 个站位的悬浮体样品进行了抽滤和悬浮体浓度计算,对其中 200 个样品进行了粒度测试分析。利用连续观测的水流、泥沙和 CTD 观测资料,开展了胶州湾海域沉积动力学研究,建立了悬浮体浓度与水体浊度的标定曲线;在此基础上建立了模拟海域潮流、泥沙输运的动力学数学模型,对平面和关键断面的流场和泥沙输运过程进行了研究,探讨了泥沙动力过程对海域地貌演化的影响。得出以下主要结论。

(1) 胶州湾海域的潮流以往复流为主,具有规则的半日潮流性质。涨潮时,外海潮流通过胶州湾口进入湾内,受湾内岸线和海底地形的影响出现分叉:一支沿西偏北沿岸流动,中间一支沿北偏西方向向胶州湾湾顶大沽河口流动,还有一支沿东北方向向沧口水道方向流动。落潮时,基本按照反方向流动并在湾口中央水道汇集,通过湾口流出。胶州湾湾口由于束水效应,潮流流速最高,潮流向湾内逐渐减小,达到湾顶区域,潮流流向发散、流速快速降低。

(2) 胶州湾南部海底地形变化剧烈,起伏较大,导致中央水道的北端底部垂向流速明显增强,对物质的垂向交换有重要作用。潮流场的分布主要受控于海底地形和岸线边界。随着胶州湾的开发利用,人工岸线比例增大,可以预见湾内的潮流场将产生明显的变化,影响胶州湾的纳潮量和水交换过程。

(3) 胶州湾内泥沙的主要来源为湾顶区域的海底泥沙再悬浮。湾内悬浮泥沙分布的总体格局为:湾顶高,湾口低;东西两侧高,中间低;西侧高于东侧。其主要原因是:湾顶再悬浮泥沙在水流作用下扩散。

(4) 受泥沙来源的限制,胶州湾海域的优势流与泥沙输运在方向上存在不一致。该海域涨潮流速高于落潮流速,但是涨潮时湾外和湾口的海底泥沙再悬浮通量通量极少,难以对胶州湾内的悬浮泥沙产生有效贡献;在落潮时,湾顶及东、西两岸浅水区域再悬浮泥沙随落潮流向湾口及水道扩散,但是亦难以通过湾口输出至湾外。

(5) 从悬浮泥沙输运方向上来看,湾内东北部浅水区的再悬浮泥沙在落潮流驱动下沿东部水道向南搬运;在海湾中西部,大沽河口外的再悬浮泥沙在落潮流作用下向中部输运,受海底地形剧烈变化的影响,在中央水道北端形成悬浮泥沙浓度锋面,导致泥沙在该区域落淤沉积。这与胶州湾底质沉积物粒度分布所揭示的泥沙运移趋势一致。

(6) 胶州湾站位悬浮浓度与 CTD 浊度之间存在显著的线性统计关系;同时水体中悬浮颗粒的粒径对该统计关系有一定的影响,颗粒物的粒径越细,浊度对悬浮体浓度的响应关系越显著。

(7) 近年来,胶州湾海域整体的沉积速率很低,主要原因:环胶州湾海域的陆源沉积物供应急剧减少,泥沙的主要来源为湾顶浅水区域在动力作用下的再悬浮,海底产生侵蚀,同时再悬浮泥沙在潮流作用下向内湾的中部扩散,形成微弱的淤积,但是淤积速率很低;胶州湾海域净输沙方向与优势流方向不一致,胶州湾口处虽然涨潮流速高,但是底质沉积物基本为粗颗粒物质或基岩,难以形成再悬浮,泥沙输送通量极少,对胶州湾内的淤积贡献甚微。

(8）由于胶州湾地区构造升降不明显，而目前环湾河流输送的泥沙通量锐减，综合考虑该海域的沉积动力格局，可以认为胶州湾海域的地貌演化主要受控于人类活动和未来海平面变化，在实施"拥湾发展、环湾保护"的发展战略时应充分考虑沿海开发、围填海造地等活动对海域地貌演变的整体影响，进行综合科学研究，制定科学合理的管理制度，有序开发，实现人与自然的和谐发展。

第8章 结 论

8.1 取得的主要成果

(1)填补了我国中比例尺海洋区域地质调查空白,开启了海洋基础地质调查的新纪元。

海洋区域地质调查是国家基础性公益性地质工作的重要组成部分,至2015年,我国管辖海域1∶100万海洋区域地质调查实现了全覆盖,而作为我国海域未来主体工作1∶25万是在百万比例尺基础上,深入认识海洋、经略海洋的重要依据,也是一个国家海洋实力的具体体现。主要目的是运用当今海洋调查高新技术手段,系统采集海洋地质基础数据,查明重点海域海底地形地貌、底质类型、浅层地质、地质构造和环境地质特征以及矿产资源分布状况,为国家提交基础地质图件和相应的调查报告,为经济建设与可持续发展提供区域性地学依据,为国土资源开发利用、管理规划及环境资源保护服务。与世界海洋强国相比,我国在海洋区域地质调查方面的差距很大。1∶25万青岛幅海洋区域地质调查(试点)项目的完成,在海洋环境、海洋灾害、海洋矿产等领域上取得了创新性成果,系统地研究了工作区基础地质问题,提升了研究高度,项目采用的技术方法,取得的成果均达到了国内领先水平。

(2)全面地、超额地完成了任务书规定的外业调查与研究任务,达到了预期目的,为国家提供了一批可靠的、高质量的基础地质资料。

项目组完成了浅地层剖面及同步水深测量3 046.1km,200km^{2}海岸带地质调查与取样、多波束测量4210km;侧扫声呐测量及同步水深测量1146km;10条岸滩剖面6次(冬季3次、夏季3次);地质取样表层样137站位,柱状样26站位,海水取样137站位;地质浅钻2口,共进尺125.30m(QDZ01孔40.2m;QDZ03孔85.1m);沉积动力走航616km,11个站位25h沉积动力连续观测;重力测量2 908.8km,磁力测量2 886.3km,单道地震测量1 966.5km,同步水深测量2 908.8km,物性标本采集1014个。至此,已经全面地、超额地完成任务书规定的外业工作量并通过验收,除1项为"良好级"外,其他全部为"优秀级",野外验收优良率100%。

完成了浅地层剖面数据处理与解释3 046.1km,多波束数据处理4210km,侧扫声呐资料处理与解释1146km,重力资料处理与解释2 908.8km,磁力资料处理解释2 886.3km,单道地震资料处理与解释1 966.5km,遥感解译20 000km^2。

完成了粒度测试2778个,沉积物地球化学测试1205个,海水地球化学测试274个,碎屑矿物鉴定665个,黏土矿物测试1231个,AMS^{14}C测年30个,光释光测年33个,^{210}Pb测年25个柱状样,微体古生物鉴定936个,悬浮体抽滤1172个,岩矿鉴定32个。

(3)根据实测资料,系统地分析了青岛幅地形特征、地貌类型及其分布,划分了三大类11种地貌类型。

调查区陆域地貌类型分为中山、低山、丘陵、平原等地貌类型和微地貌。地貌类型进一步分为强切割构造侵蚀中山区、中切割构造侵蚀低山区、中切割构造剥蚀低山区、弱切割构造剥蚀丘陵区、山间平原区和海积平原区。微地貌主要有侵蚀后退岸、稳定岸、淤积增长岸，中低山切割形成的峡谷、火山作用形成的火山景观等。

海岸带地形地貌主要包括岬湾相间的山地基岩岸、山地港湾泥质粉砂岸、蚀退的山地岬湾岸、较稳定的沙坝-潟湖岸、蚀退的山地岬湾岸、蚀退的岬湾与浅湾溺谷岸、较开阔的岬湾与沙坝-潟湖岸等。

海底地貌主要有水下三角洲、海底剥蚀-堆积岸坡与堆积岸坡、陆架侵蚀-堆积平原等类型。

岸滩剖面监测结果表明，调查区海滩主要分为受潮汐控制和波浪控制两种类型。其中，海阳核电站东部海滩、鳌山湾北部海滩、红岛南部岸滩为潮控海滩，其海滩宽阔低平，变化周期大；仰口王哥庄湾、黄岛南部海滨公园岸滩为波浪控制海滩，其海滩坡度较陡，变化周期小，波浪作用对海滩形态塑造起主要作用。海阳核电站东北部海滩较稳定，变化缓慢或略有侵蚀；仰口、红岛和黄岛海滩侵淤变化较大；调查区砂质海岸冬季与夏季相比轻度淤积。

(4)厘定了海域新近系和第四系的地层层序，系统地编制了各时代地层埋深图与厚度图，重点分析了晚第四纪以来沉积物的物质成分、类型、沉积结构、地质时代与沉积环境演化，首次发现了山东半岛南部海域全新世泥质体存在。

对调查区沉积物类型以崂山头为界，以东地区海底表层沉积物主要以粉砂和砂质粉砂为主，在河口地区分布有砂质沉积物类型，分布类型较单一且分布面积大；以西地区表层沉积物类型复杂多样，且呈现斑块式分布特征；崂山头外海域主要为晚更新世陆相残留沉积。

对调查区表层沉积物常量元素、重金属元素分布特征进行了系统研究，结果表明：本区常量元素含量 SiO_2、CaO、K_2O 含量低于我国近海海域平均值，Al_2O_3、Na_2O、TFe_2O_3 含量高于我国近海海域平均值。重金属 As、Cd、Cr、Cu、Hg、Pb、Zn 含量全部高于我国近海海域平均值。其中 As、Cd、Pb 高值区主要集中在青岛幅南部海域，分布范围比较集中。Cr、Cu、Zn 高值区主要集中在丁字湾外海海域。Hg 高值区主要集中在胶州湾海域。

调查区黏土矿物组合为高岭石-伊利石-蒙脱石-绿泥石型或伊利石-高岭石-蒙脱石-绿泥石型，为半岛型物质，有别于黄河型物质。黏土矿物组合分布类型显示了山东半岛近海环流对不同来源物质的控制作用，其中黄河型物质分布主要受控于山东半岛东北部的黄海沿岸流，半岛型物质主要受控于黄海沿岸流与黄海暖流东北向余脉形成的反气旋漩涡。

根据调查区碎屑矿物组合含量，将调查区分为 4 个区。Ⅰ区的优势矿物组合为普通角闪石-绿帘石-石英-长石，特征矿物为钛铁矿和褐铁矿。Ⅱ1 区优势矿物组合为普通角闪石-绿帘石-石英-长石，特征矿物为褐铁矿和阳起石；Ⅱ2 区优势重矿物组合为普通角闪石-绿帘石-石英-长石，特征矿物为黑云母和褐铁矿。Ⅲ区优势矿物为普通角闪石-石英-长石-云母类，特征矿物为生物碎屑和自生黄铁矿。Ⅳ区优势矿物为云母类-自生黄铁矿-普通角闪石-石英。

首次发现了山东半岛南部海域近岸泥质区的存在，圈定了泥质区范围，并对其物源进行了深入探讨。调查区泥质区全新统近岸泥质体沿北东向延伸近 90km、宽度 12.5～25km、面积约 1400km^2、最大厚度 22.5m，体积约 $3.63×10^9$m^3。全新统近岸泥楔可见 3 个沉积中心，分别位于崂山以东海域、海阳-乳山东南海域、乳山以东海域，其中以海阳-乳山东南海域面积最广、厚度最大处出现在五龙河河口位置，厚度达 22.5m。楔形沉积体 3m 等厚线是一个明显的分界线，向岸部分厚度变化较大，坡度较陡；向海部分厚度变化很小，海底比较平坦，厚度主要介于 1～3m 之间。3m 等厚线大致沿现今水深 25m 等深线分布（以黄海基准面为零面）。以往的研究揭示出山东半岛东北部和南黄海北部存在全新世的楔形沉积体或水下三角洲，它们在形成时间上与调查区的泥质体沉积体基本一致，在物源上都是被黄河来源的沉积物所主导，也都是在黄海海岸带-浅海区的流系共同作用下形成的。因此，这些分布在黄海西部海岸带-浅海区的楔形沉积体或水下三角洲是从全新世初期开始发育至今、在空间展布上具有成因联系、且以黄河物源为主的沉积体。

(5) 系统地研究了青岛幅海底表层沉积物与海水主要元素分布规律,特别是重金属元素的分布特征与物质来源,发现了青岛外海海域表层沉积物的重金属异常区。

运用了地积累指数法与尼梅罗综合指数法对调查区表层沉积物重金属进行了评价,评价结果表明,青岛近海海域沉积物第Ⅰ类清洁样品达89.80%,占绝大多数;第Ⅱ类轻污染样品占9.60%,集中分布在崂山东南部海域和胶州湾东北部区域;第Ⅲ类污染和Ⅳ类重污染样品较少,占0.6%,分布在崂山东南部海域。调查区海水中As、Cd、Cr和Cu、Zn含量均在一类海水范围内,基本无污染;Hg在表层和底层海水中也仅有个别站位含量超出一类海水范围,为点源污染;Pb在调查区污染较高,表层海水中鳌山湾以东大部分海域含量超出一类海水标准,为二类海水。

(6) 系统地研究了调查区沉积动力环境,总结了海洋沉积动力特征及泥沙输运机制。

胶州湾内悬浮泥沙分布的总体格局为:湾顶高,湾口低;东西两侧高,中间低;西侧高于东侧。泥沙的主要来源为湾顶浅水区域在动力作用下的再悬浮,海底产生侵蚀,同时再悬浮泥沙在潮流作用下向内湾的中部扩散,形成微弱的淤积,但淤积速率很低;胶州湾海域净输沙方向与优势流方向不一致,胶州湾口处虽然涨潮流速高,但是底质沉积物基本为粗颗粒物质或基岩,难以形成再悬浮,泥沙输送通量极少,对胶州湾内的淤积贡献甚微。由于胶州湾地区构造升降不明显,而目前环湾河流输送的泥沙通量锐减,综合考虑该海域的沉积动力格局,可以认为胶州湾海域的地貌演化主要受控于人类活动和未来海平面变化,在实施"拥湾发展、环湾保护"的发展战略时应充分考虑沿海开发、围填海造地等活动对海域地貌演变的整体影响,进行综合科学研究,制定科学合理的管理制度,有序开发,实现人与自然的和谐发展。

(7) 系统地分析了海域灾害地质类型、分布规律与控制因素,提出了保护和开发的对策及建议。

调查区内陆域灾害地质因素主要有崩塌、滑坡、泥石流及地方病。区内海域地质环境复杂,孕育着多种灾害地质因素,主要有活动断层、地震、埋藏下切谷、不规则基岩面、潮沟、潮流沙脊、沙波、侵蚀沟槽、河口三角洲、岸线变迁、海水入侵、重金属污染等等灾害类型。研究结果表明,新构造运动、海平面变化、沉积动力过程是影响该区灾害地质的主要因素。

8.2 体会与建议

自2009年"青岛幅"项目启动以来,在中国地质调查局和青岛海洋地质研究所的领导下,在青岛海洋地质研究所地调科研处的直接指导下,经过项目组全体成员的共同努力,全面地、超额地完成了各年度任务书规定的调查研究任务,达到预期目标。项目完成之际,主要体会与建议如下。

1. 把握中比例尺海洋区域地质调查的主题

根据海洋地质保障工程安排,1∶25万海洋区域地质调查工作主要部署在近岸海域,在项目实施过程中,要牢牢把握住中比例尺调查的主要目的与任务,分析出该比例尺要解决的地质问题。通过青岛幅的试点,总结了该比例尺除为国家采集基础数据与基础图件外,应该中重点解决"环境、灾害、资源"等科学问题,为国家和地方海洋经济可持续发展提供地学依据。

2. 根据不同图幅特点,科学安排适合该调查区的调查内容与研究内容

1∶25万海洋区域地质调查内容:地形地貌调查、海底浅层地质调查、地质构造调查、海洋环境地质调查、地球化学调查、海洋动力调查、海底矿产调查、海岛调查等。

1∶25万海洋区域地质调查方法:浅地层剖面测量、单道地震测量、重力测量、磁力测量、多波束测量、侧扫声呐测量、地质取样、浅钻、沉积动力调查等方法。

1∶25万海洋区域地质调查成果：图件编制、报告编写、数据库等内容。图件包括：地形图、地貌图、地质图、构造图、重力异常图、磁力异常（ΔT）图、环境地质因素图、矿产图、旅游资源图等。

3. 科学统筹，合理部署各项工作任务

根据项目任务，采用科学统筹方法进行安排工作开展的次序，通过"青岛幅"实践，建议每个图幅工作时间为3~4年较为合理。对于浅地层剖面、单道地震工作应该尽早安排，这是由于这些资料处理解释时间较长，同时解释成果为浅钻部署提供依据，因此浅钻应该在这些工作完成之后进行，可以确保钻孔的实际利用价值。

4. 加强人员组织与保障措施

海洋区域地质调查是一项复杂的系统工程，人员组成是项目完成情况的必要条件。因此项目组成员组成要科学安排，至少应包括海洋地质、第四纪地质、构造地质、地球物理勘探、地球化学、地质矿产、实验测试等专业技术人员，以保证的顺利开展与完成。

5. 尽快建立图件海陆联编规程

随着《海洋地质保障工程》进入全面攻坚阶段，迫切需要建立一套完整的海陆图件联编技术方法，由于海洋编图与陆地编图各自参考不同规范，人为地造成了图件割裂，不能有机地进行拼接，影响了图件的编制与应用。海洋地质图件与陆域地质图件主要存在以下区别。

（1）调查程度不同：由于技术方法及经费的限制，海陆同比例尺的调查存在调查程度的差异，编制的图件内容存在差异。

（2）编图参数不同：由于参考的规范不同，编图参数存在差异，图件拼接存在比较困难。

（3）海陆连接处存在空白区：由于潮间带工作难度较大，一般潮间带区域存在较大的空白区，需要运用相关资料进行补充，形成完整的海陆联编图件。

因此，总结国内外海陆图件联编先进理念，在已经开展的1∶25万海洋区域地质调查的基础上，深入分析该比例尺海域、陆域图件特征，编制"1∶25万海陆海陆图件联编技术规程"具有重要的理论与实际意义。

6. 如何提出调查区主要科学问题？

每个调查区都有不同的地质特点，如何提出新的科学问题是海洋区域地质调查的一个难点。这就需要在项目实施的过程中，充分阅读以往相关成果资料，总结调查区尚未解决的科学问题，在项目实施过程中采用先进的方法获取最新、最有价值的资料，从而实现对这些问题的解决，例如，青岛幅胶莱盆地的海域边界问题；另外，有些科学问题是在实施过程中最新发现的，这也是项目的亮点所在，应予以充分的重视，例如，青岛幅的全新世泥质区的发现等。

主要参考文献

鲍献文,闫菊,赵亮,等,1999. ECOM 模式在胶州湾潮流计算中的应用[J]. 海洋科学,5:57-60.

边淑华,胡泽建,丰爱平,等,2001. 近 130 年胶州湾自然形态和冲淤演变探讨[J]. 黄渤海海洋,19(3):46-53.

边淑华,夏东兴,陈义兰,等,2006. 胶州湾口海底沙波的类型、特征及发育影响因素[J]. 中国海洋大学学报,36(2):327-330.

陈金瑞,陈学恩,于华明,等,2011. 胶州湾潮汐潮流高分辨率数值模拟研究[J]. 中国海洋大学学报(自然科学版),41(7):29-35.

陈丽蓉,2008. 中国海沉积矿物学[M]. 北京:海洋出版社.

陈晓辉,2014. 北黄海陆架晚第四纪地层结构与物源环境演变研究[D]. 青岛:中国科学院研究生院(海洋研究所).

陈正新,曹雪晴,黄海燕,等,2009. 青岛近海古河道断面特征与古地理变迁关系研究[J]. 沉积学报,27(1):109-110.

陈正新,1990. 南黄海 QC1 孔黏土矿物研究[J]. 海洋地质与第四纪地质,10(3):35-45.

陈子燊,2000. 海滩剖面时空变化过程分析[J]. 海洋通报,19(2):42-48.

程鹏,高抒,刘敬圃,等,2001. 北黄海西部全新统分布的初步认识[J]. 第四纪地质,21(4):379.

仇建东,刘健,孔祥淮,等,2012. 山东半岛南部滨浅海区的海洋灾害地质[J]. 海洋地质与第四纪地质,32(1):27-33.

仇建东,2012. 山东半岛南部滨浅海区晚第四纪沉积地层结构与沉积环境演化[D]. 青岛:中国海洋大学.

董立生,刘书会,刘跃华,等,2004. 地震属性分析技术的研究与应用[J]. 石油物探(S1):17-21.

窦衍光,王昆山,王国庆,等,2007. 长江水下三角洲沉积物碎屑矿物研究[J]. 海洋科学,31(4):22-31.

范德江,杨作升,毛登,等,2001. 长江与黄河沉积物中黏土矿物及地化成分的组成[J]. 海洋地质与第四纪地质,21(4):7-12.

高大鲁,魏泽勋,华锋,2007. 胶州湾多分潮漫滩数值模拟研究[J]. 海洋科学进展,25(2):131-137.

高俊国,边淑华,2004. 分形分析法用于海湾冲淤演化预测的初步探讨[J]. 海洋科学进展,22(3):334-33.

高抒,汪亚平,2002. 胶州湾沉积环境与潮汐汊道演化特征[J]. 海洋科学进展,20(3):52-59.

葛淑兰,石学法,朱日祥,等,2005. 南黄海 EY02-2 孔磁性地层及古环境意义[J]. 科学通报,20(22):2531-2540.

顾兆峰,张志珣,2009. 南黄海西部浅部地层地震层序及其沉积特征[J]. 海洋地质与第四纪地质,29(4):95-106.

郭兴伟,张训华,吴志强,等,2019. 大陆架科学钻探 CSDP-2 井科学目标及初步成果[J]. 吉林大学学报(地球科学版),49(1):1-12.

郭玉贵,王红霞,邓志辉,等,2005.山东沿海及近海地震分形分析[J].地球物理学进展,20(1):155-159.

韩树宗,赵瑾,魏福宝,等,2007.胶州湾大沽河口洪水期三维水沙数值模拟研究[J].中国海洋大学学报(自然科学版),37(5):689-694.

韩宗珠,李敏,李安龙,等,2010.青岛田横岛北岸海滩沉积物稀土元素特征及物源判别[J].海洋湖沼通报,3:132-136.

韩宗珠,倪帮发,赵广涛,等,1991.青岛崂山碱性花岗岩的元素地球化学研究[J].海洋湖沼通报,1:16-23.

侯方辉,郭兴伟,吴志强,等,2019.南黄海有关地层与构造的研究进展及问题讨论[J].吉林大学学报(地球科学版),49(1):96-105.

侯方辉,张志珣,张训华,等,2008.南黄海盆地地质演化及构造样式地震解释[J].海洋地质与第四纪地质,28(5):61-68.

侯方辉,2006.南黄海晚第四纪地震地层学与新构造运动研究[D].青岛:中国海洋大学.

贾怡然,2006.填海造地对胶州湾环境容量的影响研究[D].青岛:中国海洋大学.

黄汲清,1986.中国大地构造及其演化[M].北京:科学出版社.

贾凌云,2011.南黄海盆地古生界速度模型建立及其效果分析[D].济南:山东科技大学.

孔令双,陈玉明,李炎保,等,2004.胶州湾海域泥沙淤积数值模拟[J].青岛建筑工程学院学报,25(2):62-65.

孔祥淮,刘健,杜远生,等,2012.南黄海西部滨浅海区灾害地质因素特征及分布规律[J].海洋地质与第四纪地质,32(2):43-52.

蓝先洪,1995.晚更新世末期陆架古环境研究[J].海洋地质动态,5(3):6-8.

蓝先洪,2001.海洋沉积物中黏土矿物组合特征的古环境意义[J].海洋地质动态,17(1):5-10.

李凡,于建军,姜秀珩,等,1991.南黄海灾害性地质研究[J].海洋地质与第四纪地质,11(4):11-23.

李凡,1998.黄海埋藏古河道及灾害地质图集[M].济南:济南出版社.

李晶,张志珣,张维冈,等,2011.南黄海浅部埋藏古地貌的特征、分布及其工程影响[J].海洋地质前沿,27(8):48-52.

李乃胜,于洪军,赵松岭,等,2006.胶州湾自然环境与地质演化[M].北京:海洋出版社.

李绍全,1996.海岸带地质灾害的属性及分类[J].海洋地质动态(6):1-3.

李铁刚,江波,孙荣涛,等,2007.末次冰消期以来东黄海暖流系统的演化[J].第四纪研究,27(6):945-954.

李西双,刘保华,郑彦鹏,等,2001.黄东海灾害地质类型及声学反射特征[J].青岛海洋大学学报,32(1):107-114.

林曼曼,2014.青岛近海海域灾害地质特征研究[D].石家庄:石家庄经济学院.

刘东生,郑洪汉,1965.第二届全国第四纪学术会议[J].科学通报(2):175-176.

刘红玲,2008.胶东半岛主要河流水环境容量及其应用研究[D].济南:山东师范大学.

刘佳佳,2007.Landsat/ETM+和Terra/ASTER数据在胶州湾海岸带变化研究中的应用[D].青岛:中国海洋大学.

刘建国,2007.全新世渤海泥质区的沉积物物质组成特征及其环境意义[D].青岛:中国科学院研究生院(海洋研究所).

刘建兴,刘青松,石学法,等,2015.黄海第四纪年代学研究进展[J].海洋地质前沿,31(2):17-25.

刘健,李绍全,王圣洁,等,1999.末次冰消期以来黄海海平面变化与黄海暖流的形成[J].海洋地质与第四纪地质,19(1):13-24.

刘敏厚,吴世迎,王永吉,1987.黄海晚第四纪沉积[M].1版.北京:海洋出版社.

刘守全,刘锡清,王圣洁,等,2000.南海灾害地质类型及分区[J].中国地质灾害与防治学报,11(4):39-44.

刘学先,李秀亭,1986.胶州湾寿命初探[J].海岸工程,5(3):25-30.

刘英俊,马东升,1984.钨在表生作用中的富集模拟实验[J].地球化学(2):118-125.

吕新刚,乔方利,夏长水,2008.胶州湾潮汐潮流动边界数值模拟[J].海洋学报(中文版),30(4):21-29.

马胜中,陈态浩,2006.珠江口海洋地质灾害类型[J].广东地质,21(4):13-21.

梅西,张训华,李日辉,2011.南黄海中部泥质沉积区DLC70-3孔稀土元素及环境意义[J].地质科技情报,30(4):21-28.

梅西,2011.南黄海DLC70-3孔晚更新世以来的沉积记录与环境响应[D].青岛:中国科学院研究生院(海洋研究所).

孟灵,毕晓丽,屈凡柱,2012.胶东半岛近海海域悬浮泥沙时空变化研究[J].海洋通报,31(5):581-583.

欧阳凯,张训华,李刚,2009.南黄海中部隆起地层分布特征[J].海洋地质与第四纪地质,29(1):59-66.

秦蕴珊,赵一阳,郑铁民,1988.南黄海浅层声学地层的初步探讨[J].海洋与湖沼(5):3-11.

秦蕴珊,李凡,1986.黄河入海泥沙对渤海和黄海沉积作用的影响[J].海洋科学集刊,27:125-135.

秦蕴珊,赵松龄,陈丽蓉,等,1987.东海地质[M].北京:科学出版社.

任美锷,史运良,1986.黄河输沙及其对渤海、黄海沉积作用的影响[J].地理科学,6(1):1-12.

山东省地质局地研所,1991.山东区域地质志[R].

山东省地质矿产勘查开发局,1991.1:20万区域地质调查报告(青岛幅、灵山卫幅、高密幅)[R].

山东省地质矿产勘查开发局,1992.1:20万区域地质调查报告(文登幅、威海幅、海阳幅、潮里幅)[R].

山东省科学技术委员会,1989.山东近海水文状况[R].

山东省科学技术委员会,1990.山东省海岸带和海涂资源综合调查报告集:综合调查报告[M].北京:中国科学技术出版社.

尚久靖,沙志彬,梁金强,等,2013.南海北部陆坡某海域浅层气的声学特征及其对水合物勘探的指示意义[J].海洋地质前沿,29(10):23-30.

施剑,陈春峰,陈建文,等,2018.南黄海海相地层速度的提取及其特征[J].海洋地质与第四纪地质,38(3):175-185.

石学法,刘升发,乔淑卿,2010.东海闽浙沿岸泥质区沉积特征与古环境记录[J].海洋地质与第四纪地质,30:19-30.

石学法,1995.海洋黏土矿物的研究进展与发展趋势[J].海洋地质动态(1):1-3.

宋召军,张志珣,黄海军,2005.南黄海西部海域高分辨率声学地层及其沉积环境[J].海洋地质与第四纪地质,25(1):33-40.

孙钿奇,2012.山东半岛近岸海区全新世楔形泥质沉积体识别及形态分析[D].青岛:中国科学院研究生院(海洋研究所).

孙杰,詹文欢,贾建业,等,2010.珠江口海域灾害地质因素及其与环境变化的关系[J].热带海洋学报,29(1):104-110.

孙启良,吴时国,陈端新,等,2014.南海北部深水盆地流体活动系统及其成藏意义[J].地球物理学报,57(12):4052-4062.

孙英兰,张越美,2001.胶州湾三维变动边界的潮流数值模拟[J].海洋与湖沼,32(4):355-362.

孙英兰,1987.胶州湾环流和污染扩散数值模拟Ⅳ.胶州湾变边界模型[J].山东海洋学院学报,17(1):10-25.

唐军武,王晓楠,宋庆君,等,2004.黄、东海二类水体水色要素的统计反演模式[J].海洋科学进展,22(增刊):10-16.

田清,王庆,张贵军,等,2012.最近50年来胶东半岛海岸带气候变化研究[J].鲁东大学学报,28(1):72-80.

汪品先,闵秋宝,卞云华,等,1981.我国东部第四纪海侵地层的初步研究[J].地质学报(1):1-13.

汪亚平,高抒,贾建军,2000.胶州湾及邻近海域沉积物分布特征和运移趋势[J].地理学报,55(4),449-457.

王翠,孙英兰,张学庆,2008.基于EFDC模型的胶州湾三维潮流数值模拟[J].中国海洋大学学报(自然科学版),38(5):833-840.

王海龙,李国胜,2009.黄河入海泥沙在渤海中悬移输送季节变化的数值研究[J].海洋与湖沼,40:129-137.

王红霞,郭玉贵,2005.山东沿海及近海地区主要地质灾害类型分析[J].中国海洋大学学报,35(5):751-756.

王红霞,辛永忠,1997.中国近海地区地质灾害分类[J].中国地质灾害与防治学报,8(2):67-70.

王昆山,石学法,林振宏,2003.南黄海和东海北部陆架重矿物组合分区及来源[J].海洋科学进展,21(1):31-40.

王淑利,2006.山东半岛东北部近岸海区全新世楔形沉积体沉积作用研究[D].青岛:中国海洋大学.

王伟,张世奇,纪友亮,2006.环胶州湾海岸线变化与控制因素[J].海洋地质动态,22(9):7-10.

王文海,1986.胶州湾开发利用中的几个问题[J].海岸工程,5(3):12-17.

王学昌,孙长青,孙英兰,等,2000.填海造地对胶州湾水动力环境影响的数值研究[J].海洋环境科学,19(3):55-60.

王玉海,刘自力,纪育强,等,2009.海侵驱动下的胶州湾沙脊-水道体系形成与演变[J].水道港口,30(5):311-315.

王中波,杨守业,李萍,等,2006.长江水系沉积物碎屑矿物组成及其示踪意义[J].沉积学报,24(4):570-578.

魏建伟,石学法,方习生,等,2006.胶州湾悬浮颗粒现场剖面测量与结果分析[J].海洋科学进展,24(1):74-82.

魏建伟,石学法,辛春英,等,2001.南黄海黏土矿物分布特征及其指示意义[J].科学通报,46(Z1):30-33.

文启忠,余素华,孙福庆,等,1984.陕西洛川黄土剖面中的稀土元素[J].地球化学(2):126-133.

吴志强,郭兴伟,张训华,等,2019.大陆架科学钻探CSDP-2井揭示的南黄海地层地球物理特征[J].海洋地质前沿,35(10):78-80.

徐丹亚,赵保仁,1999.青岛—石岛近海反气旋中尺度涡旋存在证据及数值模拟[J].海洋学报,21(2):18-26.

许亚全,赵利民,2007.关于海滩剖面监测方案的探讨[J].海洋测绘,27(4):68-70.

许亚全,赵利民,2007.海滩剖面监测技术的应用研究[J].测绘信息与工程,32(4):15-16.

闫菊,王海,鲍献文,2001.胶州湾三维潮流及潮致余环流的数值模拟[J].地球科学进展,16(2):

172-177.

杨继超,2014.南黄海盆地中部第四纪地震层序与地层学[D].青岛:中国海洋大学.

杨守业,李从先,JUNG HOI-SOO,等,2003.黄河沉积物中 REE 制约与示踪意义再认识[J].自然科学进展(4):31-37.

杨守业,李从先,赵泉鸿,等,2000.长江口冰后期沉积物的元素组成特征[J].同济大学学报(自然科学版)(5):532-536.

杨守业,李从先,1999.长江与黄河沉积物 REE 地球化学及示踪作用[J].地球化学(4):374-380.

杨子赓,林和茂,1996.中国第四纪地层与国际对比[M].北京:地质出版社.

杨子赓,1985.南黄海陆架晚更新世以来的沉积及环境[J].海洋地质与第四纪地质,5(4):1-17.

杨子赓,1993.Olduvai 亚时以来南黄海沉积层序及古地理变迁[J].地质学报,67(4):357-366.

杨子赓,2004.海洋地质学[M].济南:山东教育出版社.

杨作升,1988.黄河、长江、珠江沉积物中黏土的矿物组合、化学风化特征及其与物源区气候环境的关系[J].海洋与湖沼,19(4):336-346.

叶小敏,纪育强,郑全安,等,2009.胶州湾海岸线历史变迁的分形分析[J].海洋科学进展,27(4):495-501.

叶银灿,陈俊仁,潘国富,等,2003.海底浅层气的成因、赋存特征及其对工程的危害[J].东海海洋,21(1):27-36.

叶银灿,宋连清,陈锡土,1984.东海海底不良工程地质现象分析[J].东海海洋(3):30-35.

应秩甫,1999.粤西沿岸流及其沿岸沉积[J].中山大学学报(自然科学版),38:85-89.

于世永,朱诚,卢春成,等,1995.近1300年来古胶州港位置变迁[J].海洋湖沼通报(4):16-20.

袁红明,李绍全,董贺平,等,2007.青岛近海沉积体系[J].海洋地质与第四纪地质,27(增刊):74-82.

张军强,2012.黄海西部近岸陆架区晚更新世以来沉积演化与物源研究[D].青岛:中国海洋大学.

张铭汉,2000.胶州湾海水中悬浮体的分布及其季节变化[J].海洋科学集刊,42:49-54.

张树林,黄耀琴,黄雄伟,1999.流体底辟构造及其成因探讨[J].地质科技情报,18(2):19-22.

张为民,李继亮,钟嘉猷,等,2000.气烟囱的形成机理及其与油气的关系探讨[J].地质科学(4):449-455.

张伟,梁金强,何家雄,等,2017.南海北部陆坡泥底辟/气烟囱基本特征及其与油气和水合物成藏关系[J].海洋地质前沿,33(7):11-23.

张晓华,张训华,吴志强,等,2018.南黄海中部隆起中—古生代地层发育新认识:基于大陆架科学钻探 CSDP-02 井钻探成果[J].地球物理学报(6):2369-2379.

张训华,郭兴伟,吴志强,等,2019.南黄海盆地中部隆起 CSDP-2 井初步成果及其地质意义[J].地球物理学报,62(1):197-218.

张永明,毕建强,孙圣堂,等,2012.青岛崂山头海域海底滑坡的声波探测[J].工程地球物理学报,9(2):170-174.

赵广涛,王德滋,曹钦臣,等,1998.I-A 型复合花岗岩体的热演化及其意义:以崂山花岗岩体为例[J].中国科学(D辑),28(4):296-302.

赵全基,1983.黄海沉积物粘土矿物研究[J].海洋通报(6):48-56.

赵铁虎,李春,丛鸿文,等,2005.青岛近岸海区海底地貌类型及声学特征[J].海洋测绘,25(1):40-43.

赵一阳,鄢明才,1993.中国浅海沉积物化学元素丰度[J].中国科学,23(10):1087-1090.

赵月霞,刘保华,李西双,等,2003.南黄海中西部晚更新世沉积地层结构及其意义[J].海洋科学进展(1):21-30.

赵月霞,刘保华,李西双,等,2006.胶州湾湾口海底沙波地形地貌特征及其活动性研究[J].海洋与湖沼(5):464-471.

赵月霞,2003.南黄海第四纪高分辨率地震地层学研究[D].青岛:中国海洋大学.

郑光膺,1991.黄海第四纪地质[M].北京:科学出版社.

郑光膺,1988.南黄海 QC_2 孔第四纪地层划分[J].海洋地质与第四纪地质(4):1-9.

郑全安,吴隆业,张欣梅,等,1991.胶州湾遥感研究:Ⅰ.总水域面积和总岸线长度量算[J].海洋与湖沼,22(3):193-198.

支远鹏,刘保华,李西双,等,2008.胶州湾湾口区的地质特征[J].海洋地质动态,24(3):11-14,26.

中国海湾志编纂委员会,1992.中国海湾志第四分册[M].北京:海洋出版社.

周波,杨进,杨百灵,等,2012.海洋深水浅层地质灾害预测与控制技术[J].海洋地质前沿,28(1):51-54.

周墨清,葛宗诗,1990.南黄海及相邻陆区松散沉积层磁性地层的研究[J].海洋地质与第四纪地质(4):21-33.

庄丽华,阎军,范奉鑫,等,2008.青岛汇泉湾海滩剖面变化特征[J].海洋科学,32(9):46-51.

宗海波,2009.黄河口海域风浪诱导的泥沙再悬浮数值模拟和全球海面气象参数遥感反演[D].青岛:中国海洋大学.

ALEXANDER C R, DEMASTER D J, NITTROUER C A, 1991. Sediment accumulation in a modern epicontinental-shelf setting: the Yellow Sea[J]. Marine Geology, 98: 51-72.

BANG H K, LEE C W, OH J K, 1994. Origin and characteristics of sand ridges in the western continental shelf of Korean Peninsula[J]. The Journal of the Korean Society of Oceanography, 29(3): 217-227.

BARD E, HAMELIN B, FAIRBANKS R G, 1990. U-Th ages obtained by mass spectrometry in corals from Barbados: sea-level during the past 130 000 years[J]. Nature, 346: 456-458.

BERNÉ S, VANGER P, GUICHARD F, et al., 2002. Pleistocene forced regressions and tidal sand ridges in the East China Sea[J]. Marine Geology, 188: 293-315.

BLANCHON P, SHAW J, 1995. Reef drowning during the last deglaciation: evidence for catastrophic sea-level rise and ice-sheet collapse[J]. Geology, 23: 4-8.

CANALS M, LASTRAS G, URGELES R, et al., 2004. Slope failure dynamics and impacts from seafloor and shallow sub-seafloor geophysical data: case studies from the COSTA project[J]. Marine Geology, 213(1): 9-72.

CATTANEO A, CORREGGIARI A, LANGONE, et al., 2003. The late-Holocene Gargano subaqueous delta, Adriatic shelf: sediment pathways and supply fluctuations[J]. Marine Geology, 193: 61-91.

CHAPPELL J, OMURA A, ESAT T, et al., 1996. Reconciliaion of late Quaternary sea levels derived from coral terraces at Huon Peninsula with deep sea oxygen isotope records[J]. Earth and Planetary Science Letters, 141(1): 227-236.

CHEN X H, LI R H, LAN X H, et al., 2018. Stratigraphy of late Quaternary deposits in the mid-western North Yellow Sea[J]. Journal of Oceanology and Limnology, 36(6): 2130-2153.

FAIRBANKS R G, 1989. A 17 000-yr glacio-eustatic sea-level record: influence of glacial melting rates on the Younger Dryas event and deep-ocean circulation[J]. Nature, 342: 637-642.

FANG L, XIANG R, ZHAO M X, et al., 2013. Phase Evolution of Holocene Paleoenvironmental Changes in the Southern Yellow Sea: Benthic Foraminiferal Evidence from Core CO_2[J]. Journal of

Ocean University of China,12(4):629-638.

FERRY J N,MULDER T,PARIZE O,et al.,2005. Concept of equilibrium profile in deep-water turbidite system: effects of local physiographic changes on the nature of sedimentary process and the geometries of deposits[J]. Geological Society, London, Special Publications,244(1): 181-193.

FOLK R L, ANDREWS P B, LEWIS D W, 1970. Detrital sedimentary rock classification and nomenclature for use in New Zealand[J]. NewZealand Journal of Geology and Geophysics, 13(4): 937-968.

GREAVES M J, ELDERFIELD H, SHOLKOVITZ E R, 1999. Aeolian sources of rare earth elements to the Western Pacific Ocean[J]. Mar. Chem. ,68:31-38.

HANEBUTH T J J, VORIS H K, YOKOYAMA Y, et al., 2011. Formation and fate of sedimentary depocentres on Southeast Asia's Sunda Shelf over the past sea-level cycle and biogeographic implications[J]. Earth-Science Reviews,104:92-110.

HANEBUTH T S K, GROOTES P M,2000. Rapid flooding of the Sunda Shelf: a late-Glacial sea-level record [J]. Science,228(5468) :1033-1035.

JEONG-HAE CHANG, 2005. Magnetic mineral diagenesis in the post-glacial muddy sediments from the southeastern South Yellow Sea: Response to marine environmental changes[J]. Science in China(Series D:Earth Sciences)(1):134-144.

JIANG X J,QU G S,LI S Q,2004. Features of Clay Minerals in the YSDP102 Core on the Continental Shelf of the Southeast Yellow Sea[J]. Journal of Ocean University of China,2:201-207.

JIN J H, CHOUGH S K, RYANG W H, 2002. Sequence aggradation and systems tracts partitioning in the mid-eastern Yellow Sea:roles of glacio-eustasy,subsidence and tidal dynamics[J]. Marine Geology,184: 249-271.

KHIM B K, CHOI K S, PARK Y A, 2000. Elemental composition of siderite grains in early Holocene sediments of Youngjong Island (west coast of Korea) and its paleo-environment implications [M]// Muddy coast dynamics and resource management. Amsterdam Elsevier: 205-217.

KWON T H,CHO G C,2012. Submarine slope failure primed and triggered by bottom water warming in oceanic hydrate-bearing deposits[J]. Energies,5(8): 2849-2873.

LEE H J,CHOUGH S K,1989. dispersal and budget in the Yellow Sea[J]. Marine Geology,87: 195-205.

LI C, WANG P, SUN H, et al., 2002. Late Quaternary incised-valley fill of the Yangtze delta (China):its stratigraphic framework and evolution[J]. Sedimentary Geology,152:133-158.

LI G X,LI P,LIU Y,et al.,2014. Sedimentary system response to the global sea level change in the East China Seas since the last glacial maximum[J]. Earth-Science Reviews,139: 390-405.

LI G X, YUE S H, ZHAO D B, et al., 2004. Rapid depositon and dynamic processes in the modern Yellow River mouth[J]. Marine Geology & Quaternary Geology,24:29-35.

LIN C M,ZHUO H C,GAO S, 2005. Sedimentary facies and evolution in the Qiantang River incised valley,eastern China[J]. Marine Geology,219:235-259.

LIU J P, MILLIMAN J D, GAO S, et al., 2004. Holocene development of the Yellow River's subaqueous delta, North Yellow Sea [J]. Marine Geology,209(1-4): 45-67.

LIU J P, MILLIMAN J D, GAO S, 2002. The Shandong mud wedge and post-glacial sediment accumulation in the Yellow Sea[J]. Geo-Marine Letter,21:212-218.

LIU J P,XU K H,LI A C,et al.,2007. Flux and fate of Yangtze River sediment delivered to the

East China Sea[J]. Geomorphology,85:208-224.

LIU J, SAITO Y, WANG H, et al. ,2007. Sedimentary evolution of the Holocene subaqueous clinoform off the Shandong Peninsula in the Yellow Sea[J]. Marine Geology,236:165-187.

LIU J,ZHANG X H,MEI X,et al. ,2018. The sedimentary succession of the last ~3.50 Myr in the western South Yellow Sea: Paleoenvironmental and tectonic implications[J]. Marine Geology,399: 47-75.

LIU J,SAITO Y,KONG X,et al. ,2009. Geochemical characteristics of sediment as indicators of post-glacial environment changes off the Shandong Peninsula in the Yellow Sea[J]. Continental Shelf Research,29:846-855.

LIU J, SAITO Y, WANG H, et al. ,2007. Sedimentary evolution of the Holocene subaqueous clinoform off the Shangdong Peninsula in the Yellow Sea[J]. Marine Geology,236:165-187.

LIU J,SATIO Y,WANG H,et al. ,2009. Stratigraphic development during the Late Pleistocene and Holocene offshore of the Yellow River delta,Bohai Sea[J]. Journal of Asian Earth Sciences, 36: 318-331.

LIU J X, LIU Q S, ZHANG X H, et al. , 2016. Magnetostratigraphy of a long Quaternary sediment core in the South Yellow Sea[J]. Quaternary Science Reviews,144:1-15.

MARTIN J M,ZHANG J,SHI M C,et al. ,1993. Actual flux of the Huanghe (Yellow River) sediment to the westrn Pacific Ocean[J]. Netheless of Journal Sea Research,31:243-254.

MCADOO B G, PRATSON L F, ORANGE D L,2000. Submarine landslide geomorphology, US continental slope[J]. Marine Geology,169(1):103-136.

MCLENNAN S,TAYLOR S,1991. Sedimentary rocks and crustal evolution: tectonic setting and secular trends[J]. TheJournal of Geology,99(1):1-21.

MCLENNAN S, 1989. Rare earth elements in sedimentary rocks: influence of provenance and sedimentary processes[J]. Reviews in Mineralogy and Geochemistry,21(1):169.

MILLIMAN J D,LI F,ZHAO Y Y,et al. .1986. Supended matter regime in the Yellow Sea[J]. Prog Oceanogr,17:215-228.

MILLIMAN J D, QIN Y S,PARK Y A,1989. Sediment and sedimentary process in the Yellow and East China Seas[M]// Sedimentary Facies in the Active Plate Margin. Tokyo Terra Scientific: 233-249.

MILLIMAN J D,QIN Y S,REN M E,et al. ,1987. Man's influence on the erosion and transport of sediment by Asian rivers: the Yellow River (Huanghe) example[J]. Journal of Geology, 95: 751-762.

MITCHUM R M, VAIL P R, SANGREE J B. ,1977. Stratigraphic interpretation of seismic reflection patterns in depositional sequences [J]. Seismic Stratigraphy Applications to Hydrocarbon Exploration: American Association of Petroleum Geologists[J]. Memoir,16:117-123.

MURRAY RW,BUCHHOLTZTEN B M R,BRUMSACK H J,et al. ,1991. Rare earth elements in Japan Sea sediments anddiagenetic behavior of Ce/Ce*: Results from ODP Leg 127[J]. Geochimica et Cosmochimica Acta,55(9):2453-2466.

MURRAY R W. 1994. Chemical criteria to identify the depositional environment of chert: general principles andapplications[J]. Sedimentary Geology,90(3-4):213-232.

NITTROUER C A, KUEHL S A, FIGUEIREDO A G, et al. , 1996. The geological record preserved by Amazon shelf sedimentation[J]. Continental Shelf Researh,16:817-841.

PRIOR D B, COLEMAN J M, 1978. Disintegrating retrogressive landslides on very-low-angle subaqueous slopes, Mississippi delta[J]. Marine Georesources & Geotechnology, 3(1): 37-60.

SLINGERLAND R, DRISCOLL N W, MILLIMAN J D, et al., 2008. Anatomy and growth of a Holocene Clinothem in the Gulf of Papua[J]. Journal of Geophysical Research: Earth Surface, 113: 2169-2177.

TA T K O, NGUYEN V L, TATEISHI M, et al., 2002. Holocene delta evolution and sediment discharge of the Mekong River, southern Vietnam[J]. Quaternary Science Review, 21: 1807-1819.

TA T K O, NGUYEN V L, TATEISHI M, et al., 2002. Sediment facies and Late Holocene progradation of the Mekong River Delta in Bentre Province, southern Vietnam: an example of evolution from a tide-dominated to a tide- and wave-dominated delta[J]. Sedimentary Geology, 152: 313-325.

TAYLOR D I, 1992. Nearshore shallow gas around the UK coast[J]. Continental Shelf Research, 12(10): 1135-1144.

TORNQVIST T E, BICK S J, GONZALEZ J L, 2004. Tracking the sea-level signature of the 8.2ka cooling event: new constraints from the Mississippi Delta[J]. Geophysical Research Letters, 31(23): 94-108.

VANNESTE M, MIENERT J, BÜNZ S, 2006. The Hinlopen Slide: A giant, submarine slope failure on the northern Svalbard margin, Arctic Ocean[J]. Earth and Planetary Science Letters, 245(1): 373-388.

WALSH J P, NITTROUER C A, PALINKAS C M, et al., 2004. Clinoform mechanics in the Gulf of Papua, New Guinea[J]. Continental Shelf Research, 24: 2487-2510.

WEAVER A J, SAENKE O A, CLARK P U, et al., 2003. Meltwater pulse 1A from Antarctica as a trigger of the Bølling-Allerød warm interval[J]. Science, 299: 1709-1713.

MEI X, LI R H, ZHANG X H, et al., 2016. Evolution of the Yellow Sea Warm Current and the Yellow Sea Cold Water Mass since the Middle Pleistocene[J]. Palaeogeography Palaeoclimatology Palaeoecology, 442: 48-60.

XU D Y, 1983. Mud sedimentation on the East China Sea shelf[M]// Proceeding of international symposium on sedimentation on the continental shelf with special reference to the East China Sea. Beijing: China Ocean Press.

YANG S Y, JUNG H S, CHOI M S, et al., 2002. The rare earth element compositions of the Changjiang (Yangtze) and Huanghe (Yellow) river sediment[J]. Earth Planet Science Letters, 201(2): 407-419.

YANG S Y, JUNG H S, LIM D I, et al., 2003. A review on the provenance discrimination in the Yellow Sea[J]. Earth-Science Review, 63(2): 93-120.

YAO T D, THOMPSON L G, SHI Y F, et al., 1997. Climate variation since the Last Interglaciation recorded in the Guliya ice core[J]. Science in China: Series D, 40(6): 662-668.

PANG Y M, GUO X W, HAN Z Z, et al., 2019. Mesozoic-Cenozoic denudation and thermal history in the Central Uplift of the South Yellow Sea basin and the implications for hydrocarbon systems: Constraints from the CSDP-2 borehole[J]. Marine and Petroleum Geology, 99: 355-369.